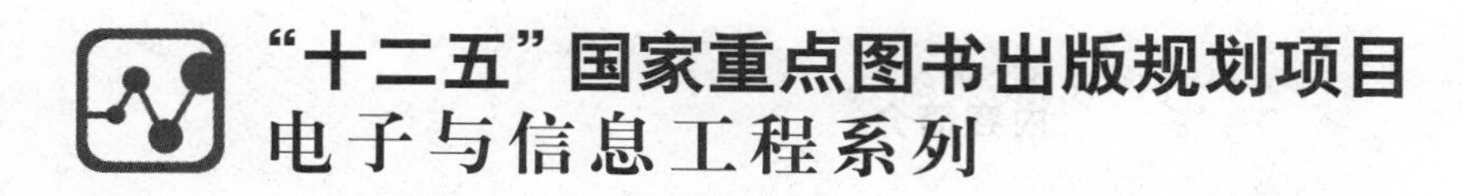

TIME SERIES ANALYSIS AND MODERN SPECTRUM ESTIMATION

时间序列分析与现代谱估计

冀振元 编著

哈爾濱工業大學出版社
HITP
HARBIN INSTITUTE OF TECHNOLOGY PRESS

内容简介

本书系统地讲述了时间序列分析的基本理论、建模步骤、预测方法以及现代谱估计的特点和相关知识。全书共分6章。第1章绪论，介绍时间序列分析的重要性、时间序列分析的发展及应用等内容；第2章介绍时间序列模型建立前的动态数据预处理，包括平稳性检验、正态性检验、独立性检验、周期性检验、趋势项检验等内容；第3章介绍常用的时间序列模型，包括自回归(AR)模型、移动平均(MA)模型、自回归移动平均(ARMA)模型、ARMA模型的特性、平稳时间序列模型的建立、平稳时间序列预测等内容；第4章介绍经典谱分析的基本方法，包括自相关函数的估计、经典谱估计的直接法、间接法及改进方法等；第5章介绍现代谱估计中的常用方法，包括线性预测法、Burg法、Prony法、多信号分类(MUSIC)法、基于旋转不变技术的信号参数估计(ESPRIT)法、最小范数法等；第6章介绍时间序列分析与谱估计常用的软件及实验相关内容。

本书可作为通信、电子信息、自动控制、概率统计等相关专业的研究生教材，也可作为相关技术人员在时间序列分析与谱估计方面研究的理论基础参考书。

图书在版编目(CIP)数据

时间序列分析与现代谱估计/冀振元编著.—哈尔滨：哈尔滨工业大学出版社，2016.3

ISBN 978-7-5603-5794-2

Ⅰ.①时…　Ⅱ.①冀…　Ⅲ.①时间序列分析②谱估计　Ⅳ.①O211.61②TN911.23

中国版本图书馆CIP数据核字(2016)第003954号

电子与通信工程
图书工作室

责任编辑　许雅莹
封面设计　刘洪涛
出版发行　哈尔滨工业大学出版社
社　　址　哈尔滨市南岗区复华四道街10号　邮编150006
传　　真　0451-86414749
网　　址　http://hitpress.hit.edu.cn
印　　刷　黑龙江省地质测绘印制中心印刷厂
开　　本　787mm×1092mm　1/16　印张12.25　字数260千字
版　　次　2016年3月第1版　2016年3月第1次印刷
书　　号　ISBN 978-7-5603-5794-2
定　　价　34.00元

“十二五”国家重点图书
电子与信息工程系列

序

FOREWORD

教材建设一直是高校教学建设和教学改革的主要内容之一。针对目前高校电子与信息工程教材存在的基础课教材偏重数学理论,而数学模型和物理模型脱节,专业课教材对最新知识增长点和研究成果跟踪较少等问题,及创新型人才的培养目标和各学科、专业课程建设全面需求,哈尔滨工业大学出版社与哈尔滨工业大学电子与信息工程学院的各位老师策划出版了电子与信息工程系列精品教材。

该系列教材是以"寓军于民,军民并举"为需求前提,以信息与通信工程学科发展为背景,以电子线路和信号处理知识为平台,以培养基础理论扎实、实践动手能力强的创新型人才为主线,将基础理论、电信技术实际发展趋势、相关科研开发的实际经验密切结合,注重理论联系实际,将学科前沿技术渗透其中,反映电子信息领域最新知识增长点和研究成果,因材施教,重点加强学生的理论基础水平及分析问题、解决问题的能力。

本系列教材具有以下特色:

(1)**强调平台化完整的知识体系。**该系列教材涵盖电子与信息工程专业技术理论基础课程,对现有课程及教学体系不断优化,形成以电子线路、信号处理、电波传播为平台课程,与专业应用课程的四个知识脉络有机结合,构成了一个通识教育和专业教育的完整教学课程体系。

(2)**物理模型和数学模型有机结合。**该系列教材侧重在经典理论与技术的基础上,将实际工程实践中的物理系统模型和算法理论模型紧密结合,加强物理概念和物理模型的建立、分析、应用,在此基础上总结牵引出相应的数学模型,以加强学生对算法理论的理解,提高实践应用能力。

(3)**宽口径培养需求与专业特色兼备。**结合多年来有关科研项目的科研经验及丰硕成果,以及紧缺专业教学中的丰富经验,在专业课教材编写过程中,在兼顾电子与信息工程毕业生宽口径培养需求的基础上,突出军民兼用特色,在满足一般重点院校相关专业理论技术需求的基础上，也满足军民并举特色的要求。

电子与信息工程系列教材是哈尔滨工业大学多年来从事教学科研工作的各位教授、专家们集体智慧的结晶，也是他们长期教学经验、工作成果的总结与展示。同时该系列教材的出版也得到了兄弟院校的支持，提出了许多建设性的意见。

我相信：这套教材的出版，对于推动电子与信息工程领域的教学改革、提高人才培养质量必将起到重要推动作用。

哈尔滨工业大学教授
中国工程院院士　张乃通

2010年11月于哈工大

前言

PREFACE

时间序列分析是分析历史数据、建立模型、预测发展趋势最强有力的工具之一。它是利用随机过程理论和数理统计学的方法，研究随机数据序列所遵从的统计规律，以用于解决实际问题。

本书系统地讲述了时间序列分析的基本理论、建模步骤、预测方法以及现代谱估计的特点和相关知识。全书共分6章。

第1章绪论，介绍时间序列分析的重要性、时间序列分析的发展及应用等内容。

第2章介绍时间序列模型建立前的动态数据预处理，包括平稳性检验、正态性检验、独立性检验、周期性检验、趋势项检验等内容。

第3章内容包括：常用的时间序列模型：自回归(AR)模型、移动平均(MA)模型、自回归移动平均(ARMA)模型；ARMA模型的特性：格林函数和平稳性、逆函数和可逆性、自协方差函数；平稳时间序列模型的建立：模型的识别、模型定阶、模型参数估计、模型的适应性检验；平稳时间序列预测：正交投影预测、条件期望预测、适时修正预测、指数平滑预测。

第4章介绍经典谱分析的基本方法，包括自相关函数的估计、经典谱估计的直接法、间接法及改进方法等。为后面各章节介绍现代谱估计的知识打下基础。

第5章介绍现代谱估计中的常用方法，包括线性预测法、Burg法、Prony法、多信号分类(MUSIC)法、基于旋转不变技术的信号参数估计(ESPRIT)法、最小范数法等。

第6章介绍时间序列分析与谱估计常用的软件及实验相关内容，以加强对学生实践环节的培养。

本书在编写过程中汲取了多本国内外优秀图书的精华，在这里向这些图书的作者表示感谢！

因作者水平有限，且编写时间仓促，书中难免有疏漏和不足之处，望广大读者谅解和批评指正！

编　者

2016年1月

目录

CONTENTS

第 1 章　绪　论

1.1　时间序列分析的重要性

人类为了探索周围的世界，常常依时间发展的先后顺序对某一事物进行观测。人们的一切活动，其根本目的无不在于认识和改造客观世界。时间序列分析(Time Series Analysis)不仅可以从数量上揭示某一现象的发展变化规律或从动态的角度刻画某一现象和其他现象之间的内在数量关系及其变化规律性，达到认识客观世界的目的，而且运用时间序列模型还可以预测和控制现象的未来行为，修正或重新设计系统以达到利用和改造客观世界之目的。

从统计学的内容来看，统计所研究和处理的是一批有“实际背景”的数据，尽管数据的背景和类型各不相同，但从数据的形成来看，无非是横剖面数据和纵剖面数据两类(或者称为静态数据和动态数据)。横剖面数据是由若干相关现象在某一时点上所处的状态组成的，它反映一定时间、地点等客观条件下诸相关现象之间存在的内在数值联系。研究这种数据结构的统计方法是多元统计分析。纵剖面数据是由某一现象或若干现象在不同时刻上的状态所形成的数据，它反映的是现象以及现象之间关系的发展变化规律性。研究这种数据的统计方法就是时间序列分析，这足以看出时间序列分析的重要性及其应用的广泛性。

1.2　时间序列分析与随机过程理论的区别

时间序列分析是概率统计学科的一个分支，它是运用概率统计的理论和方法来分析随机数据序列(或称动态数据序列)，并对其建立数学模型，进行参数估计，对模型定阶，以及进一步应用于预报、预测、自适应控制、最佳滤波等诸多方面。

时间序列分析方法与随机过程理论有所区别，前者是先对实测数据建立数学模型，并在此基础上进一步分析随机数据的统计特性；后者是在对实测数据统计所得的先验概率知识基础上来分析其统计特性。由于人们所能获得的实测数据总是有限的，而理论上的先验概率要求在无限多的样本数据基础上统计才能获得，因此实际上我们能够获得的先验概率只

能是在一定置信度条件下的近似，亦即尽量接近真实的概率(密度)分布，这是随机过程理论和方法在实际应用时的困难。时间序列分析方法可以克服这一困难，它是在有限个样本数据总量的情况下建立起相当精确的数学模型，从而获得具有一定精度(用模型误差方差来表示)的统计特性，与真实结果非常接近，因此在实际应用时比较方便，可操作性较好。

人们将随机过程称为大样本理论，它是用多维概率分布来描述动态数据，因为多维概率分布是要建立在无限多样本数据的统计基础上，因此称为大样本理论。时间序列分析则可以从有限的样本数据中拟合成具有一定精度的时间序列模型，因此它又可称为小样本理论。

总之，随机过程分析方法在理论上严谨求实，但操作性较差；而时间序列分析方法在使用时方便实用，但是，要想建立精度相当高的时序模型不仅要求模型参数最佳地估计，而且模型阶数也要合适，因此建模过程也是相当复杂的。这两种对随机数据序列的分析方法都有各自的研究和应用领域，应视不同的分析对象和要求而定。

1.3 时间序列分析方法的起源与发展

时间序列分析起源于预测，尤其是对市场经济方面的预测，也就是说，时间序列分析本来的目的就是对某一事物或现象进行预测。时间序列分析方法最早起源于 1927 年，数学家耶尔(Yule)提出建立自回归(AR)模型来预测市场变化的规律。在 1931 年，数学家瓦尔格(Walker)在 AR 模型的启发下，建立了滑动平均(MA)模型和自回归、滑动平均(ARMA)混合模型，初步奠定了时间序列分析方法的基础，当时主要应用在经济分析和市场预测领域。20 世纪 60 年代，时间序列分析理论和方法迈入了一个新的阶段，伯格(Burg)在分析地震信号时最早提出最大熵谱(MES)估计理论，后来有人证明 AR 模型的功率谱估计与最大熵谱估计是等效的，并称之为现代谱估计。它克服了用传统的傅里叶功率谱分析(又称经典谱分析)所带来的分辨率不高和频率漏泄严重等固有的缺点，从而使时间序列分析方法不仅在时间域内得到应用，而且扩展到频率域内，得到更加广泛的应用，特别是在各种工程领域内应用功率谱的概念更加方便和普通。到 20 世纪 70 年代以后，随着信号处理技术的发展，时间序列分析方法不仅在理论上更趋完善，尤其是在参数估计算法、定阶方法及建模过程等方面都得到了许多改进，进一步地迈向实用化，各种时间序列分析软件也不断涌现，逐渐成为分析随机数据序列不可缺少的有效工具之一。

1.4 时间序列分析的应用领域

随着时间序列分析方法的日趋成熟，其应用领域越来越广泛。目前，它不但涉及天文、地理、生物、物理、化学等自然科学领域，而且涉及语音通信、图像识别、雷达声呐、遥感技术、环境工程、海洋工程等工程技术领域以及国民经济、市场经济、生产管理等社会经济领域。

首先，时间序列分析的应用主要集中在预报预测领域，例如气象预报、市场预测、地震预报、人口预测、汛情预报、产量预测等。其次，是应用于精密测控，例如精密仪器测量、精密机械制造、航空航天轨道跟踪和监控，以及遥控遥测、精细化工控制等。再一个应用领域是安全检测和质量控制。在工程施工和维修中经常会出现异常险情，采用仪表监测和时间序列分析方法可以随时发现问题，及早排除故障，以保证生产安全和质量要求。以上仅仅列举了某些应用领域，实际上还有许多应用，不胜枚举。

第2章 动态数据预处理

我们常常会遇到大量的实测数据，虽然看起来是杂乱无章的，但实际上具有一定的统计规律。很多情况下我们的目的就是找出这种统计规律，进而对其进行深入的研究。时间序列分析是描述动态数据统计特性的一种有效的方法，它是先对动态数据建立数学模型，并在此基础上进一步分析其统计特性。因此模型建立得准确与否至关重要，在建立时间序列模型之前，需要对动态数据进行必要的预处理，剔除不符合统计规律的异常样本，并对样本数据的基本统计特性进行检验，以确保建立时序模型的可靠性和置信度，并满足一定的精度要求。

2.1 平稳性检验

对时间序列进行平稳性检验时，需要考虑两个内容：

(1) 序列的均值($\overline{x_i}$)和方差(σ_i^2)是否为常数。

(2) 序列的自相关系数(r_i)是否仅与时间间隔有关，而与时间间隔的端点位置无关。

常用的平稳性检验方法有参数检验法、非参数检验法等几种。

2.1.1 平稳性的参数检验法

平稳性的参数检验法的基本思想是将长序列分成若干个短序列，分别考察各个短序列的均值、方差以及自相关系数之间是否满足平稳性的要求。

假设样本序列$\{x_t\}$，$t=1,2,\cdots,N$，N足够大，把该样本序列分成k个子序列，$N=kM$，M也是一个较大的正整数。

$$\left\{\begin{matrix} x_{11}, x_{12}, \cdots, x_{1M} \\ x_{21}, x_{22}, \cdots, x_{2M} \\ \vdots \qquad\quad \vdots \\ x_{k1}, x_{k2}, \cdots, x_{kM} \end{matrix}\right\} = \{x_{ij}\}$$

$$x_{ij} = x_{(i-1)M+j} \quad (i=1,2,\cdots,k;j=1,2,\cdots,M)$$

对 k 个样本子序列分别计算它们的样本均值、样本方差和样本自相关系数：

$$\begin{cases} \overline{x_i} = \dfrac{1}{M}\sum\limits_{j=1}^{M} x_{ij} \\ \sigma_i^2 = \dfrac{1}{M}\sum\limits_{j=1}^{M} (x_{ij} - \overline{x_i})^2 \\ r_i(\tau) = \dfrac{1}{M}\sum\limits_{j=1}^{M} (x_{ij} - \overline{x_i})(x_{i,j+\tau} - \overline{x_i})/\sigma_i^2 \end{cases} \quad (i=1,2,\cdots,k;\tau=1,2,\cdots,m;m \ll M)$$

由平稳性的假定，以上各统计量对不同的子序列 i 不应有显著差异，否则就是否定 $\{x_t\}$ 是平稳序列的假定。设 $\{x_t\}$ 具有理论上的均值 μ、方差 σ^2 和自相关函数 ρ_τ，则样本统计量 $\overline{x_i}$，σ_i^2 及 $r_i(\tau)$ 的方差可由随机变量四阶矩的算式得到，如果 k 个子序列的上述统计量没有显著变化，则 $\{x_t\}$ 平稳。

(1) 样本均值的方差

$$\sigma_1^2 = D(\overline{x_i}) = \frac{1}{M^2} E\left[\sum_{j=1}^{M}\sum_{l=1}^{M} (x_{ij}-\mu)(x_{il}-\mu)\right] =$$

$$\frac{\sigma^2}{M^2}\sum_{j=1}^{M}\sum_{l=1}^{M}\rho_{j-l} = \frac{\sigma^2}{M^2}\left[1+2\sum_{j=1}^{M}(1-\frac{j}{M})\rho_j\right]$$

(2) 样本方差的方差

$$\sigma_2^2 = D(\sigma_i^2) = \frac{2\sigma^2}{M^2}\left[1+2\sum_{j=1}^{M}(1-\frac{j}{M})\rho_j^2\right]$$

(3) 样本自相关的方差

$$\sigma_3^2(\tau) = D(r_i(\tau)) \approx \frac{1}{M-\tau}\left[1+\rho_\tau^2+2\sum_{j=1}^{M-\tau}\left(1-\frac{j}{M-\tau}\right)(\rho_j^2+\rho_j+2\rho_{j-\tau})\right]$$

具体来说，可以采用统计检验法，若取显著水平 $\alpha=0.05$ 和 2σ 原则，此时置信度为 $1-\alpha=0.95$。

当

$$|\overline{x_i} - \overline{x_j}| > 1.96\sqrt{2\sigma_1^2}$$

$$|\sigma_i^2 - \sigma_j^2| > 1.96\sqrt{2\sigma_2^2}$$

$$|r_i(\tau) - r_j(\tau)| > 1.96\sqrt{2\sigma_3^2(\tau)} \quad (i \neq j; i,j=1,2\cdots,k;\tau=1,2,\cdots,m)$$

中的任何一个不等式成立时，$\{x_t\}$ 不具有平稳性。

一般我们并不知道 $\{x_t\}$ 的理论均值、方差与自相关函数，无法直接得到 $\sigma_1^2,\sigma_2^2,\sigma_3^2(\tau)$，仅能以样本估计值代之。

2.1.2　平稳性的非参数检验法

使用参数检验法判定序列的平稳性时，由于往往得不到序列的理论统计参数，且计算样本统计量的方差时计算也较为复杂，因此实际使用时会受到一定的限制。下面介绍一种实用性很强的平稳性检验方法。

非参数检验法中常使用游程检验法，或称为轮次检验法。在保持随机序列原有顺序的情况下，游程定义为具有相同符号的序列。这种符号可把观测值分成两个相互排斥的类。例如，观测序列的值是 $x_i(i=1,2,\cdots,N)$，均值为 $\bar{x}$，若 $x_i \geqslant \bar{x}$，用“+”表示，若 $x_i < \bar{x}$，则用“−”表示，按符号“+”“−”的出现顺序将原序列写成如下形式：

$$\underbrace{+++}_{1}\ \underbrace{-}_{2}\ \underbrace{++}_{3}\ \underbrace{--}_{4}\ \underbrace{+}_{5}\ \underbrace{----}_{6}\ \underbrace{+}_{7}$$

“+”“−”共 14 个，分 7 个游程，这里不需关注每个游程的长短，而游程太多或太少则都被认为存在非平稳的趋势。

游程检验所判断的原假设为：样本的数据出现的顺序为没有明显的趋势，就是平稳的。

采用的样本统计量：N_1 是一种符号出现的总数，N_2 是另一种符号出现的总数，γ 表示游程的总数，其中 γ 作为检验统计量。

对于显著水平 $\alpha=0.05$ 时的双边检验，表 2.1 给出概率分布左右两侧为 $\alpha/2=0.025$ 时的上限 γ_U 和下限 γ_L。如果 γ 在界限之内，则接受原假设，即序列是平稳的，否则拒绝原假设。

表 2.1　游程检验用 γ 分布表

N_1 \ N_2		2	3	4	5	6	7	8	9	10	11	12	13	14	15
2	γ_L											2	2	2	2
	γ_U														
3	γ_L					2	2	2	2	2	2	2	2	2	2
	γ_U														
4	γ_L				2	2	2	3	3	3	3	3	3	3	3
	γ_U				9	9									
5	γ_L			2	2	3	3	3	3	3	4	4	4	4	4
	γ_U			9	10	10	11	11							
6	γ_L		2	2	3	3	3	3	4	4	4	4	5	5	5
	γ_U			9	10	11	12	12	13	13	13	13			
7	γ_L		2	2	3	3	3	4	4	5	5	5	5	5	6
	γ_U				11	12	13	13	14	14	14	14	15	15	15

续表 2.1

N_1 \ N_2		2	3	4	5	6	7	8	9	10	11	12	13	14	15
8	γ_L		2	3	3	3	4	4	5	5	5	6	6	6	6
	γ_U				11	12	13	14	14	15	15	16	16	16	16
9	γ_L		2	3	3	4	4	5	5	5	6	6	6	7	7
	γ_U					13	14	14	15	16	16	16	17	17	17
10	γ_L		2	3	3	4	5	5	5	6	6	7	7	7	7
	γ_U					13	14	15	16	16	17	17	18	18	18
11	γ_L		2	3	4	4	5	5	6	6	7	7	7	8	8
	γ_U					13	14	15	15	17	17	18	19	19	19
12	γ_L	2	2	3	4	4	5	6	6	7	7	7	8	8	8
	γ_U					13	14	16	16	17	18	19	19	20	20
13	γ_L	2	2	3	4	5	5	6	6	7	7	8	8	9	9
	γ_U						15	16	17	18	19	19	20	20	21
14	γ_L	2	2	3	4	5	5	6	7	7	8	8	9	9	9
	γ_U						15	16	17	18	19	20	20	21	22
15	γ_L	2	3	3	4	5	6	6	7	7	8	8	9	9	10
	γ_U						15	16	18	18	19	20	21	22	22

例如有 $N=22$ 的观测序列：＋＋－－－＋－－＋＋＋＋＋－－＋－－＋＋－＋，因 $N_1=12(+)$，$N_2=10(-)$，$\gamma=11$。查表 2.1 得原假设的接受域为 $7\leqslant\gamma\leqslant17$，故原序列没有明显的潜在趋势，是平稳的。

$$P(\gamma\leqslant\gamma_L)+P(\gamma\geqslant\gamma_U)=0.05$$

当 N_1 或 N_2 超过 15 时，可用正态分布来近似，即用正态分布表(表 2.2) 来确定检验的接受域和否定域，此时用的统计量为

$$Z=\frac{\text{游程数}-\text{游程的期望数}}{\text{游程的标准差}}=\frac{\gamma-\mu_\gamma}{\sigma_\gamma}$$

式中

$$\begin{cases}\mu_\gamma=\dfrac{2N_1N_2}{N}+1\\[2ex]\sigma_\gamma=\left[\dfrac{2N_1N_2(2N_1N_2-N)}{N^2(N-1)}\right]^{1/2}\end{cases}\quad(N=N_1+N_2)$$

对于 $\alpha=0.05$ 的显著水平，如果 $|Z|\leqslant1.96$(2σ 原则)，则接受原假设，否则拒绝。

2.1.3 平稳性的时序图检验法

依据平稳时间序列的均值、方差为常数的特点，可知若某一时间序列为平稳的，其时序图应该表现为该序列值始终在一个常数值附近随机波动且波动范围是有界的这一特点。若该序列的时序图显示出具有明显的趋势项或周期性，则该序列通常不是平稳的。据此可以用来判断一些序列的平稳性，但此方法倾向于定性地描述，使用具有一定的局限性。序列的周期性和趋势项在本章 2.4 节和 2.5 节详细介绍。

2.2 正态性检验

时间序列模型常常建立在具有正态分布特性的白噪声基础上，或者说是从大样本的观点上满足此条件，因此，建立时间序列模型时需要对序列的正态性进行判断。

正态分布的概率密度函数(PDF) 记为：

$$p(x)=(2\pi\sigma^2)^{-\frac{1}{2}}\exp[-(x-\mu)^2/(2\sigma^2)]$$

式中 μ 和 σ^2—— 样本总体的均值与方差。

概率分布是概率密度函数积分，即

$$P(x<X)=(2\pi\sigma^2)^{-\frac{1}{2}}\int_{-\infty}^{X}\exp[-(x-\mu)^2/(2\sigma^2)]\,\mathrm{d}x=$$

$$(2\pi)^{-\frac{1}{2}}\int_{-\infty}^{(X-\mu)/\sigma}\exp\left(-\frac{1}{2}x^2\right)\mathrm{d}x=\Phi((X-\mu)/\sigma)$$

Φ 称为“概率积分”。标准正态分布函数表见表 2.2。

表 2.2 标准正态分布函数表($\mu=0,\sigma^2=1$)

X	0	1	2	3	4	5	6	7	8	9
−3.0	0.001 3	0.001 0	0.000 7	0.000 5	0.000 3	0.000 2	0.000 2	0.000 1	0.000 1	0.000 0
−2.9	0.001 9	0.001 8	0.001 7	0.001 7	0.001 6	0.001 6	0.001 5	0.001 5	0.001 4	0.001 4
−2.8	0.002 6	0.002 5	0.002 4	0.002 3	0.002 3	0.002 2	0.002 1	0.002 1	0.002 0	0.001 9
−2.7	0.003 5	0.003 4	0.003 3	0.003 2	0.003 1	0.003 0	0.002 9	0.002 8	0.002 7	0.002 6
−2.6	0.004 7	0.004 5	0.004 4	0.004 3	0.004 1	0.004 0	0.003 9	0.003 8	0.003 7	0.003 6
−2.5	0.006 2	0.006 0	0.005 9	0.005 7	0.005 5	0.005 4	0.005 2	0.005 1	0.004 9	0.004 8
−2.4	0.008 2	0.008 0	0.007 8	0.007 5	0.007 3	0.007 1	0.006 9	0.006 8	0.006 6	0.006 4
−2.3	0.010 7	0.010 4	0.010 2	0.009 9	0.009 6	0.009 4	0.009 1	0.008 9	0.008 7	0.008 4
−2.2	0.013 9	0.013 6	0.013 2	0.012 9	0.012 6	0.012 2	0.011 9	0.011 6	0.011 3	0.011 0

续表 2.2

X	0	1	2	3	4	5	6	7	8	9
−2.1	0.017 9	0.017 4	0.017 0	0.016 6	0.016 2	0.015 8	0.015 4	0.015 0	0.014 6	0.014 3
−2.0	0.022 8	0.022 2	0.021 7	0.021 2	0.020 7	0.020 2	0.019 7	0.019 2	0.018 8	0.018 3
−1.9	0.028 7	0.028 1	0.027 4	0.026 8	0.026 2	0.025 6	0.025 0	0.024 4	0.023 8	0.023 3
−1.8	0.035 9	0.035 2	0.034 4	0.033 6	0.032 9	0.032 2	0.031 4	0.030 7	0.030 0	0.029 4
−1.7	0.044 6	0.043 6	0.042 7	0.041 8	0.040 9	0.040 1	0.039 2	0.038 4	0.037 5	0.036 7
−1.6	0.054 8	0.053 7	0.052 6	0.051 6	0.050 5	0.049 5	0.048 5	0.047 5	0.046 5	0.045 5
−1.5	0.066 8	0.065 5	0.064 3	0.063 0	0.061 8	0.060 6	0.059 4	0.058 2	0.057 0	0.055 9
−1.4	0.080 8	0.079 3	0.077 8	0.076 4	0.074 9	0.073 5	0.072 2	0.070 8	0.069 4	0.068 1
−1.3	0.096 8	0.095 1	0.093 4	0.091 8	0.090 1	0.088 5	0.086 9	0.085 3	0.083 8	0.082 3
−1.2	0.115 1	0.113 1	0.111 2	0.109 3	0.107 5	0.105 6	0.103 8	0.102 0	0.100 3	0.098 5
−1.1	0.135 7	0.133 5	0.131 4	0.129 2	0.127 1	0.125 1	0.123 0	0.121 0	0.119 0	0.117 0
−1.0	0.158 7	0.156 2	0.153 9	0.151 5	0.149 2	0.146 9	0.144 6	0.142 3	0.140 1	0.137 9
−0.9	0.184 1	0.181 4	0.178 8	0.176 2	0.173 6	0.171 1	0.168 5	0.166 0	0.163 5	0.161 1
−0.8	0.211 9	0.209 0	0.206 1	0.203 3	0.200 5	0.197 7	0.194 9	0.192 2	0.189 4	0.186 7
−0.7	0.242 0	0.238 9	0.235 8	0.232 7	0.229 7	0.226 6	0.223 6	0.220 6	0.217 7	0.214 8
−0.6	0.274 3	0.270 9	0.267 6	0.264 3	0.261 1	0.257 8	0.254 6	0.251 4	0.248 3	0.245 1
−0.5	0.308 5	0.305 0	0.301 5	0.298 1	0.294 6	0.291 2	0.287 7	0.284 3	0.281 0	0.277 6
−0.4	0.344 6	0.340 9	0.337 2	0.333 6	0.330 0	0.326 4	0.322 8	0.319 2	0.315 6	0.312 1
−0.3	0.382 1	0.378 3	0.374 5	0.370 7	0.366 9	0.363 2	0.359 4	0.355 7	0.352 0	0.348 3
−0.2	0.420 7	0.416 8	0.412 9	0.409 0	0.405 2	0.401 3	0.397 4	0.393 6	0.389 7	0.385 9
−0.1	0.460 2	0.456 2	0.452 2	0.448 3	0.444 3	0.440 4	0.436 4	0.432 5	0.428 6	0.424 7
−0.0	0.500 0	0.496 0	0.492 0	0.4880	0.484 0	0.480 1	0.476 1	0.472 1	0.468 1	0.464 1
0.0	0.500 0	0.504 0	0.508 0	0.512 0	0.516 0	0.519 9	0.523 9	0.527 9	0.531 9	0.535 9
0.1	0.539 8	0.543 8	0.547 8	0.551 7	0.555 7	0.559 6	0.563 6	0.567 5	0.571 4	0.575 3
0.2	0.579 3	0.583 2	0.587 1	0.591 0	0.594 8	0.598 7	0.602 6	0.606 4	0.610 3	0.614 1
0.3	0.617 9	0.621 7	0.625 5	0.629 3	0.633 1	0.636 8	0.640 6	0.644 3	0.648 0	0.651 7

续表 2.2

X	0	1	2	3	4	5	6	7	8	9
0.4	0.655 4	0.659 1	0.662 8	0.666 4	0.670 0	0.673 6	0.677 2	0.680 8	0.684 4	0.687 9
0.5	0.691 5	0.695 0	0.698 5	0.701 9	0.705 4	0.708 8	0.712 3	0.715 7	0.719 0	0.722 4
0.6	0.725 7	0.729 1	0.732 4	0.735 7	0.738 9	0.742 2	0.745 4	0.748 6	0.751 7	0.754 9
0.7	0.758 0	0.761 1	0.764 2	0.767 3	0.770 3	0.773 4	0.776 4	0.779 4	0.782 3	0.785 2
0.8	0.788 1	0.791 0	0.793 9	0.796 7	0.799 5	0.802 3	0.805 1	0.807 8	0.810 6	0.813 3
0.9	0.815 9	0.818 6	0.821 2	0.823 8	0.826 4	0.828 9	0.831 5	0.834 0	0.836 5	0.838 9
1.0	0.841 3	0.843 8	0.846 1	0.848 5	0.850 8	0.853 1	0.855 4	0.857 7	0.859 9	0.862 0
1.1	0.864 3	0.866 5	0.868 6	0.870 8	0.872 9	0.874 9	0.877 0	0.879 0	0.881 0	0.883 1
1.2	0.884 9	0.886 9	0.888 8	0.890 7	0.892 5	0.894 4	0.896 2	0.898 0	0.899 7	0.901 5
1.3	0.903 2	0.904 9	0.906 6	0.908 2	0.909 9	0.911 5	0.913 1	0.914 7	0.916 2	0.917 7
1.4	0.919 2	0.920 7	0.922 2	0.923 6	0.925 1	0.926 5	0.927 8	0.929 2	0.930 6	0.931 9
1.5	0.933 2	0.934 5	0.935 7	0.937 0	0.938 2	0.939 4	0.940 6	0.941 8	0.943 0	0.944 1
1.6	0.945 2	0.946 3	0.947 4	0.948 4	0.949 5	0.950 5	0.951 5	0.952 5	0.953 5	0.954 5
1.7	0.955 4	0.956 4	0.957 3	0.958 2	0.959 1	0.959 9	0.960 8	0.961 6	0.962 5	0.963 3
1.8	0.964 1	0.964 8	0.965 3	0.966 4	0.967 1	0.967 8	0.968 6	0.969 3	0.970 0	0.970 6
1.9	0.971 3	0.971 9	0.972 6	0.973 2	0.973 8	0.974 4	0.975 0	0.975 6	0.976 2	0.976 7
2.0	0.977 2	0.977 8	0.978 3	0.978 8	0.979 3	0.979 8	0.980 3	0.980 8	0.981 2	0.981 7
2.1	0.982 1	0.982 6	0.983 0	0.983 4	0.983 8	0.984 2	0.984 6	0.985 0	0.985 4	0.985 7
2.2	0.986 1	0.986 4	0.986 3	0.987 1	0.987 4	0.987 8	0.988 1	0.988 4	0.988 7	0.989 0
2.3	0.989 3	0.989 6	0.989 8	0.990 1	0.990 4	0.990 6	0.990 9	0.991 1	0.991 3	0.991 6
2.4	0.991 8	0.992 0	0.992 2	0.992 5	0.992 7	0.992 9	0.993 1	0.993 2	0.993 4	0.993 6
2.5	0.993 8	0.994 0	0.994 1	0.994 3	0.994 5	0.994 6	0.994 8	0.994 9	0.995 1	0.995 2
2.6	0.995 3	0.995 5	0.995 6	0.995 7	0.995 9	0.996 0	0.996 1	0.996 2	0.996 3	0.996 4
2.7	0.996 5	0.996 6	0.996 7	0.996 8	0.996 9	0.997 0	0.997 1	0.997 2	0.997 3	0.997 4
2.8	0.997 4	0.997 5	0.997 6	0.997 7	0.997 7	0.997 8	0.997 9	0.997 9	0.998 0	0.998 1
2.9	0.998 1	0.998 2	0.998 2	0.998 3	0.998 4	0.998 4	0.998 5	0.998 5	0.998 6	0.998 6
3.0	0.998 7	0.999 0	0.999 3	0.999 5	0.999 7	0.999 8	0.999 8	0.999 9	0.999 9	1.000 0

随机变量处于 α 和 β 之间的概率为

$$P(\alpha \leqslant x \leqslant \beta) = \Phi((\beta - \mu)/\sigma) - \Phi((\alpha - \mu)/\sigma)$$

“χ^2 拟和优度检验”是一种检验动态数据正态性的有效方法，它是利用 χ^2 统计量作为观察到的PDF和理论概率密度函数之间的偏差的量度，两者是否相同可通过分析 χ^2 的样本分布来检验。如果数据是正态的，则应落入第 j 组区间中的数据个数(称为组区间中的期望频数)为

$$\begin{cases} F_0 = N\Phi\left(\dfrac{a-\mu}{\sigma}\right) \\ F_j = N\left[\Phi\left(\dfrac{d_j-\mu}{\sigma}\right) - \Phi\left(\dfrac{d_{j-1}-\mu}{\sigma}\right)\right] \quad (k \text{ 为数据分组数}) \\ F_{k+1} = N\left[1 - \Phi\left(\dfrac{b-\mu}{\sigma}\right)\right] \end{cases} \tag{2.2.1}$$

式中　a,b—— 两端点值；

$\Phi(\cdot)$ —— 正态分布的累计积分，如图 2.1 中阴影部分。

式(2.2.1)中的 F_j 和观察频数 N_j 之间的偏差为 $(N_j - F_j)$，显然 $\sum\limits_{j=0}^{k+1} N_j = \sum\limits_{j=0}^{k+1} F_j = N$，故总偏差必为 0。根据 Pearson 定理，样本的 χ^2 统计量为

$$\chi^2 = \sum_{j=0}^{k+1} (N_j - F_j)^2 / F_j$$

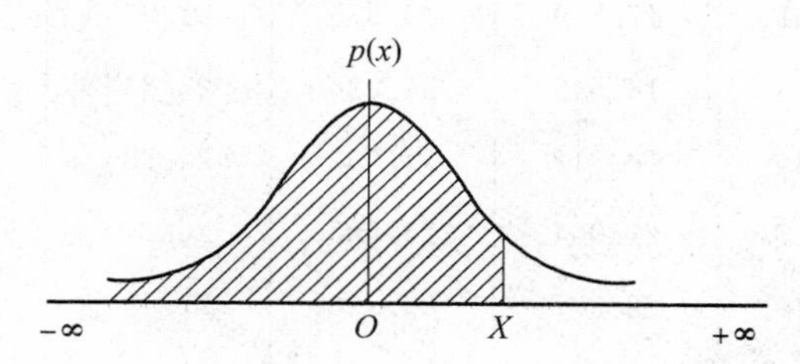

图 2.1　正态分布

假定这个样本 χ^2 统计量近似为卡埃平方分布，则可以将它和理论的卡埃平方分布(记为 $\chi^2_{n,\alpha}$)做比较，这时自由度 n 等于 $(k+2)$(如果把范围两端的组也算上)。减去一些线性约束的数目，其中一个约束是当前 $(k+1)$ 个组区间的频数已知时，由于总频数为 N，最后一个组区间的频数也就知道了；另外两个约束是由于用理论正态概率密度函数拟和观察数据的频数直方图而引起的，这就是用样本均值和样本的方差，而不是真正的均值和方差来计算 $\{F_j\}$。因此如果利用全部 $\{N_j\}$，则有自由度

$$n = (k+2) - 3 = k - 1$$

实际 n 值可能还小，因为 $F < 2$ 的一些组可能和其他组合并。

在 χ^2 的自由度正确确定之后，做如下的假设检验：若假设变量 x 是正态分布的，在把观

察数据分组列入$k+2$个组区间后，利用样本均值与方差，计算F_j并求出χ^2。样本PDF对正态分布的任何偏离都会使χ^2增大。如果$\chi^2 \leqslant \chi^2_{n,\alpha}$，则接受(在$\alpha$显著水平上)数据为正态数据的假设，否则拒绝。$\chi^2$分布表见表2.3。

表2.3　χ^2分布表

n \ α	0.25	0.10	0.05	0.025	0.01	0.005
1	1.323	2.706	3.841	5.024	6.635	7.879
2	2.773	4.605	5.991	7.378	9.210	10.597
3	4.108	6.251	7.815	9.348	11.345	12.838
4	5.385	7.779	9.488	11.143	13.277	14.860
5	6.626	9.236	11.071	12.833	15.086	16.750
6	7.841	10.645	12.592	14.449	16.812	18.548
7	9.037	12.017	14.067	16.013	18.475	20.278
8	10.219	13.362	15.507	17.535	20.090	21.955
9	11.389	14.684	16.919	19.023	21.666	23.589
10	12.549	15.987	18.307	20.483	23.209	25.188
11	13.701	17.275	19.675	21.920	24.725	26.757
12	14.845	18.549	21.026	23.337	26.217	28.299
13	15.984	19.812	22.362	24.736	27.688	29.819
14	17.117	21.004	23.685	26.119	29.141	31.319
15	18.245	22.307	24.996	27.488	30.578	32.801
16	19.369	23.542	26.296	28.845	32.000	34.267
17	20.489	24.769	27.587	30.191	33.409	35.718
18	21.605	25.989	28.869	31.526	34.805	37.156
19	22.718	27.204	30.144	32.852	36.191	38.582
20	23.828	28.412	31.410	34.170	37.566	39.997
21	24.935	29.615	32.671	35.479	38.932	41.401
22	26.039	30.813	33.924	36.781	40.289	42.796
23	27.141	32.007	35.172	38.076	41.638	44.181

续表 2.3

n \ α	0.25	0.10	0.05	0.025	0.01	0.005
24	28.241	33.196	36.415	33.364	42.980	45.559
25	29.339	34.382	37.652	40.646	44.314	46.928
26	30.435	35.563	38.885	41.923	45.642	48.290
27	31.528	36.741	40.113	43.194	46.963	49.645
28	32.620	37.916	41.337	44.461	48.278	50.993
29	33.711	39.087	42.557	45.722	49.588	52.336
30	34.800	40.256	43.773	46.979	50.892	53.672

2.3　独立性检验

从理论上讲，符合正态性的随机序列一定也是具有统计独立性。例如均值为 0，方差为 σ^2 的正态序列，它的自相关函数一定是单位冲激序列，即 $\rho(\tau)=\delta(\tau)$。说明样本数据之间具有独立性，但条件是样本数据总量足够多，直至无限。

对于有限长度的时间序列，无法满足上述条件，因此即使其时间序列的样本数据具有正态性（在一定显著水平上），而它的自相关函数也不一定是单位冲激序列，这就说明不完全具备统计独立性的条件，因此对于时间序列的样本数据而言，除了检验平稳性和正态性，还应检验独立性。这种检验独立性的方法是将时间序列的自相关函数与冲激函数做比较，如果样本数据的独立性越强，则说明它们之间的差别就越小。

通过自相关函数的估计值 $\hat{\rho}(\tau)$ 判断是否满足独立性条件时，需要借助 Bartlett 公式。

Bartlett **公式**　若 $\rho(\tau)$ 在 $\tau > M$ 时趋于零，则在 N 足够大的情况下其方差为

$$D[\hat{\rho}(\tau)] \approx \frac{1}{N}\sum_{m=-M}^{M}\hat{\rho}^2(m) \quad (\tau > M)$$

并且，当 $\tau > M$ 时，$\hat{\rho}(\tau)$ 近似于正态分布。

若 $\hat{\rho}(\tau)$ 是白噪声的自相关系数，则 $M=0$，即

$$D[\hat{\rho}(\tau)] \approx \frac{1}{N}(\tau > 0)$$

根据统计检验的 2σ 原则，当

$$|\hat{\rho}(\tau)| \leqslant 1.96\sqrt{\frac{1}{N}} \approx 2\sqrt{\frac{1}{N}}$$

或

$$\sqrt{N}\,|\hat{\rho}(\tau)|\leqslant 1.96\approx 2$$

时，便可认为 $\hat{\rho}(\tau)$ 为零的可能性为 95%，从而接受 $\hat{\rho}(\tau)=0$ $(\tau>0)$ 这一估计，即接受独立性假设。

2.4 周期性检验

序列是否具有周期性可从以下几个方面考察：

(1) 功率谱 $S(\omega)$

如果时间序列中存在周期性或准周期性的样本数据，则它们反映到时间序列的功率谱上会出现尖峰，很容易区别于一般随机数据的功率谱，如图 2.2(a) 所示。

(2) 自相关函数 $\rho(\tau)$

具有周期性数据序列的自相关函数呈连续振荡波形，而随机性数据的 $\rho(\tau)$ 为单调下降的曲线，如图 2.2(b) 所示。

(3) 概率密度函数 PDF

周期性 / 准周期性数据的 PDF 呈下凹形(盆形)，而随机数据的 PDF 呈上凸形(碗形)，如图 2.2(c) 所示。

以上三种方法直观方便，但只能作为定性判据，若要定量判别，需要用趋势项检验。

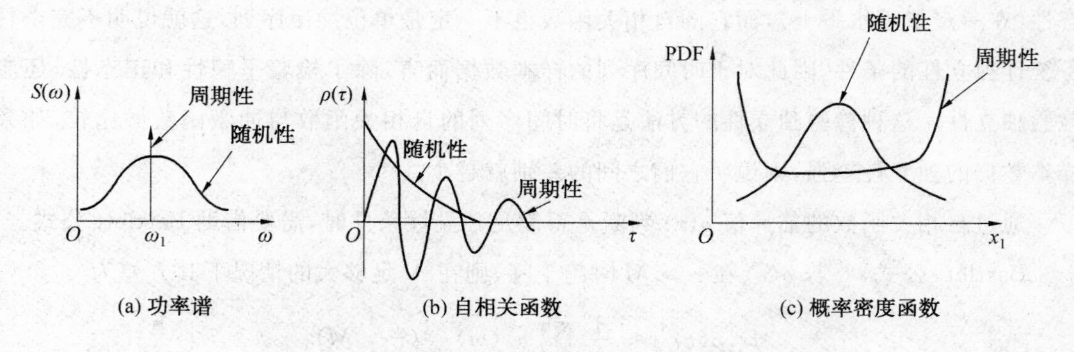

图 2.2 周期性与随机性数据对比

2.5 趋势项检验

时间序列分析都是假定样本数据来自平稳和各态历经的随机过程，也就是它们的期望(均值、方差、相关等)都不随时间推移而变化，而且可以用时间平均代替总体平均。

常出现的三种非平稳过程是：均值非平稳、方差非平稳、均值方差非平稳。

例如，维纳（Wiener）曾分析过的一种非平稳过程，可以看成是一般的平稳过程通过积分器（如在 $t=0$ 开始）的结果，即

$$y(t)=\int_0^t x(\tau)\,\mathrm{d}\tau$$

若 $E[x]=\mu_x$ 为常数，则

$$E[y]=\mu_y(t)=\begin{cases} t\mu_x & (t\geqslant 0) \\ 0 & (t<0) \end{cases}$$

若 x 的自相关函数为 $R_x(\tau)$，则

$$\sigma_y^2(t)=\begin{cases} \int_0^t\int_0^t R_x(t_1-t_2)\,\mathrm{d}t_1\mathrm{d}t_2 & (t\geqslant 0) \\ 0 & (t<0) \end{cases}$$

当 $R_x(\tau)=\sigma_x^2\delta(\tau)$（白噪声）时

$$\sigma_y^2(t)=t\sigma_x^2$$

这里介绍一种对均值或方差可能存在某种趋势进行检验的方法：首先由时间序列求出一个大致不相关的均值或方差的序列（可以把整个数据记录分成 M 段，然后求各段按时间平均的均值和方差）。设该序列为 $y_1,y_2,\cdots,y_M$，每当出现 $y_j>y_i$　$(j>i,i=1,2,\cdots,M-1)$ 时，定义为 y_i 的一个逆序。对于下标为 i 的已知值 y_i，其逆序数定义为与 y_i 相应的逆序的个数 A_i，逆序总数为

$$A=\sum_{i=1}^{M-1}A_i$$

【例 2.1】　已知一均值或方差序列，该序列具体形式为：2，3，2，4，5，3，求逆序总数。

解　对于 $y_1=2$，有 $A_1=4$；

对于 $y_2=3$，有 $A_2=2$。

以此类推：$A_3=3$，$A_4=1$，$A_5=0$。

逆序总数 $A=10$。

可以证明，以随机整数序列出现的 A 的平均值为

$$E[A]=M(M-1)/4$$

证　y_1 比随后的 $(M-1)$ 个随机数大或小的可能性相同，故由这种比较而得的逆序数的平均值为 $E[A_1]=(M-1)/2$，将 y_2 与它以后的 $M-2$ 个序列中的数比较有 $E[A_2]=(M-2)/2$，同理 $E[A_{M-2}]=2/2$，$E[A_{M-1}]=1/2$。

于是

$$E[A]=\sum_{i=1}^{M-1}E[A_i]=\frac{1}{2}\sum_{i=1}^{M-1}i=M(M-1)/4$$

还可以证明出现 A 的方差为

$$Var[A]=M(2M^2+3M-5)/72$$

当统计量为 $\mu=(A+1/2-E[A])/\sqrt{Var[A]}$ 时，它渐近服从正态分布 $N(0,1)$。根据 M 算出 $E[A]$，然后按实际逆序数 A 得出均值 μ，如果 μ 值处在 ± 2 之内，则可接受"序列无趋势"的假设，否则拒绝该假设(在 0.05 显著水平上)。

显然如果 A 很大，表明序列均值(或方差)有上升趋势；如果 A 太小，表明其有下降趋势。

上述非平稳趋势检验对于单调的趋势是有效的，但在有些情况下具有局限性，例如图 2.3 所示，正跳部分有很多逆序，但负跳部分则逆序很少，整个检验正常。类似在图 2.4 中有些不适用(包括周期性)。

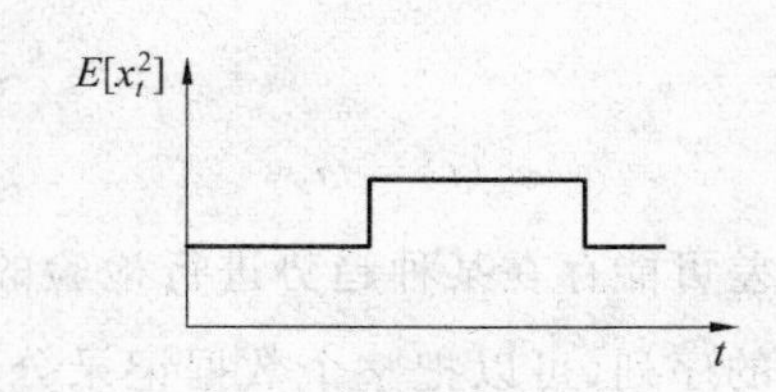

图 2.3　方差变化图(一)

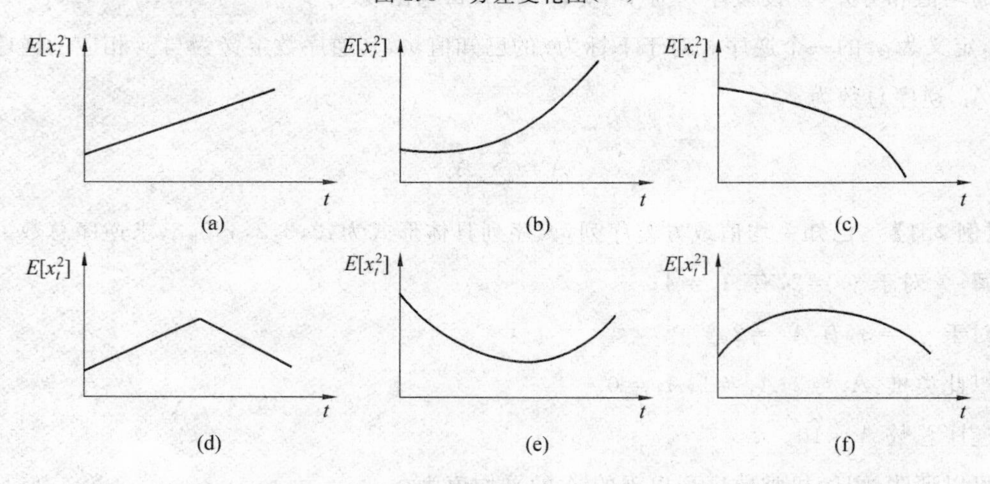

图 2.4　方差变化图(二)

属于确定性趋势的非平稳序列，通常表现有三种类型：加法型 $y_t=x_t+d_t$；乘法型 $y_t=d_t x_t$；混合型 $y_t=d_{t1}x_t+d_{t2}$。式中，x_t 是平稳随机序列；d_t 是确知的非随机序列，即趋势项。d_t 是确知函数，例如多项式函数 $\beta_0+\beta_1 t+\cdots+\beta_r t^r$，指数函数 $\sum_{j=0}^{S} A_j \mathrm{e}^{k_j t}$，周期函数 $\sum_{j=1}^{L} B_j \mathrm{e}^{q_j t}\sin(j\omega t+\varphi_j)$ 等。

有时需要在某一时间序列中去掉一个线性的或缓慢变化的趋势，这种趋势可能是由于

数据中的有些分量是经过积分产生的。积分可以导致两种误差：一是如果零点没调准，则在每一采样时刻都有一小误差项，经积分后这一常数项变成了直线。这一线性趋势在谱分析或其他计算中会导致很大的误差；二是由于积分对低频噪声起功率放大作用，而数据中常有这类噪声，经积分后变成缓慢变化的随机信号，其变化速度在某种程度上取决于采样间隔。

趋势项并非都是误差，可能代表时间序列中包含的有用信息（例如周期性趋势）。由于它的出现使过程非平稳，因此在对数据做平稳化预处理时也需提取趋势项。

变化着的趋势项可以用滤波器消除，而多项式形式的趋势项可以用最小二乘法提取。下面介绍此方法：

设 $x(i)$ 是等间隔(Δ)采样的函数，即 $x(i)=(i\Delta)^k, i=0,1,\cdots,N-1$。要用多项式 $\hat{x}(i)$ 来拟合它，令

$$\hat{x}(i)=\sum_{k=0}^{K}(i\Delta)^k C_k \tag{2.5.1}$$

$\hat{x}(i)$ 点的集合应当是 $x(i)$ 中多项式成分的估计，再定义多项式系数的误差 $E(c)$ 为

$$E(c)=\sum_{i=0}^{N-1}\left[x(i)-\sum_{k=0}^{K}(i\Delta)^k c_k\right]^2$$

误差 $E(c)$ 可以用微分方法使其达到最小，即将 $E(c)$ 对 C_j 取偏导数，并令导数值为零，得到 $k+1$ 个联立方程

$$\frac{\partial E}{\partial c_j}=\sum_{i=0}^{N-1}2\left[x(i)-\sum_{k=0}^{K}(i\Delta)^k c_k\right]\left[-(i\Delta)^j\right]=0 \quad (j=0,1,\cdots,k)$$

整理得

$$\sum_{k=0}^{K}c_k\sum_{i=0}^{N-1}(i\Delta)^{k+j}=\sum_{i=0}^{N-1}(i\Delta)^j x(i) \quad (j=0,1,\cdots,k)$$

当 K 较大时，求 c_j 很费事，但 K 大于 3 或 4 的情况很少。如果只要求提取低阶多项式，则可直接用系数算式来求。计算中常取 $\Delta=1$ 以提高计算精度，例如

$K=0$ 时

$$c_0=\frac{1}{N}\sum_{i=0}^{N-1}x(i)$$

$K=1$ 时

$$c_0=\frac{1}{N(N+1)}\left[2(2N-1)\sum_{i=1}^{N-1}x(i)-6\sum_{i=1}^{N-1}ix(i)\right]$$

$$c_1=\frac{12}{N(N^2-1)}\left[\sum_{i=0}^{N-1}ix(i)-\frac{N-1}{2}\sum_{i=0}^{N-1}x(i)\right]$$

为简化计算，取数据个数 N 为奇数，并将式(2.5.1)中多项式中 i 的变化范围改为对原

点对称，即定义

$$\hat{x}(i)=\sum_{k=0}^{K} i^k d_k \quad (i=-[N/2],\cdots,[N/2])$$

简记 $\sum = \sum_{i=-[N/2]}^{[N/2]}$，求得：

$K=1$ 时

$$d_0=\sum x(i)/N$$

$$d_1=\sum ix(i)/\sum i^2$$

$K=2$ 时

$$d_0=\left[\sum i^2\sum\{i^2x(i)\}-\sum x(i)\sum i^4\right]/\left[\left(\sum i^2\right)^2-N\sum i^4\right]$$

$$d_1=\left[\sum\{ix(i)\}\right]/\sum i^2$$

$$d_2=\left[\sum i^2\sum x(i)-N\sum\{i^2x(i)\}\right]/\left[\left(\sum i^2\right)^2-N\sum i^4\right]$$

$K=3$ 时

$$d_0=\left[\sum x(i)\sum i^4-\sum i^2\sum\{i^2x(i)\}\right]/\left[N\sum i^4-\left(\sum i^2\right)^2\right]$$

$$d_1=\left[\sum i^4\sum\{i^3x(i)\}-\sum i^6\sum\{ix(i)\}\right]/\left[\left(\sum i^4\right)^2-\sum i^2\sum i^6\right]$$

$$d_2=\left[\sum i^2\sum x(i)-N\sum\{i^2x(i)\}\right]/\left[\left(\sum i^2\right)^2-N\sum i^4\right]$$

$$d_3=\left[\sum i^4\sum\{ix(i)\}-\sum i^2\sum\{i^3x(i)\}\right]/\left[\left(\sum i^4\right)^2-\sum i^2\sum i^6\right]$$

上式中

$$\sum i^2=N(N^2-1)/12$$

$$\sum i^4=N(N^2-1)(3N^2-7)/240$$

$$\sum i^6=N(N^2-1)(3N^4-18N^2+31)/1\,344$$

$$i=-[N/2],\cdots,[N/2]\text{；}N\text{ 为奇数}$$

以上系数计算分两步：

(1) 计算 $\sum x(i)$，$\sum\{i^k x(i)\}$；

(2) 计算 $d_0,d_1,\cdots,d_k$（建议采用双精度计算）。

另一种将缓慢变化的趋势与平稳随机成分分离的方法是通过移动的数据窗和最小二乘平滑来实现的。

其特点是根据时刻 i 之前和 i 之后的测量数据求出 i 时刻的平滑值。如果随着 i 的变动，重复这种做法，就能得到测量数据中缓慢变化的趋势分量。

平滑方法的要点如下：

(1) 从测量数据 $x(i+v)$ 中取出在 $2v_{\max}$（称为数据窗宽度）范围内的数据，如图 2.5(a) 所示。

(2) 用下列二阶多项式来近似测量数据，即

$$\hat{x}(i+v)=a_0(i)+a_1(i)v+a_2(i)v^2/2$$

(3) 用对称的窗函数 $\omega(v)=\omega(|v|)$（图 2.5(b)）对 i 点两侧的差值，即

$$\Delta x(i+v)=\hat{x}(i+v)-x(i+v)$$

进行加权。

(4) 再用最小二乘法来确定 $a_0(i)$，$a_1(i)$，$a_2(i)$。

(5) 数据窗沿时间轴移动，平滑的数据（即趋势分量）便由 $a_0(i)$ 得出。

上述窗函数 $\omega(v)$ 起低通滤波器作用，形状及宽度可以选择，通常取

$$\omega^2(v)=0.54+0.46\cos(\pi v/v_{\max})$$

宽度取为截止频率倒数，即 $v_{\max}=1/f$。

在样本数据采集过程中会引入虚假数据，影响建模精度，一般采用人工剔除。

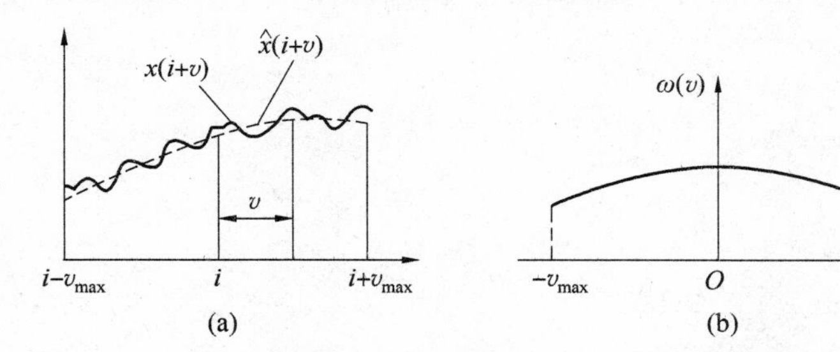

图 2.5　利用数据窗和最小二乘平滑提取变化趋势

下面介绍线性外推的方法剔除奇异值。

采用两个数字低通滤波器(图 2.6)。它的输出是对输入函数的平滑估计

$$\sigma^2(i)=\overline{x^2(i)}-[\bar{x}(i)]^2$$

接着检查下一个数据点 $x(i+1)$，如果

$$\bar{x}(i)-k\sigma(i)<x(i+1)<\bar{x}(i)+k\sigma(i)$$

则认为 $x(i+1)$ 可以接受，k 通常取 3 到 9。

如果 $x(i+1)$ 被认为是奇异点，用 $\hat{x}(i+1)$ 代替。

$$\hat{x}(i+1)=2x(i)-x(i-1)$$

这实际上是线性外推。

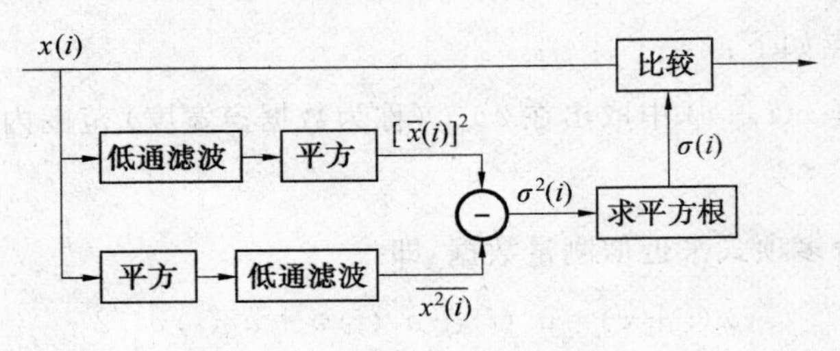

图 2.6　剔点处理方案

习　　题

2.1　给定一均值序列:2,4,3,2,2,3,4,5,3,3,求逆序总数 A。

2.2　给定一序列:3,1,2,2,4,5,3,5,2,1,3,4,2,5,结合图示的方式给出游程的总数及每个游程的长度。

2.3　若 $\{X_t\}$ 和 $\{Y_t\}$ 是两个不相关的平稳过程,即其协方差 $Cov(X_r, Y_s)=0, \forall r,s$。证明 $\{X_t+Y_t\}$ 是平稳的,且其自协方差函数等于它们各自的自协方差函数之和。

第 3 章 时间序列模型

我们讨论平稳时间序列模型，其平稳是指宽平稳，其特性是序列的统计特性不随时间平移而变化。

3.1 一阶自回归(AR)模型

3.1.1 一阶自回归模型

1. 定义

若时间序列 $X_t(t=1,2,\cdots)$ 是独立的，没有任何依赖关系，就是说事物的后一时刻的行为与其前一时刻的行为毫无关系，这样的资料所揭示的系统统计规律就是事物独立地随机变动，系统无记忆能力。

如果情况不是这样的，资料之间有一定的依存性，则最简单的关系就是后一时刻的行为主要与其前一时刻的行为有关，而与其前一时刻以前的行为无直接关系。即已知 X_{t-1}，X_t 主要与 X_{t-1} 相关，用记忆性来说，就是最短的记忆，即一期记忆，也就是一阶动态性。描述这种关系的数学模型就是一阶自回归模型，即

$$X_t=\varphi_1 X_{t-1}+a_t \tag{3.1.1}$$

记作 AR(1)，其中 X_t 为零均值平稳序列；φ_1 为 X_t 对 X_{t-1} 的依赖程度；a_t 为随机扰动。

2. 一阶自回归模型特点

在时间函数模型中，将一组观察值及其相应的时间绘出来，就会显示出一定的趋势性，因为 X_t 对 t 有一定的依赖性，现在是 X_t 对 X_{t-1} 有一定的依赖性，如图 3.1 所示。

(1)X_t 与 X_{t-1} 有直线相关关系。

(2)a_t 为独立正态分布序列。

(3)a_t 与 $X_{t-j}(j=2,3,\cdots)$ 独立。

前两者是一阶自回归模型的基本假设。

AR(1) 模型将 X_t 分解为独立的两部分：一是依赖于 X_{t-1} 的部分 $\varphi_1 X_{t-1}$；二是与 X_{t-1} 不相关的部分 a_t。

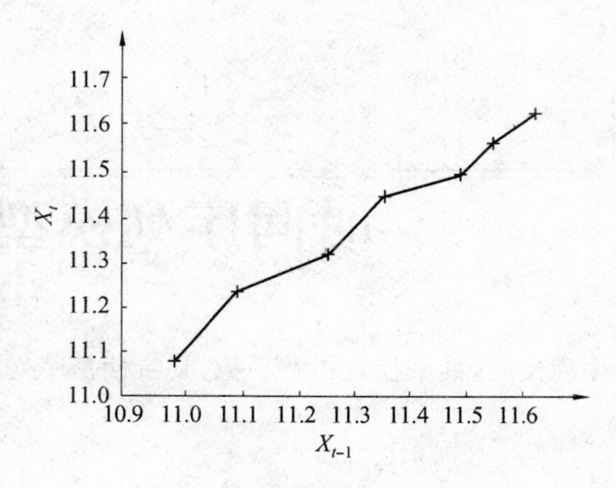

图 3.1 X_t 与 X_{t-1} 的关系

3. AR(1) 与普通一元线性回归的关系

普通一元线性回归模型表示为

$$Y_i = bX_i + \varepsilon_i \quad (i=1,2,\cdots) \tag{3.1.2}$$

式中 Y_i 与 X_i—— 中心化处理(零均值) 后的序列。

从形式上看，式(3.1.1) 与式(3.1.2) 相似，二者既有联系又有区别。

(1) 主要区别

① 普通线性回归模型需要一组确定性变量值和相应的观测值；AR(1) 模型只需要一组随机变量的观测值。

② 普通一元线性回归表示的是一个随机变量对另一确定性变量的依存关系；而 AR(1) 表示的是一个随机变量对其自身过去值的依存关系。

③ 普通线性回归是在静态的条件下研究的；AR(1) 是在动态的条件下研究的。

④ 二者的假设不同。普通回归模型的要求：ε_i 独立，且 ε_i 与 X_i 独立，X_i 为确定变量，Y_i 是独立的随机变量，对于每一个 X_i，ε_i 的方差是一个正常数，$Var(\varepsilon_i \mid X_i) = E(\varepsilon_i^2)$；AR(1) 只要求 a_t 为独立序列，X_t 是随机变量序列，两个时刻上的随机变量之间存在一定的相关性。

⑤ 普通回归模型，实质上是一种条件回归；AR(1) 是无条件回归。

(2) 主要联系

固定时刻 $t-1$，且观察值 X_{t-1} 已知时，AR(1) 就是一个普通的一元线性回归模型。

4. 相关序列的独立化过程

这里 X_t 是相关的，若直接用以样本独立为基础的统计方法来处理相关序列是不合适

的，将式(3.1.1)转化为

$$a_t = X_t - \varphi_1 X_{t-1} \tag{3.1.3}$$

式(3.1.3)揭示了 AR(1) 的实质性问题：AR(1) 模型是一个使相关数据转化为独立数据的变化器。

就 AR(1) 系统来说，仅有一阶动态性，即在 X_{t-1} 已知的条件下，X_t 的依赖性主要表现为 X_t 对 X_{t-1} 的直接依赖性，而 X_t 与 $X_{t-j}(j=2,3,\cdots)$ 不存在直接的依存关系，只要把 X_t 中依赖于 X_{t-1} 的部分消除以后，剩下部分 $(X_t - \varphi_1 X_{t-1})$ 自然就是独立的了。

所谓动态性(记忆性)，从统计观点来看，就是指系统现在的行为与其历史行为的相关性。体现在时间序列中，就是观测值之中蕴含着的相关性关系，因此可用相关函数来刻画系统(时序)的动态性。从系统的观点来看，动态性就是指系统的记忆性，就是在某一时刻进入系统的输入对系统后续行为的影响，如果该输入只影响系统下一时刻的行为，对下一时刻以后的行为不发生作用，则系统具有一阶动态性(一期记忆性)。

3.1.2　AR(1) 模型的特例 —— 随机游动

1. $\varphi_1 = 1$ 时的 AR(1) 模型

对式(3.1.1)，当 $\varphi_1 = 1$ 时有

$$X_t = X_{t-1} + a_t$$

即

$$X_t - X_{t-1} = a_t \tag{3.1.4}$$

$$\nabla X_t = a_t$$

∇ 为差分，所谓差分就是 X_t 与其前一期值的差。从统计上讲，差分结果所得到的序列就是逐期增长量。

$Y_t = X_t - X_{t-1}$ 为一阶差分，记作 $Y_t = \nabla X_t$；$Z_t = Y_t - Y_{t-1}$ 为 X_t 的二阶差分，记作 $Z_t = \nabla Y_t = \nabla^2 X_t$；$k$ 阶差分记作 $\nabla^k X_t$。

另外，k 阶季节差分是指 $X_t - X_{t-k}$，记作 $\nabla_k X_t$，即 X_t 与其前 k 期观察值的差，与上面差分的定义不同。只有当 $k=1$ 时，才有 $\nabla_1 X_t = \nabla X_t$。

2. 特例形式的特性

(1) 系统极强的一期记忆性，即惯性。系统在 $t-1$ 和 t 时刻的响应，除随机扰动外，完全一致。

(2) 系统行为是一系列独立的随机变量的和，即

$$X_t = \sum_{j=0}^{\infty} a_{t-j}$$

3.2　一般自回归模型

当 X_t 不仅与 X_{t-1} 有关，且与 X_{t-2} 相关时，AR(1) 模型不再适用。

1. a_t 对 X_{t-2} 的依赖性

$$X_t = \varphi_1 X_{t-1} + a_t'$$

而 $a_t' = \varphi_2 X_{t-2} + a_t$，即 a_t' 中的一部分依赖于 X_{t-2}（即 $\varphi_2 X_{t-2}$），另一部分是独立于前一部分的 a_t。则

$$X_t = \varphi_1 X_{t-1} + \varphi_2 X_{t-2} + a_t \tag{3.2.1}$$

即

$$X_t - \varphi_1 X_{t-1} - \varphi_2 X_{t-2} = a_t \tag{3.2.2}$$

X_t 与 X_{t-1} 及 X_{t-2} 有关。式(3.2.2) 为一个 AR(2) 模型。

2. AR(2) 模型的假设和结构

(1) AR(2) 模型的基本假设

① 假设 X_t 仅与 X_{t-1} 及 X_{t-2} 有直接关系，而在 X_{t-1} 和 X_{t-2} 已知的条件下，X_t 与 X_{t-j} $(j=3,4,\cdots)$ 无关。

② a_t 是一白噪声序列。

(2) AR(2) 模型的结构

由式(3.2.1) 可知，AR(2) 模型由三部分组成：第一部分是依赖于 X_{t-1} 的部分，用 $\varphi_1 X_{t-1}$ 表示；第二部分是依赖于 X_{t-2} 的部分，用 $\varphi_2 X_{t-2}$ 表示；第三部分是独立于前两部分的白噪声 a_t。

式(3.2.2) 等价于

$$a_t = X_t - \varphi_1 X_{t-1} - \varphi_2 X_{t-2}$$

AR(2) 系统的响应 X_t 具有二阶动态性，AR(2) 模型通过把 X_t 中依赖于 X_{t-1} 及 X_{t-2} 的部分消除掉之后，使得具有二阶动态性（即数据中的相关性）的序列 X_t 转化为独立的序列 a_t。因此，拟合 AR(2) 模型的过程也就是使相关序列独立化的过程。

3. 一般自回归模型

AR(n) 模型

$$X_t - \varphi_1 X_{t-1} - \varphi_2 X_{t-2} - \cdots - \varphi_n X_{t-n} = a_t \tag{3.2.3}$$

基本假设如下：

(1) X_t 仅与 $X_{t-1}, X_{t-2}, \cdots, X_{t-n}$ 有线性关系，而在 $X_{t-1}, X_{t-2}, \cdots, X_{t-n}$ 已知的条件下，X_t

与 $X_{t-j}(j=n+1,n+2,\cdots)$ 无关。

(2)a_t 是一个白噪声序列。

由式(3.2.3) 得

$$X_t=\varphi_1 X_{t-1}+\varphi_2 X_{t-2}+\cdots+\varphi_n X_{t-n}+a_t \tag{3.2.4}$$

AR(n) 模型由 $n+1$ 个部分组成：第一部分是依赖于 X_{t-1} 的部分，用 $\varphi_1 X_{t-1}$ 表示；第二部分是依赖于 X_{t-2} 的部分，用 $\varphi_2 X_{t-2}$ 表示；……；第 n 部分是依赖于 X_{t-n} 的部分，用 $\varphi_n X_{t-n}$ 表示；第 $n+1$ 部分是独立于前 n 部分的白噪声 a_t。

式(3.2.3) 写为

$$a_t=X_t-\varphi_1 X_{t-1}-\varphi_2 X_{t-2}-\cdots-\varphi_n X_{t-n}$$

可见，AR(n) 系统响应 X_t 具有 n 阶动态性。AR(n) 模型通过把 X_t 中依赖于 $X_{t-1},X_{t-2},\cdots,X_{t-n}$ 的部分消除之后，使得具有 n 阶动态性的序列 X_t 转化为独立的序列 a_t。因此，拟合 AR(n) 模型的过程就是使相关序列独立化的过程。

3.3　移动平均(MA) 模型

移动平均模型也称为滑动平均模型。如果系统在 t 时刻的响应 X_t，与其以前时刻 $t-1$，$t-2,\cdots$ 的响应 $X_{t-1},X_{t-2},\cdots$ 无关，而与其以前时刻 $t-1,t-2,\cdots$ 进入系统的扰动 a_{t-1}，$a_{t-2},\cdots$ 存在一定的相关关系，这一类系统称为 MA 系统。

1. 一阶移动平均模型 MA(1)

如果系统响应 X_t 仅与其前一时刻进入系统的扰动 a_{t-1} 存在相关关系，则

$$X_t=a_t-\theta_1 a_{t-1} \tag{3.3.1}$$

式中　a_t—— 白噪声。

式(3.3.1) 为一阶移动平均模型。

MA(1) 基本假设如下：

(1) 系统响应 X_t 仅与其前一时刻进入系统的扰动 a_{t-1} 有一定依存关系。

(2)a_t 为白噪声。

式(3.3.1) 的 MA(1) 模型将 X_t 分解为两部分：一部分是依赖于 a_{t-1} 的部分，用 $-\theta_1 a_{t-1}$ 表示；另一部分是与 a_{t-1} 独立的 a_t。

2. 一般移动平均模型

如果 MA 系统在时刻 t 的响应 X_t，与 $a_{t-j}(j=1,\cdots,m)$ 存在一定的相关关系，则用 MA(m) 模型表示为

$$X_t=a_t-\theta_1 a_{t-1}-\theta_2 a_{t-2}-\cdots-\theta_m a_{t-m}$$

基本假设如下：

(1) X_t 仅与 $a_{t-1},\cdots,a_{t-m}$ 有关，与 $a_{t-j}(j=m+1,\cdots)$ 无关。

(2)a_t 为白噪声序列。

X_t 由 $m+1$ 个部分组成：第一部分是依赖于 a_{t-1} 的部分，用 $-\theta_1 a_{t-1}$ 表示；…… 第 m 个部分是依赖于 a_{t-m} 的部分，用 $-\theta_m a_{t-m}$ 表示；第 $m+1$ 部分是独立于前 m 部分的 a_t。

3.4 自回归移动平均(ARMA) 模型

一个系统如果它在时刻 t 的响应 X_t，不仅与其以前时刻的自身值有关，而且还与其以前时刻进入系统的扰动存在一定的依存关系，那么，这个系统就是自回归移动平均系统。相应的模型记作 ARMA。

1. ARMA(2,1) 模型

由 AR(1)：

$$X_t=\varphi_1 X_{t-1}+a_t'$$

将

$$a_t'=\varphi_2 X_{t-2}-\theta_1 a_{t-1}+a_t$$

代入上式，有

$$X_t=\varphi_1 X_{t-1}+\varphi_2 X_{t-2}-\theta_1 a_{t-1}+a_t$$

即

$$X_t-\varphi_1 X_{t-1}-\varphi_2 X_{t-2}=a_t-\theta_1 a_{t-1}$$

(1) 基本假设

① 在 ARMA 模型中，若 X_t 中确实除了对 X_{t-1}，X_{t-2} 和 a_{t-1} 的依存关系以外，在 X_{t-1}，X_{t-2} 已知的条件下，对其他的 $X_{t-j}(j=3,4,\cdots)$ 和 $a_{t-j}(j=2,3,\cdots)$ 不存在相关关系。

②a_t 独立于 $a_{t-j}(j=2,3,\cdots)$，也独立于 $X_{t-j}(j=3,4,\cdots)$。

(2) 结构

$$X_t=\varphi_1 X_{t-1}+\varphi_2 X_{t-2}+a_t-\theta_1 a_{t-1}$$

由一个 AR(2) 和一个 MA(1) 构成，共有四部分。

(3) 相关序列的独立化过程

$$a_t=X_t-\varphi_1 X_{t-1}-\varphi_2 X_{t-2}+\theta_1 a_{t-1}$$

ARMA(2,1) 是通过 X_t 中消除 X_t 对 X_{t-1}，X_{t-2} 和 a_{t-1} 的依赖性之后，使相关序列 X_t 转化为独立序列 a_t。

2. ARMA($n,n-1$) 模型

若ARMA(2,1)模型不适应，其中 a_t 用 a_t' 代替，$a_t'=\varphi_3 X_{t-3}-\theta_2 a_{t-2}+a_t$ 代入ARMA(2,1)，得

$$X_t=\varphi_1 X_{t-1}+\varphi_2 X_{t-2}+\varphi_3 X_{t-3}+a_t-\theta_1 a_{t-1}-\theta_2 a_{t-2}$$

或

$$X_t-\varphi_1 X_{t-1}-\varphi_2 X_{t-2}-\varphi_3 X_{t-3}=a_t-\theta_1 a_{t-1}-\theta_2 a_{t-2}$$

左端为AR(3)，右端为MA(2)，故为ARMA(3,2)。按这种思想一直推下去，便可得到ARMA($n,n-1$)模型。模型的左端为AR(n)，右端为MA($n-1$)，即

$$X_t-\varphi_1 X_{t-1}-\varphi_2 X_{t-2}\cdots-\varphi_n X_{t-n}=a_t-\theta_1 a_{t-1}\cdots-\theta_{n-1} a_{t-n+1}$$

利用ARMA模型的生成过程及特性，可以得到对某一系统的一系列动态观察数据拟合ARMA模型的基本策略：通过逐渐增加ARMA($n,n-1$)模型的阶数，使得越来越接近一组数据的依存关系，停止在不能使这种逼近更有效地得到改善的 n 的数值上。

3. ARMA($n,n-1$) 模型的合理性

对于平稳系统来说，我们可以以一个ARMA($n,n-1$)模型为一般形式建立时序模型。理由如下：

(1) AR(n)，MA(m)，ARMA(n,m)都是ARMA($n,n-1$)的特例。

(2) 用Hilbert空间线性算子的基本理论可以证明，对于任何平稳随机系统，可以用一个ARMA($n,n-1$)模型近似到我们想要达到的程度。

(3) 用差分方程的理论可以证明，对于 n 阶自回归，MA模型的阶数应是 $n-1$。

3.5　ARMA模型的特性

3.5.1　格林函数和平稳性

1. 线性常系数差分方程及其解的一般形式

任何一个ARMA模型都是一个线性差分方程，因此ARMA模型的性质往往取决于差分方程根的性质。

n 阶差分方程：

$$y(k+n)+a_{n-1}y(k+n-1)+\cdots+a_0 y(k)=x(k)$$

式中　$x(k)$ —— 离散序列，称为驱动函数；

$y(k)$ —— 系统的响应。

当 $x(k)=0$ 时，上式变为 n 阶齐次差分方程。求解 n 阶齐次差分方程就是在给定输出时

间序列 n 个初始条件 $y(0),y(1),\cdots,y(n-1)$ 下，求出输出序列 $y(n),y(n+1),\cdots$。

而时间序列模型恰好是给定 $X_{t-1},X_{t-2},\cdots,X_{t-n}$ 的条件下，求出 X_t。所以 ARMA 模型完全等价于一个差分方程。

驱动函数可看作

$$a_t+\theta_1 a_{t-1}+\theta_2 a_{t-2}+\cdots+\theta_n a_{t-n}=x(t)$$

先求相应齐次方程的通解，然后求一个原方程的特解，原方程的解等于通解与特解的线性组合。

2. AR(1) 系统的格林函数

(1)AR(1) 系统格林函数的形式

格林函数就是描述系统记忆扰动程度的函数。

AR(1) 模型为

$$X_t-\varphi_1 X_{t-1}=a_t \tag{3.5.1}$$

在动态条件下

$$X_{t-1}=\varphi_1 X_{t-2}+a_{t-1}$$

则

$$X_t=\varphi_1(\varphi_1 X_{t-2}+a_{t-1})+a_t=\varphi_1^2 X_{t-2}+\varphi_1 a_{t-1}+a_t$$

而

$$X_{t-2}=\varphi_1 X_{t-3}+a_{t-2}$$

则

$$X_t=\varphi_1^3 X_{t-3}+\varphi_1^2 a_{t-2}+\varphi_1 a_{t-1}+a_t$$

以此类推，并代入式(3.5.1)，得

$$X_t=\sum_{j=0}^{\infty}\varphi_1^j a_{t-j} \tag{3.5.2}$$

式(3.5.2) 是差分方程(3.5.1) 的解。

证明　将式(3.5.2) 代入式(3.5.1)，得

$$\sum_{j=0}^{\infty}\varphi_1^j a_{t-j}-\varphi_1(\sum_{j=1}^{\infty}\varphi_1^{j-1}a_{t-j})=a_t$$

变形得

$$(\varphi_1^0 a_{t-0}+\sum_{j=1}^{\infty}\varphi_1^j a_{t-j})-\sum_{j=1}^{\infty}\varphi_1^j a_{t-j}=a_t$$

$$a_t+\sum_{j=1}^{\infty}\varphi_1^j a_{t-j}-\sum_{j=1}^{\infty}\varphi_1^j a_{t-j}=a_t$$

得证。

式(3.5.2)为驱动函数 a_t 的一个线性组合，或者说系统如何记忆扰动 a_t 的。同样也可以解释为，在某一时刻进入系统的 a_t 对后继行为的影响程度，也就是过去扰动的权重函数。

若 $\varphi_1 \to 1(|\varphi_1|<1)$，则 $\varphi_1{}^j$ 随 j 的增大而缓慢减小，表明系统的记忆性较强；若 $\varphi_1 \to 0$，则 $\varphi_1{}^j$ 随 j 的增大而急剧减小，表明系统的记忆性较弱。

可见，方程解的系数函数 $\varphi_1{}^j$ 客观地描述了该系统的动态性，故这个函数称为记忆函数，也称格林函数(Green's function)，用 G_j 表示。

AR(1) 模型的格林函数表示为

$$G_j = \varphi_1{}^j \tag{3.5.3}$$

这样式(3.5.2)可等价地写为

$$X_t = \sum_{j=0}^{\infty} G_j a_{t-j} \tag{3.5.4}$$

另外，由于

$$X_t = \sum_{j=0}^{\infty} \varphi_1^j a_{t-j} = a_t + \varphi_1 a_{t-1} + \varphi_1{}^2 a_{t-2} + \cdots$$

令 $\varphi_1{}^j = -\theta_j$，则上式变成

$$X_t = a_t - \theta_1 a_{t-1} - \theta_2 a_{t-2} - \cdots$$

可见，AR(1) 模型可以用一个无限阶 MA 模型来逼近。

(2)AR(1) 模型的后移算子表达式及格林函数

后移算子记为 B(Back)，B 的次数表示后移的期数。即

$$BX_t = X_{t-1}, B^2 X_t = X_{t-2}, \cdots$$

一般的，后移算子 B 具有以下性质：

①$B^0 = 1$。

② 若 c 为任意常数，则 $B(c \cdot X_t) = c \cdot B(X_t) = c \cdot X_{t-1}$。

③ 对于任意的两个序列 $\{X_t\}$ 和 $\{Y_t\}$，有

$$B(X_t \pm Y_t) = B(X_t) \pm B(Y_t) = X_{t-1} \pm Y_{t-1}$$

④
$$(1-B)^n = \sum_{i=0}^{n} \frac{(-1)^n n!}{i!\,(n-i)!} B^i$$

这样 AR(1) 可写成

$$(1 - \varphi_1 B) X_t = a_t$$

它的解为

$$X_t = \frac{a_t}{1-\varphi_1 B} = (1+\varphi_1 B + {\varphi_1}^2 B^2 + {\varphi_1}^3 B^3 + \cdots)\, a_t =$$

$$a_t + \varphi_1 a_{t-1} + {\varphi_1}^2 a_{t-2} + \cdots =$$

$$\sum_{j=0}^{\infty} {\varphi_1}^j a_{t-j} =$$

$$\sum_{j=0}^{\infty} G_j a_{t-j}$$

(3)AR(1) 模型格林函数的意义

由于格林函数就是差分方程解的系数函数，因此其意义如下：

①G_j 是前 j 个时间单位以前进入系统的扰动 a_{t-j} 对系统现在行为(响应)影响的权数。

②G_j 客观地刻画了系统动态响应衰减的快慢程度。

③G_j 是系统动态的真实描述。系统的动态性就是蕴含在时间序列中的数据依存关系。具体来讲，对于一个平稳的时间序列来说，就是系统某一时刻，由于受到进入系统扰动 a_t 的作用，离开平衡位置(即平均数 0)，G_j 描述系统回到平衡位置的速度，φ_1 值较小，回复的速度较快；φ_1 值较大，回复的速度较慢。

④ 格林函数所描述的动态性完全取决于系统参数 φ_1。

3. AR**(1) 系统的平稳性**

(1) 系统的稳定性和非稳定性

渐近稳定性是指系统受扰后达到任意初始状态，由此出发的状态向量都随时间增大而趋于平衡状态。渐近稳定系统是一定平稳的。系统的不稳定性是指，如果系统受扰达到任意初始状态，由此出发的状态向量将随时间而趋于无穷。不稳定系统一定是非平稳的。

如果系统受扰后达到任意的初始状态，由此出发的状态向量随时间的增大既不回到均衡位置，又不趋于无穷，这就是系统的临界稳定性。一个临界稳定系统其响应可能是等幅振荡，也可能是常数，因此一定存在趋势性和季节性。但这些趋势性和季节性可能是随机的也可能是确定的，所以一个临界稳定系统既可能是平稳的也可能是非平稳的。这里讨论的平稳系统是指渐近平稳系统。

(2)AR(1) 系统的平稳性条件

对于 AR(1) 系统来说，如果系统受扰后，该扰动的作用逐渐减小直至趋于零，即系统响应随时间的增长回到平衡位置，那么，该系统是渐近稳定的，也就是平稳的。

相对于格林函数来说，就是随着 $j \to \infty$，扰动的权数 $G_j \to 0$。由于 $G_j = {\varphi_1}^j$，即 ${\varphi_1}^j \to 0$，显然

$$|\varphi_1| < 1$$

这就是 AR(1) 系统渐近稳定条件，也就是平稳性条件。

当 $|\varphi_1|=1$ 时

$$G_j=\begin{cases}1 & (\varphi_1=1)\\ (-1)^j & (\varphi_1=-1)\end{cases}$$

这时虽然响应不回到其均衡位置，但仍是有界的，这时系统为临界稳定的。

当 $|\varphi_1|>1$ 时，$j\to\infty$，$G_j\to\infty$，任意小的扰动只要给定足够的时间，就会使系统响应正负趋于无穷，永远不会回到其均衡位置，是非稳定的。

4. 格林函数与 Wold 分解

Wold 分解也称为正交分解，其核心就是把一个平稳过程分解成不相关的随机变量的和。Wold 认为可以用线性空间来解释 ARMA 模型的解。

在 n 维线性空间 L_n 中，n 个线性无关的向量 $\boldsymbol{\alpha}_1,\boldsymbol{\alpha}_2,\cdots,\boldsymbol{\alpha}_n$ 称为线性空间的一组基。设 $\boldsymbol{\beta}$ 可由 $\boldsymbol{\alpha}_1,\boldsymbol{\alpha}_2,\cdots,\boldsymbol{\alpha}_n$ 线性表示：

$$\boldsymbol{\beta}=k_1\boldsymbol{\alpha}_1+k_2\boldsymbol{\alpha}_2+\cdots+k_n\boldsymbol{\alpha}_n$$

式中　k_i—— 向量 $\boldsymbol{\beta}$ 关于基 $\boldsymbol{\alpha}_i$ 的坐标，由向量 $\boldsymbol{\beta}$ 和 $\boldsymbol{\alpha}_i$ 唯一确定。

如果用线性空间的观点来看 AR(1) 模型的解

$$X_t=\sum_{j=0}^{\infty}G_j a_{t-j} \tag{3.5.5}$$

由于 a_{t-j} 是相互独立的，可看作线性空间的基 α_i。显然 X_t 可由 a_{t-j} 线性表示，其系数 G_j 就是 X_t 对于 a_{t-j} 的坐标。X_t 就是 $G_j a_{t-j}$ 的正交向量的和。

式(3.5.5) 称为 Wold 分解式，其系数称为 Wold 系数。

可见，格林函数和 Wold 系数是同一客体从不同角度观察的结果，二者是完全一致的。Wold 系数是线性空间的解释，格林函数是系统的解释。

在理论上，X_t 是 a_{t-j} 的无限和，即在无限维空间将 X_t 分解。但就平稳系统来说，由于系统参数 $|\varphi_1|<1$，特别当 $|\varphi_1|$ 较小时，格林函数（Wold 系数）将很快减小，因而无限和事实上是有限的，无限维空间成了有限维空间。

综上所述，利用 Wold 分解式可以很容易地得到时间序列的所有统计特征，因为 Wold 分解式可以看作是独立随机变量的和。

如 AR(1) 过程，X_t 的方差为

$$\gamma_0=Var(X_t)=Var\left(\sum_{j=0}^{\infty}\varphi_1{}^j a_{t-j}\right)=\sum_{j=0}^{\infty}Var(\varphi_1{}^j a_{t-j})=$$

$$\sum_{j=0}^{\infty}\varphi_1{}^{2j}\sigma_a^2=\frac{\sigma_a^2}{1-\varphi_1{}^2}$$

5. ARMA 系统的格林函数

(1)ARMA(2,1) 系统的格林函数的隐式

ARMA(2,1) 模型是一个二阶非齐次差分方程

$$X_t - \varphi_1 X_{t-1} - \varphi_2 X_{t-2} = a_t - \theta_1 a_{t-1} \tag{3.5.6}$$

设其解为 $X_t = \sum_{j=0}^{\infty} G_j a_{t-j}$,目的是求 G_j。

利用 B 算子,上式可整理为

$$(1 - \varphi_1 B - \varphi_2 B^2) X_t = (1 - \theta_1 B) a_t \tag{3.5.7}$$

而

$$X_t = G_0 a_t + G_1 a_{t-1} + \cdots = (G_0 + G_1 B + G_2 B^2 + G_3 B^3 + \cdots) a_t = \left(\sum_{j=0}^{\infty} G_j B^j\right) a_t \tag{3.5.8}$$

把式(3.5.8)代入式(3.5.7),得

$$(1 - \varphi_1 B - \varphi_2 B^2)\left(\sum_{j=0}^{\infty} G_j B^j\right) a_t = (1 - \theta_1 B) a_t$$

即

$$(1 - \varphi_1 B - \varphi_2 B^2)(G_0 + G_1 B + G_2 B^2 + \cdots) a_t = (1 - \theta_1 B) a_t$$

$$(G_0 + G_1 B + G_2 B^2 + \cdots - \varphi_1 G_0 B - \varphi_1 G_1 B^2 - \cdots - \varphi_2 G_0 B^2 - \cdots) a_t = (1 - \theta_1 B) a_t$$

两边 B 的同次幂系数必相等,设 B 的幂指数为 k,则:

当 $k=0$ 时,$G_0 = 1$

当 $k=1$ 时,$G_1 - \varphi_1 G_0 = -\theta_1 \Rightarrow G_1 = \varphi_1 - \theta_1$

当 $k=2$ 时,$G_2 - \varphi_1 G_1 - \varphi_2 G_0 = 0 \Rightarrow G_2 = \varphi_1(\varphi_1 - \theta_1) + \varphi_2 = \varphi_1{}^2 - \varphi_1\theta_1 + \varphi_2 = \varphi_1 G_1 + \varphi_2 G_0$

当 $k=3$ 时,$G_3 - \varphi_1 G_2 - \varphi_2 G_1 = 0 \Rightarrow G_3 = \varphi_1 G_2 + \varphi_2 G_1$

当 $k=4$ 时,$G_4 - \varphi_1 G_3 - \varphi_2 G_2 = 0 \Rightarrow G_4 = \varphi_1 G_3 + \varphi_2 G_2$

当 $k=j$ 时,$G_j - \varphi_1 G_{j-1} - \varphi_2 G_{j-2} = 0 \Rightarrow G_j = \varphi_1 G_{j-1} + \varphi_2 G_{j-2} \quad (j \geqslant 2)$

将上式变形,得

$$G_j - \varphi_1 G_{j-1} - \varphi_2 G_{j-2} = 0$$

或

$$(1 - \varphi_1 B - \varphi_2 B^2) G_j = 0 \quad (j \geqslant 2)$$

这样,在已知系统参数的情况下,便可递推计算出所有的格林函数 G_j。

(2)ARMA$(n,n-1)$ 系统的格林函数的隐式

与 ARMA(2,1) 系统类似,将

$$X_t=\left(\sum_{j=0}^{\infty}G_jB^j\right)a_t$$

代入 ARMA$(n,n-1)$ 模型,得

$$(1-\varphi_1B-\varphi_2B^2-\cdots-\varphi_{n-1}B^{n-1}-\varphi_nB^n)(G_0+G_1B+G_2B^2+\cdots)=$$
$$(1-\theta_1B-\theta_2B^2-\cdots-\theta_{n-1}B^{n-1})$$

展开左边并整理,得

$$G_0+(G_1-\varphi_1G_0)B+(G_2-\varphi_1G_1-\varphi_2G_0)B^2+(G_3-\varphi_1G_2-\varphi_2G_1-\varphi_3G_0)B^3+\cdots+$$
$$(G_{n-1}-\varphi_1G_{n-2}-\varphi_2G_{n-3}-\varphi_3G_{n-4}-\cdots-\varphi_{n-1}G_0)B^{n-1}+$$
$$(G_n-\varphi_1G_{n-1}-\varphi_2G_{n-2}-\varphi_3G_{n-3}-\cdots-\varphi_nG_0)B^n+\cdots$$

左端和右端的 B 的同次幂系数相等,设 B 的幂指数为 k,则

当 $k=0$ 时,$G_0=1$

当 $k=1$ 时,$G_1-\varphi_1G_0=-\theta_1\Rightarrow G_1=\varphi_1G_0-\theta_1=\varphi_1-\theta_1$

当 $k=2$ 时,$G_2-\varphi_1G_1-\varphi_2G_0=-\theta_2\Rightarrow G_2=\varphi_1(\varphi_1-\theta_1)+\varphi_2-\theta_2$

当 $k=3$ 时,$G_3-\varphi_1G_2-\varphi_2G_1-\varphi_3G_0=-\theta_3$

$\vdots$

当 $k=n-1$ 时,$G_{n-1}-\varphi_1G_{n-2}-\varphi_2G_{n-3}-\varphi_3G_{n-4}-\cdots-\varphi_{n-1}G_0=-\theta_{n-1}$

当 $k=n$ 时,$G_n-\varphi_1G_{n-1}-\varphi_2G_{n-2}-\varphi_3G_{n-3}-\cdots-\varphi_nG_0=0\quad(-\theta_n=0)$

即

$$(1-\varphi_1B-\varphi_2B^2-\varphi_3B^3-\cdots-\varphi_nB^n)G_j=0\quad(j\geqslant n)$$

这样便可递推计算出格林函数 G_j。

(3)ARMA(2,1) 系统的格林函数的显式

ARMA(2,1) 模型实际上是一个二阶非齐次差分方程

$$X_t-\varphi_1X_{t-1}-\varphi_2X_{t-2}=a_t-\theta_1a_{t-1}$$

欲求其解,必须先求出其相应的齐次方程的通解,令

$$X_{t-2}=\lambda^k$$

代入上式的齐次方程,得

$$\lambda^{k+2}-\varphi_1\lambda^{k+1}-\varphi_2\lambda^k=0$$

同除以 λ^k,得

$$\lambda^2-\varphi_1\lambda-\varphi_2=0$$

即为特征方程,其根为

$$\lambda_1,\lambda_2=\frac{\varphi_1\pm\sqrt{\varphi_1{}^2+4\varphi_2}}{2}$$

则其通解形式为

$$G_j=g_1\lambda_1^j+g_2\lambda_2^j$$

式中　g_1,g_2—— 任意常数,其值由初始条件唯一确定。

初始条件形式为

$$G_0=1$$

$$G_1-\varphi_1=-\theta_1\Rightarrow G_1=\varphi_1-\theta_1$$

于是

$$G_0=g_1+g_2=1$$

$$G_1=g_1\lambda_1+g_2\lambda_2=\varphi_1-\theta_1$$

而

$$\lambda_1+\lambda_2=\varphi_1$$

所以

$$G_1=\lambda_1+\lambda_2-\theta_1$$

即

$$g_1+g_2=1$$

$$g_1\lambda_1+g_2\lambda_2=\lambda_1+\lambda_2-\theta_1$$

解得

$$g_1=\frac{\lambda_1-\theta_1}{\lambda_1-\lambda_2}$$

$$g_2=\frac{\lambda_2-\theta_1}{\lambda_2-\lambda_1}$$

则 ARMA(2,1) 系统格林函数为

$$G_j=\left(\frac{\lambda_1-\theta_1}{\lambda_1-\lambda_2}\right)\lambda_1{}^j+\left(\frac{\lambda_2-\theta_1}{\lambda_2-\lambda_1}\right)\lambda_2{}^j$$

【例 3.1】　已知 ARMA(2,1) 模型中 $\varphi_1=1.3,\varphi_2=-0.4,\theta_1=0.4$,用显式求格林函数。

解　求特征根,即求 $\lambda^2-1.3\lambda+0.4=0$ 的根。

$$\lambda_1,\lambda_2=\frac{1.3\pm\sqrt{1.69-1.6}}{2}=\frac{1.3\pm0.3}{2}$$

即

$$\lambda_1=0.8,\lambda_2=0.5$$

格林函数为

$$G_j=(\frac{0.8-0.4}{0.8-0.5})\times 0.8^j+(\frac{0.5-0.4}{0.5-0.8})\times 0.5^j=\frac{1}{3}\times(4\times 0.8^j-0.5^j)$$

$$G_0=1$$

$$G_1=0.9$$

$$G_2=0.77$$

$$\vdots$$

当 $\varphi_1{}^2+4\varphi_2\geqslant 0$ 时，特征根 λ_1,λ_2 为实数，且格林函数是一个指数的和。

当 $\varphi_1{}^2+4\varphi_2<0$ 时，在复数域内该二次多项式有两个共轭复根，记作

$$\begin{cases}\lambda_1=re^{i\omega}\\ \lambda_2=re^{-i\omega}\end{cases}$$

对于 ARMA(2,1) 模型来说

$$\lambda_1,\lambda_2=\frac{\varphi_1\pm\sqrt{\varphi_1{}^2+4\varphi_2}}{2}$$

因为

$$\varphi_1{}^2+4\varphi_2<0$$

故 $\lambda_1,\lambda_2=\frac{\varphi_1}{2}\pm\frac{i\sqrt{-\varphi_1{}^2-4\varphi_2}}{2}$ 为一对共轭复数。它的三角函数表达式为

$$\lambda_1,\lambda_2=r(\cos\omega\pm i\sin\omega)$$

其中

$$r=|\lambda_1|=|\lambda_2|=\sqrt{\left(\frac{\varphi_1}{2}\right)^2+\left(\frac{\sqrt{-\varphi_1{}^2-4\varphi_2}}{2}\right)^2}=\sqrt{-\varphi_2}$$

$$\omega=\arccos\left(\frac{\lambda_1+\lambda_2}{2\sqrt{\lambda_1\lambda_2}}\right)$$

将特征根写成指数形式：

$$\lambda_1,\lambda_2=re^{\pm i\omega}$$

这时格林函数为

$$G_j=g_1\lambda_1^j+g_2\lambda_2^j$$

$$g_1=\frac{\lambda_1-\theta_1}{\lambda_1-\lambda_2}=\frac{re^{i\omega}-\theta_1}{re^{i\omega}-re^{-i\omega}}=\frac{1}{2}+i\,\frac{1}{2}\,\frac{-\varphi_1+2\theta_1}{\sqrt{-\varphi_1{}^2-4\varphi_2}}$$

$$g_2=\frac{\lambda_2-\theta_1}{\lambda_2-\lambda_1}=\frac{re^{-i\omega}-\theta_1}{re^{-i\omega}-re^{i\omega}}=\frac{1}{2}-i\,\frac{1}{2}\,\frac{-\varphi_1+2\theta_1}{\sqrt{-\varphi_1{}^2-4\varphi_2}}$$

$$g=|g_1|=|g_2|=\sqrt{\left(\frac{1}{2}\right)^2+\left(\frac{1}{2}\,\frac{-\varphi_1+2\theta_1}{\sqrt{-\varphi_1{}^2-4\varphi_2}}\right)^2}=\frac{1}{2}\sqrt{1+\left(\frac{-\varphi_1+2\theta_1}{\sqrt{-\varphi_1{}^2-4\varphi_2}}\right)^2}$$

设相位为 β,则

$$\beta=\arctan\left[\frac{\frac{1}{2}\frac{-\varphi_1+2\theta_1}{\sqrt{-\varphi_1{}^2-4\varphi_2}}}{\frac{1}{2}}\right]=\arctan\left(\frac{-\varphi_1+2\theta_1}{\sqrt{-\varphi_1{}^2-4\varphi_2}}\right)$$

于是有 $g_1,g_2=g\mathrm{e}^{\pm \mathrm{i}\beta}$,代入格林函数,有

$$\begin{aligned}G_j=g_1\lambda_1^j+g_2\lambda_2^j=g\mathrm{e}^{\mathrm{i}\beta}\ (r\mathrm{e}^{\mathrm{i}\omega})^j+g\mathrm{e}^{-\mathrm{i}\beta}\ (r\mathrm{e}^{-\mathrm{i}\omega})^j=\\ gr^j\left[\mathrm{e}^{\mathrm{i}(\beta+j\omega)}+\mathrm{e}^{-\mathrm{i}(\beta+j\omega)}\right]=\\ gr^j2\cos(\beta+j\omega)=\\ r^jA\cos(\beta+j\omega)\end{aligned}$$

其中,$A=2g$,这是一阻尼余弦波,阻尼为 A,即 $2g$,相位为 β,频率为 ω。

【例 3.2】 已知 ARMA(2,1) 系统:$\varphi_1=1.43,\varphi_2=-0.61,\theta_1=-0.54$,求其格林函数。

解

$$G_j=2gr^j\cos(\beta+j\omega)$$

$$r=\sqrt{-\varphi_2}=\sqrt{0.61}=0.78$$

$$g=\frac{1}{2}\sqrt{1+\left[(-1)\frac{-\varphi_1-2\theta_1}{\sqrt{-\varphi_1{}^2-4\varphi_2}}\right]^2}=2.058$$

$$\omega=\arccos\left[\frac{\varphi_1}{2\sqrt{-\varphi_2}}\right]=22.69^\circ\approx 0.38\ \mathrm{rad}$$

$$\beta=\arctan\left[\frac{-\varphi_1+2\theta_1}{\sqrt{-\varphi_1{}^2-4\varphi_2}}\right]=-75.940\ 77^\circ\approx-1.325\ 4\ \mathrm{rad}$$

因此

$$G_j=2\times 2.058\times 0.78^j\cos(0.38j-1.33)$$

(4)AR(2) 和 ARMA(1,1) 系统的格林函数

由于 AR(2),ARMA(1,1) 模型是 ARMA(2,1) 模型的特殊形式,当然描述动态性的格林函数也存在上述关系。

ARMA(2,1) 格林函数:

$$G_j=g_1\lambda_1^j+g_2\lambda_2^j=\left(\frac{\lambda_1-\theta_1}{\lambda_1-\lambda_2}\right)\lambda_1{}^j+\left(\frac{\lambda_2-\theta_1}{\lambda_2-\lambda_1}\right)\lambda_2{}^j$$

当 $\theta_1=0$ 时,ARMA(2,1) 变成 AR(2),格林函数变为

$$G_j=\left(\frac{\lambda_1}{\lambda_1-\lambda_2}\right)\lambda_1{}^j+\left(\frac{\lambda_2}{\lambda_2-\lambda_1}\right)\lambda_2{}^j=\frac{1}{\lambda_1-\lambda_2}(\lambda_1{}^{j+1}-\lambda_2{}^{j+1})$$

当 $\varphi_2=0$ 时,ARMA(2,1) 变成 ARMA(1,1),即

$$\lambda_1\lambda_2 = -\varphi_2 = 0$$

$$\lambda_1 + \lambda_2 = \varphi_1$$

当 $\varphi_2 = 0$ 时，特征方程 $\lambda - \varphi_1 = 0$ 只有一个特征根

$$\lambda_1 = \varphi_1$$

即

$$\begin{cases} \lambda_1 = \varphi_1 \\ \lambda_2 = 0 \end{cases}$$

则 ARMA(1,1) 系统的格林函数为

$$G_j = \left(\frac{\lambda_1 - \theta_1}{\lambda_1 - 0}\right)\lambda_1{}^j + \left(\frac{0-\theta_1}{0-\lambda_1}\right)0^j =$$

$$\begin{cases} (\lambda_1 - \theta_1)\lambda_1{}^{j-1} & (j \geqslant 1) \\ (\lambda_1 - \theta_1)\lambda_1{}^{j-1} + \dfrac{\theta_1}{\lambda_1} = 1 & (j = 0, \text{定义 } 0^0 = 1) \end{cases} =$$

$$\begin{cases} 1 & (j = 0) \\ (\varphi_1 - \theta_1)\varphi_1{}^{j-1} & (j \geqslant 1) \end{cases}$$

(5)ARMA($n,n-1$) 系统的格林函数

比较 AR(1) 和 ARMA(2,1) 可以发现，动态性增加是通过把一个带有适当系数的项 λ_2^j 加到 AR(1) 系统的格林函数上实现的，那么与此类似，ARMA($n,n-1$) 系统的格林函数为

$$G_j = g_1\lambda_1^j + g_2\lambda_2^j + \cdots + g_n\lambda_n^j$$

$$g_i = \frac{(\lambda_i^{n-1} - \theta_1\lambda_i^{n-2} - \cdots - \theta_{n-1})}{(\lambda_i - \lambda_1)(\lambda_i - \lambda_2)\cdots(\lambda_i - \lambda_{i-1})(\lambda_i - \lambda_{i+1})\cdots(\lambda_i - \lambda_n)}$$

6. ARMA(2,1) 系统的平稳性

(1) 用特征根表示的平稳性条件

对于 AR(1) ，$X_t = \sum\limits_{j=0}^{\infty} G_j a_{t-j}$，随着 $j \to \infty, G_j \to 0$，则系统是平稳的，此推论也适用于 ARMA(2,1)。这时格林函数为

$$G_j = g_1\lambda_1^j + g_2\lambda_2^j$$

显然只有当 $|\lambda_1| < 1, |\lambda_2| < 1$ 时，才能使随着 $j \to \infty, G_j \to 0$。

这就是 ARMA(2,1) 系统的平稳性条件。即特征方程的特征根的模在单位圆内。

对于 ARMA($n,n-1$) 模型，类似的有

$$|\lambda_i| < 1 \quad (i = 1,2,\cdots,n)$$

(2) 用自回归系数表示的平稳性条件

对于 AR(1)，平稳性条件为 $|\varphi_1| < 1$，当然 $\lambda_1 = \varphi_1$，亦有 $|\lambda_1| < 1$。

对于 ARMA(2,1),平稳性条件为

$$\begin{cases}|\lambda_1|<1\\|\lambda_2|<1\end{cases}$$

而 $\lambda_1\lambda_2=-\varphi_2$(根据 $\lambda^2-\varphi_1\lambda-\varphi_2=0$ 得到),显然 $|\varphi_2|<1$。

因为

$$\lambda_1(1-\lambda_2)<1-\lambda_2$$

即

$$\lambda_1-\lambda_1\lambda_2<1-\lambda_2\Rightarrow\lambda_1+\lambda_2-\lambda_1\lambda_2<1\Rightarrow\varphi_1-(-\varphi_2)<1$$

又因为

$$-(1+\lambda_2)<\lambda_1(1+\lambda_2)\Rightarrow-(\lambda_1+\lambda_2)-\lambda_1\lambda_2<1\Rightarrow-\varphi_1+\varphi_2<1$$

故 ARMA(2,1) 系统的平稳性条件的系统参数形式为

$$\begin{cases}\varphi_1+\varphi_2<1\\\varphi_2-\varphi_1<1\\|\varphi_2|<1\end{cases}$$

这说明系统的平稳性仅与自回归参数有关,而与移动平均参数无关。特征值的表示形式也说明了这一点。由于特征值仅与自回归参数有关,而与移动平均参数无关,所以一切 ARMA(2,m) 系统的平稳性条件均为上式。这样,给定系统参数,我们就可以判断系统的稳定性。

(3)ARMA(2,m) 系统的平稳区域

前面论述的是平稳性条件的代数表达式,下面介绍平稳性条件的几何图,即平稳区域。

条件 1:$\varphi_1+\varphi_2<1$,即直线 $\varphi_1+\varphi_2=1$ 下面的部分;

条件 2:$\varphi_2-\varphi_1<1$,即直线 $\varphi_2-\varphi_1=1$ 下面的部分;

条件 3:$|\varphi_2|<1$,即 $-1<\varphi_2<1$。

可见,ARMA(2,m) 的平稳区域为一个三角形,如图 3.2 所示。

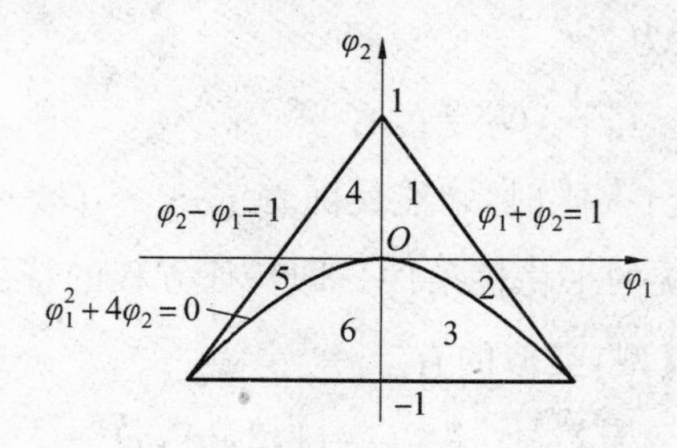

图 3.2 ARMA(2,m) 的平稳区域

在这个平稳区域做出根的判别条件:$\varphi_1^2+4\varphi_2=0$,为二次曲线。整个平稳区域分成六个

部分：

① 当 $\varphi_1 > 0$ 时，平稳区域为 1，2，3；

② 当 $\varphi_1 < 0$ 时，平稳区域为 4，5，6；

③ 当 $\varphi_2 > 0$ 时，平稳区域为 1，4；

④ 当 $\varphi_2 < 0$ 时，平稳区域为 2，3，5，6；

⑤ 当 λ_1,λ_2 为实根时，平稳区域为 1，2，4，5；

⑥ 当 λ_1,λ_2 为共轭复数时，平稳区域为 3，6。

3.5.2　逆函数和可逆性

前面讲的格林函数，把 X_t 表示为过去的 a_t 对 X_t 的影响，或者说系统对过去 a_t 的记忆性，也就是用一个 MA 模型来逼近 X_t 的行为。

平稳序列 X_t 的这种表达形式称为 X_t 的“传递形式”。

使 $G_j \to 0$（即有界）便得到了 ARMA 模型的平稳性。同样也可以用过去的 X_t 的一个线性组合来逼近系统现在的行为，即

$$X_t = I_1 X_{t-1} + I_2 X_{t-2} + \cdots + a_t = \sum_{j=1}^{\infty} I_j X_{t-j} + a_t$$

或

$$a_t = \left(1 - \sum_{j=1}^{\infty} I_j B^j\right) X_t = (1 - I_1 B - I_2 B^2 - \cdots) X_t$$

我们把这种表达式的形式称为 X_t 的“逆转形式”，其中系数 I_j（$I_0 = -1$）称为逆函数，它是一个无穷阶的自回归模型。

一个过程是否具有逆转形式，也就是说逆函数是否存在的性质，称为过程是否具有可逆性。

如果一个过程可用一个无限阶的自回归模型逼近，即逆函数存在，称该过程具有可逆性，也就是可逆的；否则，就是不可逆的。

1. AR(1) 模型的逆函数

AR(1) 模型：

$$X_t - \varphi_1 X_{t-1} = a_t$$

显然

$$\begin{cases} I_1 = \varphi_1 \\ I_j = 0 \end{cases} \quad (j > 1)$$

而 AR(1) 的格林函数为

$$(1-\varphi_1 B)X_t = a_t$$

$$X_t = \frac{1}{1-\varphi_1 B}a_t = (1+\varphi_1 B+\varphi_1{}^2B^2+\cdots)a_t = \sum_{j=0}^{\infty}\varphi_1^j a_{t-j}$$

则

$$G_j = \varphi_1^j$$

可见 G_j 由算子$\frac{1}{1-\varphi_1 B}$求得，而求得逆函数 I_j 的算子为 $1-\varphi_1 B$。由于形成 I_j 的算子与形成 G_j 的算子互为倒数，所以称为逆函数。

2. MA(1) 模型的逆函数

MA(1) 模型：

$$X_t = (1-\theta_1 B)a_t$$

则

$$a_t = \frac{X_t}{1-\theta_1 B} = (1+\theta_1 B+\theta_1{}^2B^2+\cdots)X_t = X_t + \sum_{j=1}^{\infty}\theta_1{}^j X_{t-j}$$

即

$$X_t = \sum_{j=1}^{\infty}(-\theta_1^j X_{t-j}) + a_t$$

可见

$$I_j = -\theta_1^j$$

显然，只有 $|\theta_1|<1$ 时，才有 $j\to\infty, I_j\to 0$。故 MA(1) 的可逆性条件为 $|\theta_1|<1$。

MA(1) 的格林函数：

$$X_t = (1-\theta_1 B)a_t = a_t - \theta_1 a_{t-1}$$

可见

$$\begin{cases} G_0 = 1 \\ G_1 = -\theta_1 \\ G_j = 0 \quad (j>1) \end{cases}$$

形成 G_j 与 I_j 的算子互为倒数，即 $1-\theta_1 B$ 和 $\frac{1}{1-\theta_1 B}$。

3. G_j 与 I_j 之间的关系

格林函数与逆函数的关系见表 3.1。

表 3.1　格林函数与逆函数的关系

模型	格林函数	逆函数
AR(1) 模型	$G_j = \varphi_1^j$	$\begin{cases} I_0 = -1 \\ I_1 = \varphi_1 \\ I_j = 0 \quad (j > 1) \end{cases}$
MA(1) 模型	$\begin{cases} G_0 = 1 \\ G_1 = -\theta_1 \\ G_j = 0 \quad (j > 1) \end{cases}$	$I_j = -\theta_1^j$

AR(1) 的 G_j 与 MA(1) 的 I_j 形式一致，符号相反，将参数互换，即可以根据 G_j 求得 I_j，即用 $-I_j$ 代替 G_j，用 θ_1 代替 φ_1。

同样，AR(1) 的 I_j 与 MA(1) G_j 的形式一致。

这种对称性并非偶然，也非一阶模型所特有，对任意阶模型都是正确的。

【例 3.3】　求 ARMA(2,1) 的格林函数和 ARMA(1,2) 的逆函数，并进行对比。

解　ARMA(2,1) 的格林函数为

$$\begin{cases} G_0 = 1 \\ G_1 - \varphi_1 = -\theta_1 \Rightarrow G_1 = \varphi_1 - \theta_1 \\ G_2 - \varphi_1 G_1 - \varphi_2 = 0 \Rightarrow G_2 = \varphi_1 G_1 + \varphi_2 \\ G_j = \varphi_1 G_{j-1} + \varphi_2 G_{j-2} \quad (j \geqslant 3) \end{cases}$$

即

$$(1 - \varphi_1 B - \varphi_2 B^2) G_j = 0 \quad (j \geqslant 2)$$

ARMA(1,2) 的逆函数推导如下：

$$X_t - \varphi_1 X_{t-1} = a_t - \theta_1 a_{t-1} - \theta_2 a_{t-2}$$

即

$$(1 - \varphi_1 B) X_t = (1 - \theta_1 B - \theta_2 \mathrm{B}^2) a_t$$

将 $a_t = (1 - I_1 B - I_2 B^2 - \cdots) X_t$ 代入上式，并整理得

$$(1 - \varphi_1 B) = 1 - (I_1 + \theta_1) B - (I_2 - I_1\theta_1 + \theta_2) B^2 - (I_3 - I_2\theta_1 - I_1\theta_2) B^3 - (I_4 - I_3\theta_1 - I_2\theta_2) B^4 - \cdots$$

则逆函数为

$$\begin{cases} -(I_1 + \theta_1) = -\varphi_1 \Rightarrow I_1 = \varphi_1 - \theta_1 \\ -(I_2 - I_1\theta_1 + \theta_2) = 0 \Rightarrow I_2 = I_1\theta_1 - \theta_2 \\ -(I_3 - I_2\theta_1 - I_1\theta_2) = 0 \Rightarrow I_3 = I_2\theta_1 + I_1\theta_2 \\ -(I_4 - I_3\theta_1 - I_2\theta_2) = 0 \Rightarrow I_4 = I_3\theta_1 + I_2\theta_2 \\ I_j = I_{j-1}\theta_1 + I_{j-2}\theta_2 \quad (j \geqslant 3) \end{cases}$$

同样,在格林函数的表达式中,用 $-I_j$ 代替 G_j,φ 和 θ 互换,即可得到逆函数 I_j。

仿照前面 ARMA(2,1) 格林函数的显式的推导,对于 ARMA(1,2),令

$$a_t - \theta_1 a_{t-1} - \theta_2 a_{t-2} = 0$$

解之,得

$$V^2 - \theta_1 V - \theta_2 = 0$$

V_1, V_2 是特征根。

有

$$V_1 + V_2 = \theta_1$$

$$V_1 V_2 = -\theta_2$$

两根的表达式为

$$V_1, V_2 = \frac{1}{2}(\theta_1 \pm \sqrt{\theta_1{}^2 + 4\theta_2})$$

由

$$G_j = (\frac{\lambda_1 - \theta_1}{\lambda_1 - \lambda_2})\lambda_1{}^j + (\frac{\lambda_2 - \theta_1}{\lambda_2 - \lambda_1})\lambda_2{}^j$$

得

$$I_j = -(\frac{V_1 - \varphi_1}{V_1 - V_2})V_1{}^j - (\frac{V_2 - \varphi_1}{V_2 - V_1})V_2{}^j$$

有:

当 $\theta_1{}^2 + 4\theta_2 \geqslant 0$,$V_1, V_2$ 为两实根,I_j 为一个指数和。

当 $\theta_1{}^2 + 4\theta_2 < 0$,$V_1, V_2$ 为共轭复根,I_j 为一个阻尼正弦波。

这时,模型的可逆性表示为

$$\begin{cases} j \to \infty \\ I_j \to 0 \end{cases}$$

只有这样,才能用一个 AR 模型来近似 MA 模型。

可逆性条件为

$$\begin{cases} |V_1| < 1 \\ |V_2| < 1 \end{cases}$$

或

$$\begin{cases} \theta_1 + \theta_2 < 1 \\ \theta_2 - \theta_1 < 1 \\ |\theta_2| < 1 \end{cases}$$

对于一般模型来说,根据格林函数与逆函数的关系,同样可得到逆函数。类似的,可逆

性条件为$|V_k|<1$。

我们发现,格林函数的平稳性仅与 AR 模型的特征根有关,而逆函数的可逆性仅与 MA 模型特征根有关。

如果系统具有平稳性,$|\lambda_i|<1$,说明系统对某一时刻进入的扰动的记忆逐渐衰弱,时间越远,它的影响作用越小,逐渐被完全忘掉。

而可逆性表示某一时刻的系统响应对后继时刻的响应的影响呈递减状态,离该时刻的时间越远,影响的作用越小。

显然,对 ARMA 模型来说,只有平稳且可逆才有意义。

即

$$\begin{cases}|\lambda_i|<1\\|V_k|<1\end{cases}$$

例如,ARMA(2,1) 模型中,$\varphi_1=1.3$,$\varphi_2=-0.4$,$\theta_1=0.4$,格林函数及逆函数的图形如图 3.3 所示,其中:

$$I_1=0.9,I_2=-0.04,I_3=-0.016,I_4=-0.064,\cdots$$

随着 j 的增大,I_j 趋于零,说明系统在某一时刻的响应对于后继时刻的影响是递减状态,逐渐趋于零,因而该模型是可逆的。

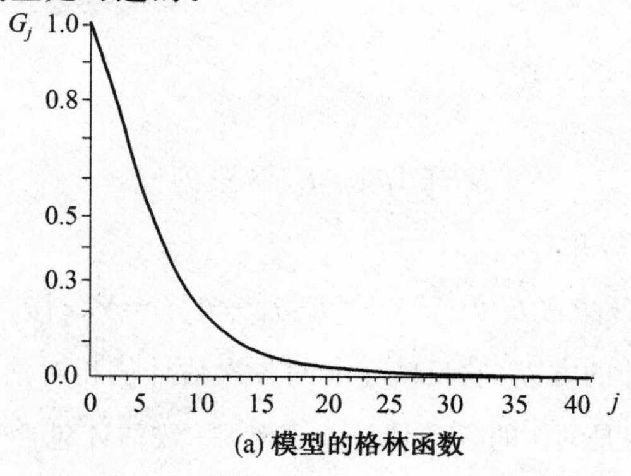

(a) 模型的格林函数

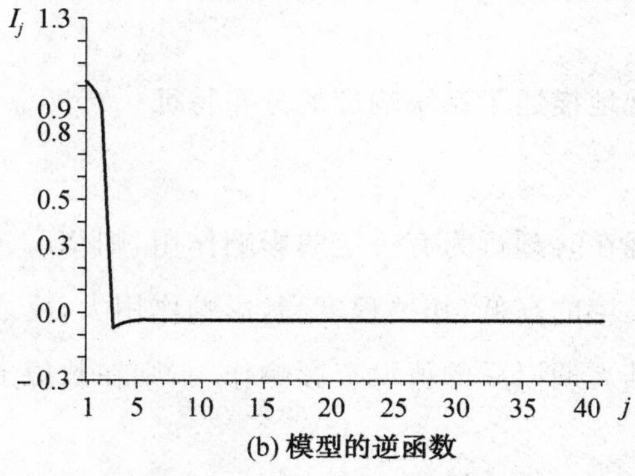

(b) 模型的逆函数

图 3.3　ARMA(2,1) 模型的格林函数及逆函数

3.5.3　自协方差函数

1. 估计质量的评价

对于随机信号 X_t，在实际工作中，我们能得到的往往是其一次实现的有限长数据，即 $X_0, X_1, \cdots, X_{N-1}$，要由这 N 个数据来估计 X_t 的均值、方差、自相关函数、功率谱及其他感兴趣的参数。

设 X_t 的某一特征量的真值为 θ，估计值为 $\hat{\theta}$，θ 可以是随机变量，也可以是确定量，这里假设 θ 是确定性的，但 $\hat{\theta}$ 是随机变量。

由 X_t $(t=0,1,2,\cdots,N-1)$ 估计参数 θ，可表示为 $\hat{\theta}=f(X)$。此处 f 可是线性函数，也可以是其他类型的函数。

我们关心的是如何衡量 $\hat{\theta}$ 对 θ 的近似程度，为此给出无偏估计与一致估计的定义。

定义

$$bia\,[\hat{\theta}]=E\{\hat{\theta}-\theta\}=E\{\hat{\theta}\}-\theta \tag{3.5.9}$$

为估计的偏差。

若 $bia\,[\hat{\theta}]=0$，称 $\hat{\theta}$ 是 θ 的无偏估计。

若式(3.5.9)中求均值运算时，样本数 N 趋于无穷，有 $\lim\limits_{N\to\infty} bia\,[\hat{\theta}]=0$，则称 $\hat{\theta}$ 是 θ 的渐近无偏估计。

定义

$$MSE\,[\hat{\theta}]=E\{(\hat{\theta}-\theta)^2\}$$

为 $\hat{\theta}$ 对 θ 估计的均方误差，并有

$$MSE\,[\hat{\theta}]=E\{[\hat{\theta}-E\{\hat{\theta}\}]^2\}+[E\{\hat{\theta}\}-\theta]^2=Var\,[\hat{\theta}]+(bia\,[\hat{\theta}])^2$$

式中　$Var\,[\hat{\theta}]$ —— 估计的方差，它反映了 $\hat{\theta}$ 的各次估计值相对估计均值的偏离程度。

若 $MSE\,[\hat{\theta}]=0$，称 $\hat{\theta}$ 是对 θ 的一致估计。显然，一致估计包含了估计的方差与偏差均趋于零。

2. 自协方差函数客观地描述了系统响应的分布特征

(1) 直观解释

若前 k 期的行为对现在时刻行为有一定的影响作用，则 X_{t-k} 与 X_t 可能是相关的，其作用程度具体表现为相关程度的高低，相关程度高，影响作用大，反之亦然。

若某一时刻的值对其 k 期以后的值没有影响作用，则在数值上应该表现为毫无关系，即不相关。

可见，系统的动态性完全可用自相关函数来刻画。

(2) 理论依据

X_t 可用 a_t 的线性组合表示，而 $a_t \sim NID(0,\sigma_a^2)$，则 $a_t(t=1,2,\cdots)$ 是一个严平稳正态过程，因而它的概率特性完全由自协方差函数描述。显然 X_t 也是一个正态过程，它的特性也完全取决于自协方差函数

$$R(k)=\gamma_k=E(X_t,X_{t-k})$$

3. 理论自相关系数和样本自相关系数

(1) 理论自相关系数

随机变量 X 与 Y 的协方差函数为

$$\gamma_{X,Y}=E(X-\mu_x)(Y-\mu_y)$$

式中　μ_x,μ_y——X 与 Y 的期望。

X,Y 的相关系数为

$$\rho_{XY}=\frac{Cov(X,Y)}{\sqrt{Var(X)\,Var(Y)}}$$

对于 ARMA 系统来说，设 X_t 为零均值化序列，则自协方差函数为

$$\gamma_k=E(X_t,X_{t-k})$$

自相关系数为

$$\rho_k=\frac{\gamma_k}{\gamma_0}$$

(2) 样本自相关系数

在拟合模型之前，我们拥有 X_t 的有限样本数据，无法求得理论自相关系数，只能求样本自相关系数。

样本自协方差有下面两种形式：

$$\hat{\gamma}_k=\frac{1}{N}\sum_{t=k+1}^{N}X_tX_{t-k} \tag{3.5.10}$$

$$\hat{\gamma}_k^*=\frac{1}{N-k}\sum_{t=k+1}^{N}X_tX_{t-k}\quad(k=0,1,2,\cdots,N-1) \tag{3.5.11}$$

相应样本自相关系数为

$$\hat{\rho}_k=\frac{\hat{\gamma}_k}{\hat{\gamma}_0}=\frac{\frac{1}{N}\sum\limits_{t=k+1}^{N}X_tX_{t-k}}{\frac{1}{N}\sum\limits_{t=1}^{N}X_t^2}=\frac{\sum\limits_{t=k+1}^{N}X_tX_{t-k}}{\sum\limits_{t=1}^{N}X_t^2} \tag{3.5.12}$$

$$\hat{\rho}_k^*=\frac{\hat{\gamma}_k^*}{\hat{\gamma}_0}=\frac{\frac{1}{N-k}\sum\limits_{t=k+1}^{N}X_tX_{t-k}}{\frac{1}{N}\sum\limits_{t=1}^{N}X_t^2}=\frac{N}{N-k}\cdot\frac{\sum\limits_{t=k+1}^{N}X_tX_{t-k}}{\sum\limits_{t=1}^{N}X_t^2} \tag{3.5.13}$$

可以证明：

① 当序列均值为零或常数且已知时，式(3.5.10)是有偏的。

$$E\{\hat{\gamma}_k\}=\left(1-\frac{k}{N}\right)\gamma_k \tag{3.5.14}$$

偏差的期望 $E\{\hat{\gamma}_k-\gamma_k\}=-\frac{k}{N}\gamma_k$，与样本长度成反比，与滞后($k$)及理论自相关成正比。

当 k 取某一个固定的常数时，$\hat{\gamma}_k$ 才是一个渐近无偏估计量。

式(3.5.11)是无偏的。

② 实际中大多数序列并非零均值，且理论均值往往未知，只好用样本均值近似替代。这时，样本自协方差为

$$\hat{\gamma}'_k=\frac{1}{N}\sum_{t=k+1}^{N}(X_t-\overline{X})(X_{t-k}-\overline{X}) \tag{3.5.15}$$

$$\hat{\gamma}'^*_k=\frac{1}{N-k}\sum_{t=k+1}^{N}(X_t-\overline{X})(X_{t-k}-\overline{X}) \tag{3.5.16}$$

当考虑序列均值估计偏差的情况下，式(3.5.15)和式(3.5.16)分别有

$$E(\hat{\gamma}'_k)=\left(1-\frac{k}{N}\right)\gamma_k+\left(1-\frac{k}{N}\right)O\left(\frac{1}{N}\right)$$

$$E(\hat{\gamma}'^*_k)=\gamma_k+O\left(\frac{1}{N}\right)$$

都是有偏的，但后者是渐近无偏的。通常粗略地称 $\hat{\gamma}'^*_k$ 为无偏估计，$\hat{\gamma}'_k$ 为有偏估计。

③ 虽然式(3.5.10)是有偏的，但它的方差比式(3.5.11)的小。

$$Var(\hat{\gamma}_k)=O\left(\frac{1}{N}\right)\quad（对所有的 k）$$

$$Var(\hat{\gamma}^*_k)=O\left(\frac{1}{N-k}\right)$$

可见，式(3.5.10)对任何 k 均保持 $O\left(\frac{1}{N}\right)$，所以 $\hat{\gamma}_k$ 的波动在整个 k 的范围内都保持很小，而式(3.5.11)中当 k 接近 $N-1$ 时，$Var(\hat{\gamma}^*_k)$ 增大很多。

④ 当样本观测值 $X_1,X_2,\cdots,X_N$ 不全为零时，式(3.5.10)必定为正定序列，但式(3.5.11)却不一定具备正定性。

对平稳序列而言，自协方差的正定性是最本质的，常常是相关分析和参数估计的条件。

因此，在时间序列分析中通常使用有偏估计式(3.5.10)，其理由除以上所述外，还在于我们主要关心的往往不是某一个 k 值时的 γ_k 的估计值，而是从0到 $N-1$ 范围内所有的 k 值函数 γ_k 的估计。

(3) 格林函数与自协方差函数之间的关系

①AR(1) 模型的自协方差函数。

AR(1) 模型为

$$X_t = \varphi_1 X_{t-1} + a_t \tag{3.5.17}$$

假设 X_t 为零均值序列，将式(3.5.17) 两端乘以 X_{t-k} 并取期望得

$$E(X_t X_{t-k}) = \varphi_1 E(X_{t-1} X_{t-k}) + E(a_t X_{t-k}) \tag{3.5.18}$$

当 $k=0$ 时，有

$$E(X_t X_t) = \varphi_1 E(X_{t-1} X_t) + E(a_t X_t)$$

即

$$\gamma_0 = \varphi_1 \gamma_1 + \sigma_a^2 \tag{3.5.19}$$

当 $k=1$ 时，有

$$E(X_t X_{t-1}) = \varphi_1 E(X_{t-1} X_{t-1}) + E(a_t X_{t-1})$$

即

$$\gamma_1 = \varphi_1 \gamma_0 \tag{3.5.20}$$

当 $k=2$ 时，有

$$E(X_t X_{t-2}) = \varphi_1 E(X_{t-1} X_{t-2}) + E(a_t X_{t-2})$$

即

$$\gamma_2 = \varphi_1 \gamma_1 \tag{3.5.21}$$

以此类推，有

$$\gamma_k = \varphi_1 \gamma_{k-1} \quad (k > 0) \tag{3.5.22}$$

将式(3.5.20) 代入式(3.5.19) 中，有

$$\begin{cases} \gamma_0 = \varphi_1(\varphi_1 \gamma_0) + \sigma_a^2 \Rightarrow \gamma_0 = \dfrac{\sigma_a^2}{1-\varphi_1^2} \\ \gamma_k = \varphi_1 \gamma_{k-1} \quad (k > 0) \end{cases} \tag{3.5.23}$$

相应的自相关系数为$\dfrac{\gamma_k}{\gamma_0}$，即

$$\begin{cases} \rho_0 = \gamma_0/\gamma_0 = 1 \\ \rho_k = \gamma_k/\gamma_0 = \varphi_1 \gamma_{k-1}/\gamma_0 = \varphi_1 \rho_{k-1} \end{cases}$$

②MA(1) 模型的自协方差函数。

MA(1) 模型为

$$X_t = a_t - \theta_1 a_{t-1}$$

两端同乘以 X_{t-k}，取期望得

$$E(X_tX_{t-k})=E(a_tX_{t-k})-\theta_1E(a_{t-1}X_{t-k})=$$

$$E\Big[a_t\big(\sum_{j=0}^{\infty}G_ja_{t-k-j}\big)\Big]-\theta_1E\Big[a_{t-1}\big(\sum_{j=0}^{\infty}G_ja_{t-k-j}\big)\Big]=$$

$$\sum_{j=0}^{\infty}G_jE(a_ta_{t-k-j})-\theta_1\Big[\sum_{j=0}^{\infty}G_jE(a_{t-1}a_{t-k-j})\Big]=$$

$$G_0E(a_ta_{t-k})+G_1E(a_ta_{t-k-1})-\theta_1[G_0E(a_{t-1}a_{t-k})+G_1E(a_{t-1}a_{t-k-1})]=$$

$$E(a_ta_{t-k})-\theta_1E(a_ta_{t-k-1})-\theta_1E(a_{t-1}a_{t-k})+\theta_1{}^2E(a_{t-1}a_{t-k-1})$$

当 $k=0$ 时，有

$$\gamma_0=E(X_tX_t)=$$

$$E(a_ta_t)-\theta_1E(a_ta_{t-1})-\theta_1E(a_{t-1}a_t)+\theta_1{}^2E(a_{t-1}a_{t-1})=$$

$$\sigma_a^2+\theta_1{}^2\sigma_a^2=(1+\theta_1{}^2)\sigma_a^2$$

当 $k=1$ 时，有

$$\gamma_1=E(X_tX_{t-1})=$$

$$E(a_ta_{t-1})-\theta_1E(a_ta_{t-2})-\theta_1E(a_{t-1}a_{t-1})+\theta_1{}^2E(a_{t-1}a_{t-2})=-\theta_1\sigma_a^2$$

当 $k=2$ 时，有

$$\gamma_2=E(X_tX_{t-2})=$$

$$E(a_ta_{t-2})-\theta_1E(a_ta_{t-3})-\theta_1E(a_{t-1}a_{t-2})+\theta_1{}^2E(a_{t-1}a_{t-3})=0$$

即，对于 MA(1) 模型来说：

$$\begin{cases}\gamma_0=(1+\theta_1^2)\sigma_a^2\\ \gamma_1=-\theta_1\sigma_a^2\\ \gamma_k=0\quad(k\geqslant2)\end{cases}\Rightarrow\begin{cases}\rho_0=1\\ \rho_1=-\dfrac{\theta_1}{1+\theta_1^2}\\ \rho_k=0\quad(k\geqslant2)\end{cases}$$

这时，我们发现：MA(1) 模型的自相关系数在滞后 1 期以后为零，即截尾性。是否 MA(m) 模型的自相关系数在 m 步后也会截尾呢？可以证明确实如此。

为证明这一点，我们给出 G_j 和 γ_k 的关系：

$$\gamma_k=E(X_tX_{t-k})=$$

$$E\Big[\big(\sum_{i=0}^{\infty}G_ia_{t-i}\big)\big(\sum_{j=0}^{\infty}G_ja_{t-(j+k)}\big)\Big]=$$

$$E\Big[\sum_{i=0}^{\infty}\sum_{j=0}^{\infty}G_iG_ja_{t-i}a_{t-(j+k)}\Big]=$$

$$\sum_{i=0}^{\infty}\sum_{j=0}^{\infty}G_iG_jE(a_{t-i}a_{t-(j+k)})=$$

$$\sum_{j=0}^{\infty}G_{j+k}G_j\sigma_a^2 \tag{3.5.24}$$

所以，就理论自协方差来说，它完全描述了系统的动态特征。

现在研究 MA(m) 的自协方差函数。

对于 MA(1)，有

$$G_0 = 1, G_1 = -\theta_1, G_j = 0 \quad (j > 1)$$

等价于 $G_j = -\theta_j, j > 0$，因为 $\theta_2 = \theta_3 = \cdots = 0$，所以 $G_j = 0\ (j = 2, 3, 4, \cdots)$。

对于 MA(m)，有

$$G_0 = 1, G_1 = -\theta_1, G_2 = -\theta_2, \cdots, G_m = -\theta_m, G_k = 0 \quad (k > m)$$

根据式(3.5.24)，有

$$\gamma_k = \sum_{j=0}^{\infty} G_{j+k} G_j \sigma_a^2 = (G_k G_0 + G_{k+1} G_1 + G_{k+2} G_2 + \cdots + G_m G_{m-k}) \sigma_a^2$$

当 $k = 0$ 时

$$\gamma_0 = (1 + G_1^2 + G_2^2 + \cdots + G_m^2) \sigma_a^2 = (1 + \theta_1^2 + \theta_2^2 + \cdots + \theta_m^2) \sigma_a^2$$

当 $1 \leqslant k \leqslant m$ 时

$$\gamma_k = (-\theta_k + \theta_{k+1}\theta_1 + \theta_{k+2}\theta_2 + \cdots + \theta_m \theta_{m-k}) \sigma_a^2$$

当 $k > m$ 时

$$\gamma_k = 0$$

得证。

但对于 AR 及 ARMA 系统来说，由于 $G_j G_{j+k}$ 永远不可能精确地等于零，因而，AR 模型的表现为拖尾而不是截尾。可见，截尾性为 MA 模型所特有。那么怎样识别 AR 模型呢？这就需要研究偏自相关系数。

(4) 偏自相关系数

对于 $k = 1, 2, \cdots$，我们分别考虑用 $X_{t-k}, X_{t-k+1}, \cdots, X_{t-1}$ 对 X_t 做最小方差估计，即选择系数 $\varphi_{kj}\ (j = 1, 2, \cdots, k)$ 使得

$$\delta = E\left(X_t - \sum_{j=1}^{k} \varphi_{kj} X_{t-j}\right)^2$$

达到极小值，φ_{kk} 就是使残差的方差达到极小的 k 阶自回归模型的第 k 项系数。

推导如下：

$$\delta = E\left[X_t - (\varphi_{k1}, \varphi_{k2}, \cdots, \varphi_{kk}) \begin{pmatrix} X_{t-1} \\ X_{t-2} \\ \vdots \\ X_{t-k} \end{pmatrix}\right]^2 =$$

$$E\left\{\begin{array}{l}X_t^2-2X_t(\varphi_{k1},\varphi_{k2},\cdots,\varphi_{kk})\begin{pmatrix}X_{t-1}\\X_{t-2}\\\vdots\\X_{t-k}\end{pmatrix}+\\(\varphi_{k1},\varphi_{k2},\cdots,\varphi_{kk})\begin{pmatrix}X_{t-1}\\X_{t-2}\\\vdots\\X_{t-k}\end{pmatrix}(X_{t-1},X_{t-2},\cdots,X_{t-k})\begin{pmatrix}\varphi_{k1}\\\varphi_{k2}\\\vdots\\\varphi_{kk}\end{pmatrix}\end{array}\right\}=$$

$$E[X_t^2]-2(\varphi_{k1},\varphi_{k2},\cdots,\varphi_{kk})E\left[X_t\begin{pmatrix}X_{t-1}\\X_{t-2}\\\vdots\\X_{t-k}\end{pmatrix}\right]+$$

$$(\varphi_{k1},\varphi_{k2},\cdots,\varphi_{kk})E\left\{\begin{pmatrix}X_{t-1}\\X_{t-2}\\\vdots\\X_{t-k}\end{pmatrix}(X_{t-1},X_{t-2},\cdots,X_{t-k})\right\}\begin{pmatrix}\varphi_{k1}\\\varphi_{k2}\\\vdots\\\varphi_{kk}\end{pmatrix}=$$

$$\gamma_0-2(\varphi_{k1},\varphi_{k2},\cdots,\varphi_{kk})\begin{pmatrix}\gamma_1\\\gamma_2\\\vdots\\\gamma_k\end{pmatrix}+(\varphi_{k1},\varphi_{k2},\cdots,\varphi_{kk})\left\{\begin{pmatrix}\gamma_0,\gamma_1,\cdots,\gamma_{k-1}\\\gamma_1,\gamma_0,\cdots,\gamma_{k-2}\\\vdots\qquad\qquad\vdots\\\gamma_{k-1}\gamma_{k-2},\cdots,\gamma_0\end{pmatrix}\right\}\begin{pmatrix}\varphi_{k1}\\\varphi_{k2}\\\vdots\\\varphi_{kk}\end{pmatrix}$$

$$\frac{\partial\delta}{\partial\varphi_{kj}}=-2\begin{pmatrix}\gamma_1\\\gamma_2\\\vdots\\\gamma_k\end{pmatrix}+2\begin{pmatrix}\gamma_0,\gamma_1,\cdots,\gamma_{k-1}\\\gamma_1,\gamma_0,\cdots,\gamma_{k-2}\\\vdots\qquad\qquad\vdots\\\gamma_{k-1}\gamma_{k-2},\cdots,\gamma_0\end{pmatrix}\begin{pmatrix}\varphi_{k1}\\\varphi_{k2}\\\vdots\\\varphi_{kk}\end{pmatrix}$$

令$\frac{\partial\delta}{\partial\varphi_{kj}}=0$，得

$$\begin{pmatrix}\gamma_0,\gamma_1,\cdots,\gamma_{k-1}\\\gamma_1,\gamma_0,\cdots,\gamma_{k-2}\\\vdots\qquad\qquad\vdots\\\gamma_{k-1}\gamma_{k-2}\cdots\gamma_0\end{pmatrix}\begin{pmatrix}\varphi_{k1}\\\varphi_{k2}\\\vdots\\\varphi_{kk}\end{pmatrix}=\begin{pmatrix}\gamma_1\\\gamma_2\\\vdots\\\gamma_k\end{pmatrix}$$

将矩阵展开得

$$\begin{cases}\varphi_{k1}\gamma_0+\varphi_{k2}\gamma_1+\cdots+\varphi_{kk}\gamma_{k-1}=\gamma_1\\ \varphi_{k1}\gamma_1+\varphi_{k2}\gamma_0+\cdots+\varphi_{kk}\gamma_{k-2}=\gamma_2\\ \vdots\\ \varphi_{k1}\gamma_{k-1}+\varphi_{k2}\gamma_{k-2}+\cdots+\varphi_{kk}\gamma_0=\gamma_k\end{cases}$$

同除以 γ_0，得

$$\begin{cases}\varphi_{k1}\rho_0+\varphi_{k2}\rho_1+\cdots+\varphi_{kk}\rho_{k-1}=\rho_1\\ \varphi_{k1}\rho_1+\varphi_{k2}\rho_0+\cdots+\varphi_{kk}\rho_{k-2}=\rho_2\\ \vdots\\ \varphi_{k1}\rho_{k-1}+\varphi_{k2}\rho_{k-2}+\cdots+\varphi_{kk}\rho_0=\rho_k\end{cases}$$

其中，序列 φ_{kk} 称为 X_t 的偏自相关系数。

当 $k=1$ 时，有

$$\varphi_{11}=\rho_1(\rho_0=1)$$

当 $k=2$ 时，有

$$\begin{cases}\rho_1=\varphi_{21}\rho_0+\varphi_{22}\rho_1\\ \rho_2=\varphi_{21}\rho_1+\varphi_{22}\rho_0\end{cases}$$

利用克莱姆(Cramer) 法则，得

$$\Delta=\begin{vmatrix}\rho_0 & \rho_1\\ \rho_1 & \rho_0\end{vmatrix}\quad \Delta\varphi_{22}=\begin{vmatrix}\rho_0 & \rho_1\\ \rho_1 & \rho_2\end{vmatrix}$$

则

$$\varphi_{22}=\frac{\begin{vmatrix}\rho_0 & \rho_1\\ \rho_1 & \rho_2\end{vmatrix}}{\begin{vmatrix}\rho_0 & \rho_1\\ \rho_1 & \rho_0\end{vmatrix}}=\frac{\begin{vmatrix}1 & \rho_1\\ \rho_1 & \rho_2\end{vmatrix}}{\begin{vmatrix}1 & \rho_1\\ \rho_1 & 1\end{vmatrix}}$$

当 $k=3$ 时，有

$$\begin{cases}\rho_1=\varphi_{31}\rho_0+\varphi_{32}\rho_1+\varphi_{33}\rho_2\\ \rho_2=\varphi_{31}\rho_1+\varphi_{32}\rho_0+\varphi_{33}\rho_1\\ \rho_3=\varphi_{31}\rho_2+\varphi_{32}\rho_1+\varphi_{33}\rho_0\end{cases}$$

利用克莱姆(Cramer) 法则，得

$$\varphi_{33}=\frac{\begin{vmatrix}\rho_0 & \rho_1 & \rho_1\\ \rho_1 & \rho_0 & \rho_2\\ \rho_2 & \rho_1 & \rho_3\end{vmatrix}}{\begin{vmatrix}\rho_0 & \rho_1 & \rho_2\\ \rho_1 & \rho_0 & \rho_1\\ \rho_2 & \rho_1 & \rho_0\end{vmatrix}}$$

以此类推,有

$$\varphi_{kk}=\frac{\begin{vmatrix}\rho_0 & \rho_1 & \rho_2 & \cdots & \rho_{k-2} & \rho_1\\ \rho_1 & \rho_0 & \rho_1 & \cdots & \rho_{k-3} & \rho_2\\ \vdots & & & & & \vdots\\ \rho_{k-1} & \rho_{k-2} & \rho_{k-3} & \cdots & \rho_1 & \rho_k\end{vmatrix}}{\begin{vmatrix}\rho_0 & \rho_1 & \rho_2 & \cdots & \rho_{k-1}\\ \rho_1 & \rho_0 & \rho_1 & \cdots & \rho_{k-2}\\ \vdots & & & & \vdots\\ \rho_{k-1} & \rho_{k-2} & \rho_{k-3} & \cdots & \rho_0\end{vmatrix}}$$

用样本自相关系数代替方程中的理论自相关系数后,得到的偏自相关系数称为样本偏自相关系数。

回顾前式:

$$\delta=E\left(X_t-\sum_{j=1}^{k}\varphi_{kj}X_{t-j}\right)^2=E\left[X_t-(\varphi_{k1}X_{t-1}+\varphi_{k2}X_{t-2}+\cdots+\varphi_{kk}X_{t-k})\right]^2$$

φ_{kk} 是使在模型中已经包含了滞后期较短的滞后值 $X_{t-1},X_{t-2},\cdots,X_{t-k+1}$ 之后,再增加一期滞后 X_{t-k} 所增加的模型的解释能力,因为它是 AR(k) 模型中 X_{t-k} 的回归系数。

比如 AR(4) 模型,φ_{44} 就是在 AR(3) 模型的基础上,再增加 X_{t-4},X_{t-4} 与 X_t 的相互关系,不是完整的 X_{t-4} 与 X_t 的相互关系,故称为部分相关系数。

偏自相关系数是条件相关,是在 $X_{t-1},X_{t-2},\cdots,X_{t-k+1}$ 给定的条件下, X_t 与 X_{t-k} 的条件相关。

例如,对 AR(2) 模型来说, X_t 与 $X_{t-j}\,(j>2)$ 的偏自相关为 0,实际上,就是在给定 X_{t-1},X_{t-2} 的条件下,X_t 与 $X_{t-j}\,(j>2)$ 的条件相关为 0。

换句话说,偏自相关系数是对 X_t 与 X_{t-k} 之间未被 $X_{t-1},X_{t-2},\cdots,X_{t-k+1}$ 所解释的相关的度量。

所以,AR 模型描述的是 $X_{t-1},X_{t-2},\cdots,X_{t-k}$ 对 X_t 的影响,其系数 $\varphi_{kj}\,(j=1,2,\cdots,k)$ 是在考虑长期记忆时,X_{t-j} 对 X_t 的解释能力,也就是 X_t 对于 X_{t-j} 的记忆程度。

既然对于AR模型来说,第 k 个偏自相关系数 φ_{kk} 就是AR模型中 X_{t-k} 的回归系数,那么对于 AR(n) 模型,有

$$\varphi_{11}=\varphi_1,\varphi_{22}=\varphi_2,\cdots,\varphi_{nn}=\varphi_n,\varphi_{kk}=0\quad(k>n)$$

可见,AR(n) 模型偏自相关系数 n 步截尾。

3.6 平稳时间序列模型的建立

从观察到的有限长的平稳序列样本出发,通过模型的识别、模型的定阶、模型的参数估

计等步骤建立起适合序列的模型。

实际序列的均值是未知的，有以下两种处理方式：

① 用样本均值 $\overline{X}$ 作为序列均值 μ 的估计，建模前先用样本数据减去其均值，然后对得到的零均值序列建模。

② 把序列均值 μ 当作另外一个未知参数进行估计。该方法较为恰当，模型可写为

$$(X_t-\mu)-\varphi_1(X_{t-1}-\mu)-\varphi_2(X_{t-2}-\mu)-\cdots-\varphi_n(X_{t-n}-\mu)=$$
$$a_t-\theta_1 a_{t-1}-\theta_2 a_{t-2}-\cdots-\theta_m a_{t-m}$$

所需要估计的参数有 $n+m+1$ 个。

一般来说，第 2 种拟合的效果较好。

3.6.1　模型的识别

对一个观察序列，从各种模型族中选择一个与实际过程相吻合的模型，就是模型的识别问题。

模型识别的方法很多，这里介绍 Box－Jenkins 的模型识别方法，即根据样本自相关系数的截尾、拖尾性初步判断序列 X_t 所合适的模型类型。

这种方法可以对 AR(n)，MA(m) 以及低阶的 ARMA 模型进行初步识别，该方法简单易懂，但精度不高，尤其当样本序列未达到足够长度时，精度更不理想。

初步识别需要计算样本均值及其标准差、自相关和偏自相关系数，从而确定模型的初步类型。

如果序列均值显著非零，则有两种处理方法：① 用样本均值作为其估计对序列进行零均值化；② 将其作为一个参数进行估计。

为检查 $\mu=E(X_t)=0$ 是否成立，可将样本均值 $\overline{X}$ 和均值的标准差 S. E. $[\overline{X}]$ 比较，而

$$Var[\overline{X}]=E[\overline{X}-\mu]^2=E\left[\frac{1}{N}\sum_{t=1}^{N}X_t-\mu\right]^2=$$
$$\frac{1}{N^2}\sum_{s=1}^{N}\sum_{t=1}^{N}E[(X_t-\mu)(X_s-\mu)]=$$
$$\frac{1}{N^2}\sum_{s=1}^{N}\sum_{t=1}^{N}\gamma_{t-s}$$

令 $k=t-s$，则有

$$Var[\overline{X}]=\frac{1}{N^2}\sum_{k=-(N-1)}^{N-1}(N-|k|)\gamma_k=\frac{1}{N}\sum_{k=-(N-1)}^{N-1}\left(1-\frac{|k|}{N}\right)\gamma_k \tag{3.6.1}$$

当 N 很大时，有

$$Var[\overline{X}]\approx\frac{1}{N}\sum_{k=-\infty}^{\infty}\gamma_k \tag{3.6.2}$$

因而

$$\text{S. E.}[\overline{X}]=\sqrt{Var[\overline{X}]}\approx\left[\frac{1}{N}\sum_{k=-\infty}^{\infty}\gamma_k\right]^{\frac{1}{2}} \tag{3.6.3}$$

如果样本均值在 $0\pm 2\text{S. E.}[\overline{X}]$ 范围内,可以认为是零均值过程。

具体对时间序列做零均值检验时,可结合初步判断的模型和该模型自相关系数的理论特性来计算 $Var[\overline{X}]$。

例如,我们初步判断某时间序列适合 AR(1) 模型,而 AR(1) 模型的理论自相关系数满足

$$\rho_k=\varphi_1^{k-1}\rho_1\,(\rho_k=\varphi_1\rho_{k-1}=\varphi_1^{k-1}\rho_1)$$

依式(3.6.2),有

$$Var[\overline{X}]\approx\frac{\gamma_0}{N}\left[1+2\sum_{k=1}^{\infty}\rho_k\right]=\frac{\gamma_0}{N}\left[1+2\sum_{k=1}^{\infty}\varphi_1^{k-1}\rho_1\right]=\frac{\gamma_0}{N}\left[1+\frac{2\rho_1}{1-\rho_1}\right]=\frac{\gamma_0}{N}\left[\frac{1+\rho_1}{1-\rho_1}\right]$$

在上式中用由该序列所得的估计值 $\hat{\gamma}_0,\hat{\rho}_1$ 代替 γ_0,ρ_1,即可得到 $Var[\overline{X}]$。

下面给出几种常用的低阶模型的 $Var[\overline{X}]$ 的计算式。

AR(2) 模型:

$$Var[\overline{X}]\approx\frac{\gamma_0(1+\rho_1)(1-2\rho_1{}^2+\rho_2)}{N(1-\rho_1)(1-\rho_2)}$$

MA(1) 模型:

$$Var[\overline{X}]\approx\frac{\gamma_0}{N}(1+2\rho_1)$$

MA(2) 模型:

$$Var[\overline{X}]\approx\frac{\gamma_0}{N}(1+2\rho_1+2\rho_2)$$

ARMA(1,1) 模型:

$$Var[\overline{X}]\approx\frac{\gamma_0(\rho_1-\rho_2+2\rho_1{}^2)}{N(\rho_1-\rho_2)}$$

不同模型自相关函数及偏自相关系数的特点见表 3.2。

表 3.2 不同模型自相关系数及偏自相关系数的特点

模型	AR(n)	MA(m)	ARMA(n,m)
自相关系数	拖尾	截尾	拖尾
偏自相关系数	截尾	拖尾	拖尾

依据序列的自相关及偏自相关系数的统计特性,可初步确定模型的类型。

(1) 若 ρ_k 序列在 m 步截尾(即 $k<m$ 时, ρ_k 不显著地接近于零;而当 $k>m$ 时,ρ_k 显著地等于零),并且 φ_{kk} 序列被负指数函数控制收敛到零,则可判断 X_t 为 MA(m) 序列。

具体做法如下：

若 $k>m$，应有 $\rho_k=0$，此时 $\hat{\rho}_k$ 渐近于正态分布：

$$\hat{\rho}_k \sim N\left[0,\frac{1}{N}\left(1+2\sum_{l=1}^{m}\hat{\rho}_l^2\right)\right] \tag{3.6.4}$$

可由此来检验 $\hat{\rho}_k$ 是否显著地等于零，由式(3.6.4)知

$$P\left[|\hat{\rho}_k|\leqslant\frac{1}{\sqrt{N}}\left(1+2\sum_{l=1}^{m}\hat{\rho}_l^2\right)^{\frac{1}{2}}\right]=68.3\%$$

$$P\left[|\hat{\rho}_k|\leqslant\frac{2}{\sqrt{N}}\left(1+2\sum_{l=1}^{m}\hat{\rho}_l^2\right)^{\frac{1}{2}}\right]=95.5\%$$

对于每个 $k>0$，分别检验 $\hat{\rho}_{k+1},\hat{\rho}_{k+2},\cdots,\hat{\rho}_{k+M}$（通常取 $M=[\sqrt{N}]$，或 $M=[N/10]$）中满足 $|\hat{\rho}_{k+i}|\leqslant\frac{1}{\sqrt{N}}\left(1+2\sum_{l=1}^{m}\hat{\rho}_l^2\right)^{\frac{1}{2}}$ $(i=1,2,\cdots,M)$ 的比例是否达到 68.3%，若 $k=1,2,\cdots,m-1$ 都未达到，而 $k=m$ 时达到了，则 $\hat{\rho}_k$ 在 m 步截尾。

(2) 若 φ_{kk} 序列在 n 步截尾，并且 ρ_k 序列被负指数函数控制收敛到零，则可判断 X_t 为 AR(n) 序列。

具体做法如下：

若 $k>n$，应有 $\varphi_{kk}=0$，此时 $\hat{\varphi}_{kk}$ 的分布渐近于 $N\left(0,\frac{1}{N}\right)$，$N$ 为样本序列的长度，于是有

$$P\left(|\hat{\varphi}_{kk}|>\frac{1}{\sqrt{N}}\right)=31.7\%$$

$$P\left(|\hat{\varphi}_{kk}|>\frac{2}{\sqrt{N}}\right)=4.5\%$$

对于每一个 $k>0$，检验 $\hat{\varphi}_{k+1,k+1},\hat{\varphi}_{k+2,k+2},\cdots,\hat{\varphi}_{k+M,k+M}$ 满足 $|\hat{\varphi}_{kk}|>\frac{1}{\sqrt{N}}$ 的个数所占的百分比是否超过了 31.7%。若是 $k=1,2,\cdots,n-1$ 时都超过了，而 $k=n$ 时没有超过，则可以认为 $\hat{\varphi}_{kk}$ 在 n 步截尾。

(3) 若 ρ_k 序列与 φ_{kk} 序列皆不截尾，但都被负指数函数控制收敛到零，则 X_t 可能为 ARMA 序列。

若 ρ_k 序列与 φ_{kk} 序列无以上特征，而是出现了缓慢衰减或周期性衰减等情况，则说明序列不是平稳的。

3.6.2　模型定阶

1. 残差方差图定阶法

假定模型是有限阶的 AR 模型（也可用于 MA，ARMA 模型），如果选择的 n 小于真正的

阶数，则是一种不足拟合，因而利用剩余的平方和 Q 必然偏大，$\hat{\sigma}_a^2$ 将比真正模型的残差方差 σ_a^2 大。这是因为我们把模型中本应有的一些高阶次略去了，而这些项对于减小残差方差是有明显贡献的。

另一方面，如果 n 已经达到真值，再进一步增加阶数就是过度拟合，并不会使 $\hat{\sigma}_a^2$ 显著减小，甚至还会略有增加。

这样用一系列阶数逐渐增加的模型进行拟合，每次求出 $\hat{\sigma}_a^2$，然后画出 n 和 $\hat{\sigma}_a^2$ 的图形——残差方差图。开始 $\hat{\sigma}_a^2$ 会下降，当 n 达到真值后逐渐平缓。

残差方差的估计式为

$$\hat{\sigma}_a^2=\frac{\text{模型的剩余平方和}}{\text{实际观察值的个数}-\text{模型的参数个数}}$$

式中"实际观察值的个数"是指拟合模型时实际使用的观察值的项数。例如，对一个具有 N 个观察值的序列，若拟合 AR(n) 模型，则实际使用的观察值最多为 $(N-n)$ 项。

"模型的参数个数"是指建立的模型中实际包含的参数个数，若模型中不含均值项 (μ)，则参数的个数等于模型阶数，否则为模型阶数加 1。

具体表达式如下：

AR 模型：
$$\hat{\sigma}_a^2(n)=\frac{Q(\hat{\mu},\hat{\varphi}_1,\cdots,\hat{\varphi}_n)}{(N-n)-(n+1)}$$

MA 模型：
$$\hat{\sigma}_a^2(m)=\frac{Q(\hat{\mu},\hat{\theta}_1,\cdots,\hat{\theta}_m)}{N-(m+1)}$$

ARMA 模型：
$$\hat{\sigma}_a^2(n,m)=\frac{Q(\hat{\mu},\hat{\varphi}_1,\cdots,\hat{\varphi}_n,\hat{\theta}_1,\cdots,\hat{\theta}_m)}{(N-n)-(n+m+1)}$$

例如，某数据拟合 AR(n) 模型所得的残差方差图如图 3.4 所示。

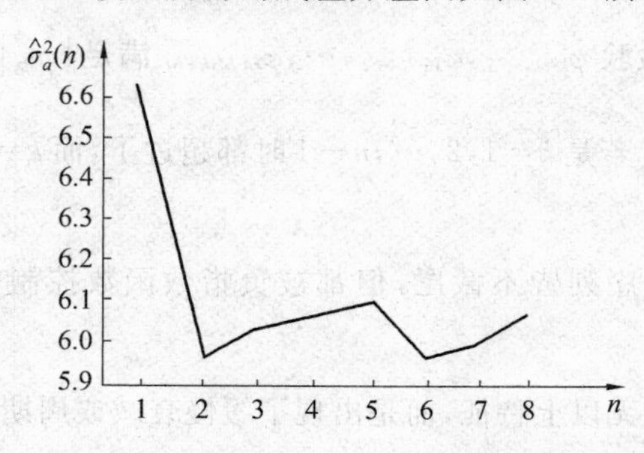

图 3.4　某数据拟合 AR(n) 模型所得残差方差图

模型阶数 n 从 1 升到 2，残差方差大幅减小；n 继续升到 5，残差方差不再减小，反而略有上升；$n=5$ 时开始下降，从 $n=6$ 开始继续上升。显然 $n=6$ 时残差方差也较小，但从建模的"简约"性原则出发，我们初步判断合适的模型为 AR(2)。

2. 自相关系数及偏自相关系数定阶法

对于单纯的 AR 或 MA 模型，如前所述判定模型的同时也就判定了模型的阶数，对于 ARMA 模型来说，该方法有一定的难度。

即使对于 AR，MA 模型，该方法也只是初步判定，还需结合其他方法确定精确的阶数。

3. *F* 检验定阶法

在统计检验中经常用到 χ^2 分布和 F 分布。

(1)χ^2 分布。如果随机变量 $X_1,\cdots,X_v$ 相互独立，且服从标准正态分布，即 $X_t\sim N(0,1)$ $(t=1,2,\cdots,v)$，则其平方和 $X=\sum\limits_{t=1}^{v}X_t^2$ 遵从自由度为 v 的 χ^2 分布，记作 $X\sim\chi^2(v)$。

(2)F 分布。如果 $X\sim\chi^2(v_1)$，$Y\sim\chi^2(v_2)$，X 与 Y 独立，则统计量 $F=\dfrac{X}{v_1}/\dfrac{Y}{v_2}$ 的分布称为自由度为(v_1,v_2)的 F 分布，记作 F_{v_1,v_2} 或 $F(v_1,v_2)$。

利用 F 分布进行假设检验是实践中经常使用的统计检验方法。在做回归分析中，往往用 F 检验来考察两个回归模型是否存在显著差异，因此常被用来判定 ARMA 模型的阶数。

假定有 N 个独立的随机观察值：

$$Y=(y_1,y_2,\cdots,y_N)^{\mathrm{T}}$$

另有 r 个回归因子

$$X_i=(X_{i1},X_{i2},\cdots,X_{iN})^{\mathrm{T}}\quad(i=1,2,\cdots,r)$$

建立回归模型：

$$Y=\alpha_1X_1+\alpha_2X_2+\cdots+\alpha_rX_r+\varepsilon$$

式中　ε—— 模型残差，$\varepsilon=(\varepsilon_1,\varepsilon_2,\cdots,\varepsilon_N)^{\mathrm{T}}$。

设 $\hat{\alpha}$ 是模型参数 $\alpha=(\alpha_1,\alpha_2,\cdots,\alpha_N)^{\mathrm{T}}$ 的最小二乘估计，则回归残差平方和为

$$Q_0=\sum_{t=1}^{N}(y_t-\hat{\alpha}_1X_{1t}-\hat{\alpha}_2X_{2t}-\cdots-\hat{\alpha}_rX_{rt})^2$$

假若舍弃后面 S 个因子，回归方程为

$$Y=\alpha'_1X_1+\alpha'_2X_2+\cdots+\alpha'_{r-s}X_{r-s}+\varepsilon'$$

相应模型参数 α' 的最小二乘估计为 $\hat{\alpha}'$。

残差平方和为

$$Q_1=\sum_{t=1}^{N}(y_t-\hat{\alpha}'_1X_{1t}-\hat{\alpha}'_2X_{2t}-\cdots-\hat{\alpha}'_{r-s}X_{(r-s)t})^2$$

我们要检验回归因子 $X_{r-s+1},X_{r-s+2},\cdots,X_r$ 对 Y 的影响是否显著，即等于检验原假设

$$H_0:\alpha_{r-s+1}=\alpha_{r-s+2}=\cdots=\alpha_r=0$$

是否成立。借助于 F 检验我们可以判断应拒绝或接受原假设 H_0。

关于回归分析中残差平方和的分布及假设检验有以下定理：

①$Q_0 \sim \sigma^2\chi^2(N-r)$，$\sigma^2$ 为残差方差。

②Q_0 和 Q_1-Q_0 相互独立，且若原假设 H_0 为真，则 $Q_1-Q_0 \sim \sigma^2\chi^2(S)$，从而 $\dfrac{Q_1-Q_0}{S}/\dfrac{Q_0}{N-r} \sim F(S,N-r)$。

有了这些结论，我们可以着手检验回归因子对 Y 影响是否显著。对于预先给定的显著水平 α（一般 $\alpha=0.05$ 或 0.01），由 F 分布表查出相应的 F_α 值，应有以下关系：

$$P(F \geqslant F_\alpha)=\alpha$$

计算统计量

$$F=\frac{Q_1-Q_0}{S}/\frac{Q_0}{N-r}$$

若求出的 $F>F_\alpha$，意味着统计量 F 不是 $F(S,N-r)$ 分布（否则意味着发生了以 α 为概率的小概率事件，而小概率事件在一次取样中一般被认为不会发生）。由前述定理知原假设 H_0 为谬误，应予以拒绝，即后面的 S 个回归因子 $X_{r-s+1},X_{r-s+2},\cdots,X_r$ 对随机变量 Y 的影响是显著的。反之接受原假设，即这些因素是可以忽略的。

我们把 F 检验用于 ARMA 模型定阶，以 ARMA(n,m) 为例，采用过拟合的方法，先对观察数据用 ARMA(n,m) 模型进行拟合，再假定 φ_n,θ_m 高阶系数中某些为零，用 F 检验准则来判定阶数降低之后的模型与 ARMA(n,m) 模型之间是否存在显著性差异。

如果差异显著，说明模型的阶数仍存在升高的可能性；若差异不显著，则模型阶数可以降低。低阶模型和高阶模型之间的差异用残差平方和来衡量。

例如，假定原假设为

$$H_0:\varphi_n=0,\theta_m=0$$

记 Q_0 为 ARMA(n,m) 模型的残差平方和，Q_1 为 ARMA$(n-1,m-1)$ 模型的残差平方和，则

$$F=\frac{Q_1-Q_0}{2}/\frac{Q_0}{N-(m+n)} \sim F(2,N-m-n)$$

式中 N—— 样本长度；

r—— 模型参数总个数，$r=m+n$；

S—— 被检验的参数个数，$S=2$。

如果 $F>F_\alpha$，则 H_0 不成立，则阶数仍有上升的可能；否则 H_0 成立，即 ARMA$(n-1,m-1)$ 是适合的模型。

4. 最佳准则函数定阶法

最佳准则函数定阶法确定出一个准则函数，该函数既要考虑用某一模型拟合时对原始数据的接近程度，同时又要考虑模型中所含待定参数的个数。建模时按照准则函数的取值确定模型的优劣，以决定取舍，使准则函数达到极小的是最佳模型。

准则函数法首先是由日本学者赤池(Akaike)提出的。1971 年他提出一种识别 AR 模型阶数的准则，称为最小最终预报误差准则，简称为最小 FPE(Final Prediction Error)准则。

1973 年，赤池又将此方法推广到辨识 ARMA 模型阶数，称为最小信息准则或 AIC(A—Information Criterion)准则。近年来，AIC 准则得到广泛应用，进而又推广为 BIC 准则等。

(1)FPE 准则

FPE 准则是由模型的预报误差来判明自回归模型的阶数是否恰当，其判据就是最终预报误差最小。我们用自回归模型去拟合某组观测数据，主要目的是希望借助于模型，根据所掌握的信息，对系统的未来行为做出预测。因此，预报效果的好坏，就是模型拟合优劣的检验准则。

若数据所符合的真实模型应是 AR(n)，而我们用 AR(p)($p < n$ 或 $p > n$)去进行拟合，事实上，不论是缺参数拟合还是超参数拟合都会使预报误差的方差增大。

为简化问题，我们考虑一步预报误差方差，要找出合理的 AR 模型的阶数，就是寻求使一步预报误差达到极小的最佳 AR 模型阶数。

设 $\{X_t : 1 \leqslant t \leqslant N\}$ 适合的真实模型为 AR(n)

$$X_t = \varphi_1 X_{t-1} + \varphi_2 X_{t-2} + \cdots + \varphi_n X_{t-n} + a_t$$

其中，$E[a_t] = 0, E[a_t{}^2] = \sigma_a^2$。

设 φ_i 的估计值为 $\hat{\varphi}_i (1 \leqslant i \leqslant n)$，用 $\hat{X}_{t-1}(1)$ 表示$(t-1)$时对 X_t 的一步预报值(即对 t 时刻的预报值)，应有

$$\hat{X}_{t-1}(1) = \hat{\varphi}_1 X_{t-1} + \cdots + \hat{\varphi}_n X_{t-n}$$

可以证明，一步预报误差方差为

$$E\,[X_t - \hat{X}_{t-1}(1)\,]^2 \approx \left(1 + \frac{n}{N}\right)\sigma_a^2 \tag{3.6.5}$$

用 $\hat{\sigma}_a^2$ 表示以 $\hat{\varphi}_i (1 \leqslant i \leqslant n)$ 为参数的拟合模型残差方差。可证明当 N 充分大时有

$$E(\hat{\sigma}_a^2) \approx \left(1 - \frac{n}{N}\right)\sigma_a^2$$

换句话说，当 N 充分大时，$\hat{\sigma}_a^2/(1 - n/N)$ 是 σ_a^2 的渐近无偏估计。

式(3.6.5)中，用渐进无偏估计代替 σ_a^2，则有

$$E[X_t - \hat{X}_{t-1}(1)]^2 \approx \left(1+\frac{n}{N}\right)\left(1-\frac{n}{N}\right)^{-1}\hat{\sigma}_a^2 = \frac{N+n}{N-n}\hat{\sigma}_a^2 \tag{3.6.6}$$

式(3.6.6)中第一个因式$\frac{N+n}{N-n}$随着阶数增加而增大；第二个因式$\hat{\sigma}_a^2$一般随着阶数增加而减小，反映了模型的拟合程度。

对于以$\hat{\varphi}_i(1 \leqslant i \leqslant n)$为参数的AR$(n)$模型，应有

$$\hat{\sigma}_a^2 = \gamma_0 - \sum_{i=1}^{n}\hat{\varphi}_i\gamma_i$$

其中，$\gamma_0, \gamma_1, \cdots, \gamma_n$是数据的样本自协方差函数在不同滞后时的值。

以$\hat{\varphi}_1, \hat{\varphi}_2, \cdots, \hat{\varphi}_n$为参数的AR$(n)$模型最终预报误差定义为

$$\mathrm{FPE}(n) = \left(1+\frac{n}{N}\right)\left(1-\frac{n}{N}\right)^{-1}\left(\gamma_0 - \sum_{i=1}^{n}\hat{\varphi}_i\gamma_i\right)$$

具体应用时，对观察数据从低阶到高阶建立AR模型，计算出相应的FPE值，由此确定出最终预报误差达到极小的AR模型阶数。

拟合的最高阶数$M(N)$通常取为$\left[\frac{1}{3}N\right] \sim \left[\frac{2}{3}N\right]$之间的某个整数。对于$n=1,2,\cdots,M(N)$逐个建立AR$(n)$模型并求出FPE$(n)$，若

$$\mathrm{FPE}(n_0) = \min_{1 \leqslant n \leqslant M(N)} \mathrm{FPE}(n) \tag{3.6.7}$$

则满足式(3.6.7)的AR(n_0)模型是在FPE准则下的最佳模型。

(2)AIC定阶准则

AIC定阶准则是赤池首先提出并成功应用于AR模型的分析定阶中。该方法也可用来确定ARMA模型的阶数。

设$\{X_t, 1 \leqslant t \leqslant N\}$为一随机序列，我们用AR$(n)$模型来描述它。$\hat{\sigma}_a^2$是拟合残差方差，我们认为它是模型阶数$n$的函数。定义AIC准则函数如下：

$$\mathrm{AIC}(n) = \ln \hat{\sigma}_a^2(n) + 2n/N$$

当n增大时，上式中的第一项拟合残差方差$\hat{\sigma}_a^2(n)$是单调下降的；观察数据个数N给定时，上式的第二项随n增大而增大。

从$n=1$开始逐次增加模型的阶数对数据进行自回归模型拟合时，AR(n)的值是有下降趋势的，因为这时起决定作用的是模型的残差方差。当达到某一阶数n_0时，AIC(n_0)值达到极小。随后，随着阶数继续升高，残差方差的改进甚微，于是模型的阶数起关键作用，AIC(n)的值随n增大而增大。对事先给定的最高阶数$M(N)$，若

$$\mathrm{AIC}(n_0) = \min_{1 \leqslant n \leqslant M(N)} \mathrm{AIC}(n)$$

便取n_0为最佳自回归模型的阶数。

对于 ARMA 模型,方法类似:

假定用 ARMA(n,m) 模型对随机序列 $\{X_t, 1 \leqslant t \leqslant N\}$ 进行拟合,$\hat{\sigma}_a^2(n,m,\mu)$ 是残差方差,待定系数为$(n+m+1)$ 个。

$$\mathrm{AIC}(n,m,\mu) = \ln \hat{\sigma}_a^2(n,m,\mu) + 2(n+m+1)/N$$

我们选用不同的 n,m 及模型参数,对 $\{X_t\}$ 进行拟合,并计算相应的 AIC 值,使 AIC 达到极小值的阶数为最佳阶数。

(3)BIC 准则及其他准则

在对数据序列进行拟合及定阶时,可以定义与 AIC 函数类似的其他准则函数,BIC 准则函数如下:

$$\mathrm{BIC}(n) = \ln \hat{\sigma}_a^2(n) + \frac{n}{N}\ln N$$

若某一阶数 n_0' 满足 $\mathrm{BIC}(n_0') = \min\limits_{1 \leqslant n \leqslant M(N)} \mathrm{BIC}(n)$,则取 n_0' 为最佳阶数。

一般来说,$\ln N > 2$,因此 AIC 达到极小值时所对应的阶数往往比 BIC 准则相应给定的阶数高,即 $n'_0 \leqslant n_0$。说明对同一数据拟合时,AIC 准则往往比 BIC 准则确定的阶数高。

还可定义其他类型的准则函数,如

$$\mathrm{BIC}_1(n) = \ln \hat{\sigma}_a^2(n) + C\frac{n}{N}\ln(\ln N)$$

式中　C—— 给定常数。

定义不同准则函数,目的是为了对拟合残差与参数个数之间进行不同的权衡,以体现使用者对残差与阶数二者重要性的不同侧重。当然,用不同的准则挑选出的最优模型,其渐进性质是不同的。例如,当样本个数 $N \to \infty$ 时,用 AIC 准则挑选的最佳模型阶数往往比真实阶数高,而用 BIC 准则确定的最佳模型阶数往往与真实模型阶数一致。

对同一例子逐个拟合 AR(n) 模型,求出 FPE(n),AIC(n),BIC(n),如图 3.5 所示,最佳模型为 AR(2)。

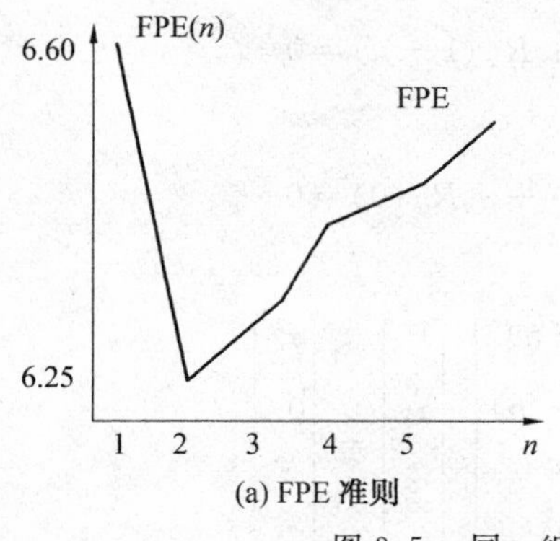

(a) FPE 准则

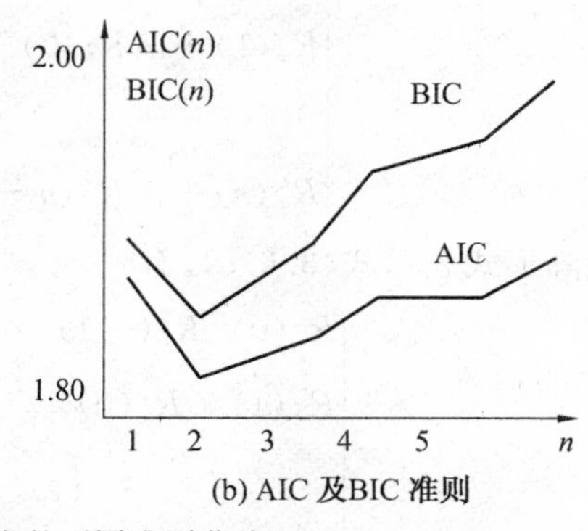

(b) AIC 及BIC 准则

图 3.5　同一组数据得出的不同准则曲线

3.6.3　模型参数估计

1. AR 模型参数估计

AR(n) 模型：

$$X_t-\varphi_1X_{t-1}-\varphi_2X_{t-2}-\cdots-\varphi_nX_{t-n}=a_t$$

为了推导方便，令

$$\alpha_i=-\varphi_i\quad(i=1,2,\cdots,n);\quad N_t=a_t$$

则有

$$X_t+\alpha_1X_{t-1}+\alpha_2X_{t-2}+\cdots+\alpha_nX_{t-n}=N_t$$

则 n 阶 AR 模型广义平稳随机序列的自相关函数为

$$R_x(l)=E\{X_tX_{t-l}\}=E\{(N_t-\alpha_1X_{t-1}-\alpha_2X_{t-2}-\cdots-\alpha_nX_{t-n})X_{t-l}\}$$

由上式可得

$$\begin{aligned}&l=0:R_x(0)=\sigma_n^2-\alpha_1R_x(-1)-\cdots-\alpha_nR_x(-n)\\&l=1:R_x(1)=-\alpha_1R_x(0)-\cdots-\alpha_nR_x(-n+1)\\&\vdots\\&l=n:R_x(n)=-\alpha_1R_x(n-1)-\cdots-\alpha_nR_x(0)\end{aligned}$$

归纳起来，n 阶 AR 模型广义平稳随机序列的自相关函数存在下列关系：

$$R_x(l)=\begin{cases}\sigma_n^2-\sum\limits_{i=1}^{n}\alpha_iR_x(-i)&(l=0)\\-\sum\limits_{i=1}^{n}\alpha_iR_x(l-i)&(l>0)\end{cases}$$

假定已知广义平稳随机序列 X_t 适宜用 n 阶模型拟合，且其自相关函数 $R_x(l)$ 已知（实际上在模型拟合时，自相关函数由观测样本做相应的估计而得出 $\hat{R}_x(l)$）。由上式可得到下列方程组：

$$\begin{cases}R_x(0)+\alpha_1R_x(-1)+\cdots+\alpha_nR_x(-n)=\sigma_n^2\\R_x(1)+\alpha_1R_x(0)+\cdots+\alpha_nR_x(1-n)=0\\\vdots\\R_x(n)+\alpha_1R_x(n-1)+\cdots+\alpha_nR_x(0)=0\end{cases}\tag{3.6.8}$$

用矩阵形式表示式(3.6.8)，有

$$\begin{bmatrix}R_x(0)&R_x(-1)&\cdots&R_x(-n)\\R_x(1)&R_x(0)&\cdots&R_x(1-n)\\\vdots&\vdots&&\vdots\\R_x(n)&R_x(n-1)&\cdots&R_x(0)\end{bmatrix}\begin{bmatrix}1\\\alpha_1\\\vdots\\\alpha_n\end{bmatrix}=\begin{bmatrix}\sigma_n^2\\0\\\vdots\\0\end{bmatrix}\tag{3.6.9}$$

式(3.6.9)为著名的 Yule－Walker 方程。因此,n 阶 AR 模型的参数估计问题,实质上是 Yule－Walker 方程的求解问题。

(1)Levison－Durbin 递推算法

Levison－Durbin 递推算法是一种比直接求解 Yule－Walker 方程更为方便的递推算法。这种方法显著的特点是当模型阶数由 n 递增到 $n+1$ 时,所有 $n+1$ 阶以前的运算都可不加以变动,只要递推一次就可以得到 $n+1$ 阶时所有的待定系数。

首先,换一个视角分析 AR 模型广义平稳随机序列 X_t 满足的方程:

$$X_t+\alpha_1X_{t-1}+\alpha_2X_{t-2}+\cdots+\alpha_nX_{t-n}=N_t$$

令 $\hat{X}_t=-\alpha_1X_{t-1}-\alpha_2X_{t-2}-\cdots-\alpha_nX_{t-n}$,$D_t=X_t$,则

$$D_t-\hat{X}_t=E_t=X_t-\hat{X}_t=N_t$$

$E_t=N_t$ 是由 $X_{t-i}(i=1,2,\cdots,n)$ 对 X_t 做线性预测形成的预测误差。E_t 是 X_t 通过由 $(1,\alpha_1,\alpha_2,\cdots,\alpha_n)$ 组成的线性滤波器后的输出。

由 $(1,\alpha_1,\alpha_2,\cdots,\alpha_n)$ 构成的线性滤波器通常称为预测误差滤波器。

图 3.6 所示是预测误差滤波器输入输出关系。

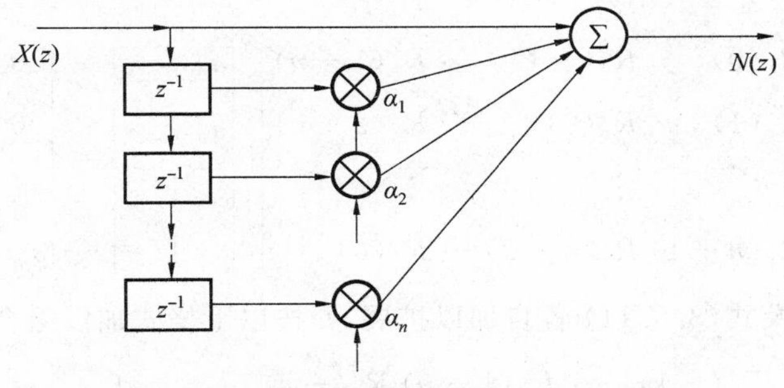

图 3.6　预测误差滤波器输入输出关系

该预测误差滤波器输入输出关系表达式为

$$X(z)(1+\alpha_1z^{-1}+\alpha_2z^{-2}+\cdots+\alpha_nz^{-n})=N(z)$$

为表述方便,$(n-1)$ 阶预测误差滤波器的预测误差表示为

$$e_{n-1,t}=\sum_{k=0}^{n-1}\alpha_{n-1,k}X_{t-k}\quad(=\alpha_{n-1,0}X_t+\alpha_{n-1,1}X_{t-1}+\cdots+\alpha_{n-1,n-1}X_{t-(n-1)})$$

式中　$\alpha_{n-1,k}(k=0,1,\cdots,n-1)$——$n-1$ 阶预测误差滤波器的离散滤波系数;

$e_{n-1,t}$——$n-1$ 阶预测误差滤波器的预测误差。

相应的 Yule－Walker 方程为

$$\begin{bmatrix}R_x(0) & R_x(-1) & \cdots & R_x(1-n)\\ R_x(1) & R_x(0) & \cdots & R_x(2-n)\\ \vdots & \vdots & & \vdots\\ R_x(n-1) & R_x(n-2) & \cdots & R_x(0)\end{bmatrix}\begin{bmatrix}1\\ \alpha_{n-1,1}\\ \vdots\\ \alpha_{n-1,n-1}\end{bmatrix}=\begin{bmatrix}\sigma_{n-1}^2\\ 0\\ \vdots\\ 0\end{bmatrix}\tag{3.6.10}$$

式中，$\sigma_{n-1}^2=E\{e_{n-1,t}^2\}$。

以上矩阵方程，可以用以下联立方程表示：

$$\sum_{k=0}^{n-1}\alpha_{n-1,k}R_x(m-k)=\begin{cases}\sigma_{n-1}^2 & (m=0)\\ 0 & (m=1,2,\cdots,n-1)\end{cases}$$

对上式取共轭，得

$$\sum_{k=0}^{n-1}\alpha_{n-1,k}^*R_x^*(m-k)=\begin{cases}\sigma_{n-1}^2 & (m=0)\\ 0 & (m=1,2,\cdots,n-1)\end{cases}$$

令 $k=n-1-k'$，$m=n-1-m'$，上式可化为

$$\sum_{k=0}^{n-1}\alpha_{n-1,n-1-k'}^*R_x^*(k'-m')=\begin{cases}\sigma_{n-1}^2 & (m'=n-1)\\ 0 & (m'=n-2,\cdots,0)\end{cases}$$

利用性质 $R_x(l)=R_x^*(-l)$，k' 和 m' 用 k 和 m 代替，有

$$\sum_{k=0}^{n-1}\alpha_{n-1,n-1-k}^*R_x(m-k)=\begin{cases}\sigma_{n-1}^2 & (m=n-1)\\ 0 & (m=0,1,\cdots,n-2)\end{cases}$$

此方程可用矩阵方程表示为

$$\begin{bmatrix}R_x(0) & R_x(-1) & \cdots & R_x(1-n)\\ R_x(1) & R_x(0) & \cdots & R_x(2-n)\\ \vdots & \vdots & & \vdots\\ R_x(n-1) & R_x(n-2) & \cdots & R_x(0)\end{bmatrix}\begin{bmatrix}\alpha_{n-1,n-1}^*\\ \alpha_{n-1,n-2}^*\\ \vdots\\ 1\end{bmatrix}=\begin{bmatrix}0\\ 0\\ \vdots\\ \sigma_{n-1}^2\end{bmatrix} \tag{3.6.11}$$

将式(3.6.10)及式(3.6.11)各自加以扩展，并按以下格式加以组合，得

$$\begin{bmatrix}R_x(0) & R_x(-1) & \cdots & R_x(1-n) & R_x(-n)\\ R_x(1) & R_x(0) & \cdots & R_x(2-n) & R_x(1-n)\\ \vdots & \vdots & & \vdots & \vdots\\ R_x(n-1) & R_x(n-2) & \cdots & R_x(0) & R_x(-1)\\ R_x(n) & R_x(n-1) & \cdots & R_x(1) & R_x(0)\end{bmatrix}\left\{\begin{bmatrix}1\\ \alpha_{n-1,1}\\ \vdots\\ \alpha_{n-1,n-1}\\ 0\end{bmatrix}+K_n\begin{bmatrix}0\\ \alpha_{n-1,n-1}^*\\ \vdots\\ \alpha_{n-1,1}^*\\ 1\end{bmatrix}\right\}=$$

$$\begin{bmatrix}\sigma_{n-1}^2\\ 0\\ \vdots\\ 0\\ \Delta_n\end{bmatrix}+K_n\begin{bmatrix}\Delta_n^*\\ 0\\ \vdots\\ 0\\ \sigma_{n-1}^2\end{bmatrix} \tag{3.6.12}$$

上式中

$$\Delta_n = R_x(n) + \sum_{k=1}^{n-1} \alpha_{n-1,k} R_x(n-k)$$

$$\Delta_n^* = R_x(-n) + \sum_{k=1}^{n-1} \alpha_{n-1,n-k}^* R_x(-k)$$

$$\sigma_{n-1}^2 = \sum_{k=0}^{n-1} \alpha_{n-1,k} R_x(-k) = \sum_{k=0}^{n-1} \alpha_{n-1,n-1-k}^* R_x(n-1-k)$$

另一方面,对于 n 阶 Yule－Walker 方程来说,直接有

$$\begin{bmatrix} R_x(0) & R_x(-1) & \cdots & R_x(1-n) & R_x(-n) \\ R_x(1) & R_x(0) & \cdots & R_x(2-n) & R_x(1-n) \\ \vdots & \vdots & & \vdots & \vdots \\ R_x(n-1) & R_x(n-2) & \cdots & R_x(0) & R_x(-1) \\ R_x(n) & R_x(n-1) & \cdots & R_x(1) & R_x(0) \end{bmatrix} \begin{bmatrix} 1 \\ \alpha_{n,1} \\ \vdots \\ \alpha_{n,n-1} \\ \alpha_{n,n} \end{bmatrix} = \begin{bmatrix} \sigma_n^2 \\ 0 \\ \vdots \\ 0 \\ 0 \end{bmatrix} \tag{3.6.13}$$

比较式(3.6.12)与式(3.6.13),有

$$\alpha_{n,k} = \alpha_{n-1,k} + K_n \alpha_{n-1,n-k}^* \quad (k=0,1,2,\cdots,n) \tag{3.6.14}$$

$$\sigma_n^2 = \sigma_{n-1}^2 + K_n \Delta_n^* \tag{3.6.15}$$

$$0 = \Delta_n + K_n \sigma_{n-1}^2 \Rightarrow K_n = -\frac{\Delta_n}{\sigma_{n-1}^2} \tag{3.6.16}$$

式(3.6.14)中,因 $\alpha_{n-1,n}=0, \alpha_{n-1,0}=1$,有

$$\alpha_{n,n} = \alpha_{n-1,n} + K_n \alpha_{n-1,0}^* = K_n$$

即

$$K_n = \alpha_{n,n} \tag{3.6.17}$$

由式(3.6.16),得

$$\Delta_n = -K_n \sigma_{n-1}^2$$

由式(3.6.15),得

$$\sigma_n^2 = \sigma_{n-1}^2 + K_n[-K_n^* \sigma_{n-1}^2] = \sigma_{n-1}^2[1-|K_n|^2]$$

综上,Levison－Durbin 递推算法归纳如下:

假定 AR 模型的阶数中,$n=1$ 时,可由 Yule－Walker 方程直接计算得到

$$\alpha_{1,0}=1, \alpha_{1,1} = -\frac{R_x(1)}{R_x(0)}, \quad \sigma_1^2 = R_x(0) + \alpha_{1,1} R_x(-1)$$

然后利用以下递推公式计算 $k=2,3,\cdots,n$ 的 $\alpha_{n,k}(k=1,2,\cdots,n; \alpha_{n,0}=1)$ 与 σ_n^2。

$$\alpha_{n,k}=\alpha_{n-1,k}+K_n\alpha^*_{n-1,n-k}$$

$$\sigma_n^2=\sigma_{n-1}^2[1-|K_n|^2]$$

$$K_n=\alpha_{n,n}=\frac{-\Delta_n}{\sigma_{n-1}^2}$$

$$\Delta_n=R_x(n)+\sum_{k=1}^{n-1}\alpha_{n-1,k}R_x(n-k)$$

(2) 格型(Lattice) 递推算法

首先,定义 n 阶前向 / 后向预测误差滤波器。

n 阶前向预测误差滤波器的预测误差为(见图 3.7)

$$f_{n,t}=X_t+\sum_{k=1}^{n-1}\alpha_{n,k}X_{t-k}+\alpha_{n,n}X_{t-n} \tag{3.6.18}$$

式中 $(1,\alpha_{n,1},\alpha_{n,2},\cdots,\alpha_{n,n})$ —— 前向预测误差滤波器的离散滤波系数;

$f_{n,t}$ —— n 阶前向预测误差滤波器的预测误差。

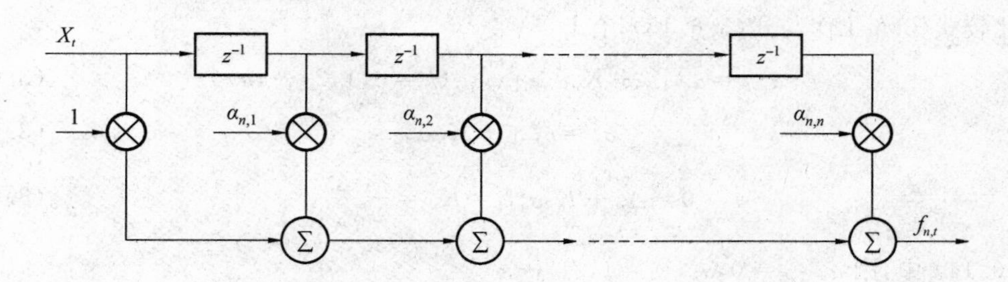

图 3.7 n 阶前向预测误差滤波器构成

n 阶后向预测误差滤波器的预测误差为(见图 3.8)

$$b_{n,t}=\hat{X}_{t-n}+\sum_{k=0}^{n-1}\alpha^*_{n,n-k}X_{t-k}=\sum_{k=0}^{n}\alpha^*_{n,n-k}X_{t-k} \tag{3.6.19}$$

式中 $\hat{X}_{t-n}$ —— 由 $X_{t-n+1},X_{t-n+2},\cdots,X_t$ 的线性组合构成,即

$$\hat{X}_{t-n}=-\alpha^*_{n,1}X_{t-n+1}+\alpha^*_{n,2}X_{t-n+2}-\cdots-\alpha^*_{n,n}X_t$$

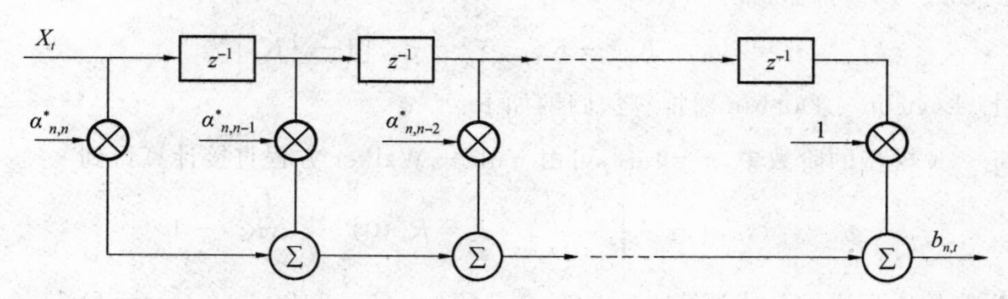

图 3.8 n 阶后向预测误差滤波器构成

因而$(1,\alpha^*_{n,1},\alpha^*_{n,2},\cdots,\alpha^*_{n,n})$是 n 阶后向预测误差滤波器的离散滤波系数;$b_{n,t}$ 是 n 阶后向

预测误差滤波器的预测误差。

前向与后向预测滤波之间存在以下关系：

$$f_{n,t}=X_t+\sum_{k=1}^{n-1}\alpha_{n,k}X_{t-k}+\alpha_{n,n}X_{t-n}=X_t+\sum_{k=1}^{n-1}[(\alpha_{n-1,k}+\alpha_{n,n}\alpha^*_{n-1,n-k})X_{t-k}]+\alpha_{n,n}X_{t-n}=$$

$$X_t+\left[\sum_{k=1}^{n-1}\alpha_{n-1,k}X_{t-k}\right]+\alpha_{n,n}\left[X_{t-n}+\sum_{k=1}^{n-1}\alpha^*_{n-1,n-k}X_{t-k}\right]=f_{n-1,t}+\alpha_{n,n}b_{n-1,t-1}$$

即

$$f_{n,t}=f_{n-1,t}+\alpha_{n,n}b_{n-1,t-1}\tag{3.6.20}$$

同样由式(3.5.19)，得

$$b_{n,t}=X_{t-n}+\sum_{k=0}^{n-1}\alpha^*_{n,n-k}X_{t-k}=\sum_{k=0}^{n}\alpha^*_{n,n-k}X_{t-k}$$

令 $n-k=k'$，并用 k 代替 k'，有

$$b_{n,t}=\sum_{k=0}^{n}\alpha^*_{n,k}X_{t-n+k}$$

则

$$b_{n,t}=X_{t-n}+\sum_{k=1}^{n-1}\alpha^*_{n,k}X_{t-n+k}+\alpha^*_{n,n}X_t=$$

$$X_{t-n}+\left[\sum_{k=1}^{n-1}(\alpha_{n-1,k}+\alpha_{n,n}\alpha^*_{n-1,n-k})^*X_{t-n+k}\right]+\alpha^*_{n,n}X_t=$$

$$X_{t-n}+\left[\sum_{k=1}^{n-1}\alpha^*_{n-1,k}X_{t-n+k}\right]+\alpha^*_{n,n}\left[X_t+\sum_{k=1}^{n-1}\alpha_{n-1,n-k}X_{t-n+k}\right]=$$

$$b_{n-1,t-1}+\alpha^*_{n,n}f_{n-1,t}$$

即

$$b_{n,t}=b_{n-1,t-1}+\alpha^*_{n,n}f_{n-1,t}\tag{3.6.21}$$

利用式(3.6.20)、(3.6.21)及初始条件：$f_{0,t}=b_{0,t}=X_t$ 构成了“格型滤波器”(Lattice－Filter)，它反映了前、后向预测误差滤波器预测误差之间的递推关系，如图 3.9 所示。

借助于前、后向预测误差滤波，提供了另外一种估计 AR 模型参数的算法：

以式(3.6.20)、(3.6.21)为基础，递推地计算出 $\alpha_{n,n}$，然后利用式(3.6.14)(即 $\alpha_{n,k}=\alpha_{n-1,k}+K_n\alpha^*_{n-1,n-k}\quad(k=0,1,\cdots,n)$)递推地计算出 $\alpha_{n,k}\quad(k=1,2,\cdots,n-1)$。

由式(3.6.20)可得

$$E\{|f_{n,t}|^2\}=E\{|f_{n-1,t}+K_nb_{n-1,t-1}|^2\}$$

其中，$K_n=\alpha_{n,n}$ 称为“反射系数”，K_n 的取值使 $E\{|f_{n,t}|^2\}$ 为最小，即 K_n 应是以下方程的解：

$$\frac{\mathrm{d}}{\mathrm{d}K_n}E\{|f_{n,t}|^2\}=0$$

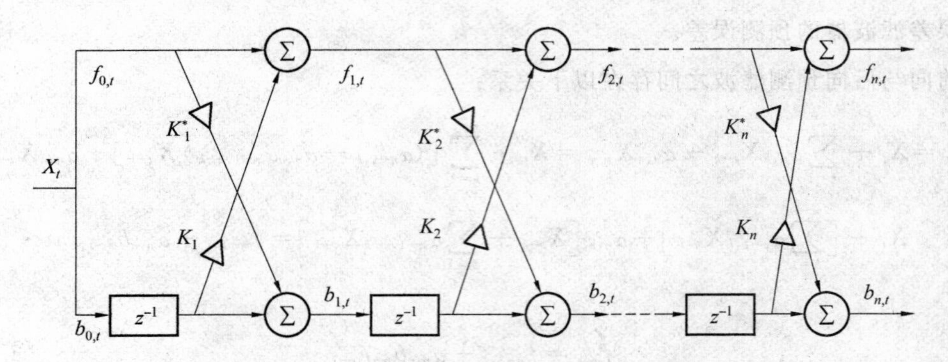

图 3.9　前后向预测误差滤波器预测误差之间的递推关系

可求得

$$K_n^f = \frac{-E\{f_{n-1,t}b_{n-1,t-1}^*\}}{E\{|b_{n-1,t-1}|^2\}} \tag{3.6.22}$$

上标 f 是指使前向预测误差为最小要求下得到的反射系数。同样，亦可根据使 $E\{|b_{n,t}|^2\}=E\{|b_{n-1,t-1}+K_n^* f_{n-1,t}|^2\}$ 为最小的准则去计算 K_n，这时

$$K_n^b = \frac{-E\{f_{n-1,t}b_{n-1,t-1}^*\}}{E\{|b_{n-1,t-1}|^2\}} \tag{3.6.23}$$

实践说明，式(3.6.22)、(3.6.23) 不能保证 K_n^f 或 K_n^b 的值总小于 1，即不能保证预测误差滤波器递推算法的稳定性。

Burg 提出了一种解决方法，计算 K_n 时采用使以下目标函数为最小：

$$\varepsilon_n = \frac{1}{2}\Big[\sum_{t=n}^{N-1}(|f_{n,t}|^2+|b_{n,t}|^2)\Big] \tag{3.6.24}$$

由式(3.6.24)，(3.6.20) 和式(3.6.21) 可得

$$\varepsilon_n = \frac{1}{2}\Big[\sum_{t=n}^{N-1}|f_{n-1,t}+K_n b_{n-1,t-1}|^2+\sum_{t=n}^{N-1}|b_{n-1,t-1}+K_n^* f_{n-1,t}|^2\Big]$$

K_n 应是 $\frac{\mathrm{d}\varepsilon_n}{\mathrm{d}K_n}=0$ 的解。

可得

$$K_n = \frac{-\sum_{t=n}^{N-1} f_{n-1,t}b_{n-1,t-1}^*}{\frac{1}{2}\sum_{t=n}^{N-1}[|f_{n-1,t}|^2+|b_{n-1,t-1}|^2]}$$

可证明 $|K_n|<1$，保证系统稳定。

2. MA 模型参数估计

回顾 MA 模型自协方差函数一节，有

$$\begin{cases}\gamma_0=(1+\theta_1^2+\theta_2^2+\cdots+\theta_m^2)\sigma_a^2\\ \gamma_k=(-\theta_k+\theta_{k+1}\theta_1+\theta_{k+2}\theta_2+\cdots+\theta_m\theta_{m-k})\sigma_a^2\\ (k=1,2,\cdots,m)\end{cases}\tag{3.6.25}$$

式(3.6.25)为 $m+1$ 个方程，参数为非线性，求解 $\theta_1,\theta_2,\cdots,\theta_m$ 和 σ_a^2 的方法有以下三种。

(1) 直接解法

当 $m=1$ 时，有

$$\gamma_0=(1+\theta_1^2)\sigma_a^2$$

$$\gamma_1=-\theta_1\sigma_a^2\Rightarrow\theta_1=-\gamma_1/\sigma_a^2$$

则有

$$\gamma_0=\left(1+\frac{\gamma_1^2}{\sigma_a^4}\right)\sigma_a^2$$

即

$$\sigma_a^4-\gamma_0\sigma_a^2+\gamma_1^2=0$$

因此

$$\sigma_a^2=\frac{\gamma_0\pm\sqrt{\gamma_0^2-4\gamma_1^2}}{2}=\frac{1}{2}\gamma_0(1\pm\sqrt{1-4\rho_1^2})$$

$$\theta_1=-\gamma_1/\sigma_a^2=-\gamma_1/\frac{1}{2}\gamma_0(1\pm\sqrt{1-4\rho_1^2})=(-2\rho_1)/(1\pm\sqrt{1-4\rho_1^2})$$

这样求得的模型参数是多值的，但根据可逆性条件($|\theta_1|<1$)可以排除 θ 的多值性，求得

$$\theta_1=-\frac{2\rho_1}{1+\sqrt{1-4\rho_1^2}}$$

$$\sigma_a^2=\frac{1}{2}\gamma_0(1+\sqrt{1-4\rho_1^2})$$

当 $m=2$ 时，有

$$\gamma_0=(1+\theta_1+\theta_2^2)\sigma_a^2$$

$$\gamma_1=(-\theta_1+\theta_2\theta_1)\sigma_a^2$$

$$\gamma_2=-\theta_2\sigma_a^2$$

显然有

$$\theta_2=-\gamma_2/\sigma_a^2$$

$$\theta_1=-\gamma_1/(\sigma_a^2+\gamma_2^2)$$

$$\sigma_a^2\left(1+\frac{\gamma_1^2}{(\sigma_a^2+\gamma_2^2)^2}+\frac{\gamma_2^2}{\sigma_a^4}\right)=\gamma_0$$

这是 σ_a^2 的四次方程，因而有四个根，从而 θ_1,θ_2 有四种可能解。同样可根据可逆性条件求解唯一解。

用直接法计算需解 $2m$ 次方程，在 $m \geqslant 3$ 时解高次方程非常困难，一般只能用数值解法。

(2) 线性迭代法

式(3.6.25) 等价写成

$$\sigma_a^2 = \gamma_0/(1+\theta_1^2+\theta_2^2+\cdots+\theta_m^2) \tag{3.6.26}$$

$$\theta_k = -\frac{\gamma_k}{\sigma_a^2} + \theta_{k+1}\theta_1 + \theta_{k+2}\theta_2 + \cdots + \theta_m\theta_{m-k} \quad (k=1,2,\cdots,m) \tag{3.6.27}$$

给定 $\theta_1,\theta_2,\cdots,\theta_m$ 和 σ_a^2 的一组初始值（如 $\theta_1=\theta_2=\cdots=\theta_m=0$；$\sigma_a^2=\gamma_0$ 等）代入式(3.6.26)、(3.6.27) 的右边，左边所得值为一步迭代值，记作：$\sigma_a^{2\,(1)}$，$\theta_1^{(1)}$，$\cdots$，$\theta_m^{(1)}$，再将这些值代入上两式的右边，便得到第二步迭代值 $\sigma_a^{2\,(2)}$，$\theta_1^{(2)}$，$\cdots$，$\theta_m^{(2)}$，以此类推，直到相邻两次迭代值结果保持相差不大时便停止迭代，取最后结果作为上式的近似解。

(3) 牛顿－拉普森(Newton－Raphson) 算法

将式(3.6.25) 改写成

$$\begin{cases}\gamma_0 = \sigma_a^2 + (-\theta_1\sigma_a)^2 + (-\theta_2\sigma_a)^2 + \cdots + (-\theta_m\sigma_a)^2 \\ \gamma_1 = \sigma_a(-\theta_1\sigma_a) + (-\theta_1\sigma_a)(-\theta_2\sigma_a) + \cdots + (-\theta_{m-1}\sigma_a)(-\theta_m\sigma_a) \\ \vdots \\ \gamma_m = \sigma_a(-\theta_m\sigma_a)\end{cases} \tag{3.6.28}$$

暂令 $\sigma_k = -\sigma_a\theta_k\,(1 \leqslant k \leqslant m)$，$\sigma_0=\sigma_a$，上式写为

$$\begin{cases}\sigma_0^2+\sigma_1^2+\cdots+\sigma_m^2-\gamma_0=0 \\ \sigma_0\sigma_1+\sigma_1\sigma_2+\cdots+\sigma_{m-1}\sigma_m-\gamma_1=0 \\ \vdots \\ \sigma_0\sigma_m-\gamma_m=0\end{cases} \tag{3.6.29}$$

将上述方程组左边各式分别记为

$$\hat{f}_k = \hat{f}_k(\sigma_0,\sigma_1,\cdots,\sigma_m) \quad (k=0,1,\cdots,m)$$

并记

$$\sigma = (\sigma_0,\sigma_1,\cdots,\sigma_m)^{\mathrm{T}}, \quad \hat{f} = (\hat{f}_0,\hat{f}_1,\cdots,\hat{f}_m)^{\mathrm{T}}$$

$$F = \frac{\partial \hat{f}}{\partial \sigma} = \begin{bmatrix} \dfrac{\partial \hat{f}_0}{\partial \sigma_0} & \cdots & \dfrac{\partial \hat{f}_0}{\partial \sigma_m} \\ \vdots & & \vdots \\ \dfrac{\partial \hat{f}_m}{\partial \sigma_0} & \cdots & \dfrac{\partial \hat{f}_m}{\partial \sigma_m} \end{bmatrix} = \begin{bmatrix} \sigma_0 & \sigma_1 & \cdots & \sigma_{m-1}\sigma_m \\ \sigma_1 & \sigma_2 & \cdots & \sigma_m \\ \vdots & \vdots & & \\ \sigma_m & & & \end{bmatrix} + \begin{bmatrix} \sigma_0 & \sigma_1 & \cdots & \sigma_m \\ & \sigma_0 & \cdots & \sigma_{m-1} \\ & & & \vdots \\ & & & \sigma_0 \end{bmatrix}$$

按照 Newton－Raphson 迭代原则，如果第 i 步迭代值为 $\sigma(i)$，那么第 $(i+1)$ 步的迭代值 $\sigma(i+1)$ 必须满足

$$\hat{f}(i)+F(i)\left[\sigma(i+1)-\sigma(i)\right]=0$$

即

$$\sigma(i+1)=\sigma(i)-F^{-1}(i)\hat{f}(i) \tag{3.6.30}$$

只要给出初始值 $\sigma(0)$ 便可根据式(3.6.30)进行迭代运算，直到相邻两次迭代值相差不大时便停止迭代，并以最后的迭代结果 $\sigma(m)$ 作为式(3.6.29)的近似解，于是式(3.6.25)的近似解为

$$\sigma_a^2=\sigma_0^2(m)$$

$$\theta_k=-\frac{\sigma_k(m)}{\sigma_0(m)}\quad(1\leqslant k\leqslant m)$$

3. ARMA 模型参数的估计

为了估计 ARMA 模型的参数，分以下三步进行：

(1) 第一步：先给出 AR 部分 $\varphi_1,\varphi_2,\cdots,\varphi_n$ 的估计

ARMA(n,m) 模型：

$$X_t-\varphi_1X_{t-1}-\varphi_2X_{t-2}-\cdots-\varphi_nX_{t-n}=a_t-\theta_1a_{t-1}-\theta_2a_{t-2}-\cdots-\theta_ma_{t-m}$$

两端乘以 X_{t-k}，并取期望，得

$$\gamma_k-\varphi_1\gamma_{k-1}-\cdots-\varphi_n\gamma_{k-n}=E(X_{t-k}a_t)-\theta_1E(X_{t-k}a_{t-1})-\cdots-\theta_mE(X_{t-k}a_{t-m})$$

由于

$$E(X_{t-k}a_t)=E\left(\sum_{j=0}^{\infty}G_ja_{(t-k)-j}a_t\right)=\begin{cases}G_{-k}\sigma_a^2 & (k\leqslant 0)\\ 0 & (k>0)\end{cases}$$

于是代入上式后，并同除以 γ_0，得

$$k=0,(1-\varphi_1\rho_1-\cdots-\varphi_n\rho_n)=(1-\theta_1G_1-\cdots-\theta_mG_m)\sigma_a^2/\gamma_0$$

$$k=1,(\rho_1-\varphi_1\rho_0-\cdots-\varphi_n\rho_{n-1})=(-\theta_1-\theta_2G_1-\cdots-\theta_mG_{m-1})\sigma_a^2/\gamma_0$$

$$\vdots$$

$$k=m,(\rho_m-\varphi_1\rho_{m-1}-\cdots-\varphi_n\rho_{n-m})=-\theta_m\sigma_a^2/\gamma_0$$

$$k>m,(\rho_k-\varphi_1\rho_{k-1}-\cdots-\varphi_n\rho_{k-n})=0$$

显然用 $\hat{\rho}_k$ 代替上式中的 ρ_k，k 取 $m+1,m+2,\cdots,m+n$，便可求得 $\varphi_1,\varphi_2,\cdots,\varphi_n$，即

$$\begin{bmatrix}\varphi_1\\ \varphi_2\\ \vdots\\ \varphi_n\end{bmatrix}=\begin{bmatrix}\rho_m & \rho_{m-1} & \cdots & \rho_{m-n+1}\\ \rho_{m+1} & \rho_m & \cdots & \rho_{m-n+2}\\ \vdots & \vdots & & \vdots\\ \rho_{m+n-1} & \rho_{m+n-2} & \cdots & \rho_m\end{bmatrix}^{-1}\begin{bmatrix}\rho_{m+1}\\ \rho_{m+2}\\ \vdots\\ \rho_{m+n}\end{bmatrix}$$

(2) 第二步：

$$y_t = X_t - \varphi_1 X_{t-1} - \cdots - \varphi_n X_{t-n}$$

其协方差函数为

$\gamma_k(y_t) = E[y_t y_{t+k}] =$

$$E[(X_t - \varphi_1 X_{t-1} - \cdots - \varphi_n X_{t-n})(X_{t+k} - \varphi_1 X_{t+k-1} - \cdots - \varphi_n X_{t+k-n})] =$$

$$\sum_{i,j=0}^{n} \varphi_i \varphi_j \gamma_{k+j-i}$$

其中有 $\varphi_0 = -1$，再以 $\hat{\gamma}_k$ 代替 γ_k，有

$$\gamma_k(y_t) = \sum_{i,j=0}^{n} \varphi_i \varphi_j \hat{\gamma}_{k+j-i}$$

(3) 第三步：把 y_t 近似看成 MA(m) 序列，即

$$y_t \approx a_t - \theta_1 a_{t-1} - \theta_2 a_{t-2} - \cdots - \theta_m a_{t-m}$$

利用前面介绍的关于 MA 参数估计方法解下列方程：

$$\gamma_0(y_t) = (1 + \theta_1^2 + \theta_2^2 + \cdots + \theta_m^2)\sigma_a^2$$

$$\gamma_k(y_t) = (-\theta_k + \theta_1\theta_{k+1} + \cdots + \theta_{m-k}\theta_m)\sigma_a^2$$

$$(k = 1, 2, \cdots, m)$$

其解就是 ARMA 模型的移动平均参数 $\theta_1, \theta_2, \cdots, \theta_m$ 和 σ_a^2 的估计。

3.6.4 模型的适应性检验

模型的适应性是指一个 ARMA 模型已完全或基本上解释了系统的动态性(即数据的相关性)，从而模型中的 a_t 是独立的。显然模型的适应性检验实质上就是 a_t 的独立性检验，有以下几种方法。

1. 散点图法

做出 a_t 对 a_{t-j} 和 a_t 对 X_{t-j} 的散点图，然后分析 a_t 的独立性。

例如，对 AR(1) 模型，可以做 a_t 对 X_{t-j} ($j = 2, 3, \cdots$) 和 a_t 对 a_{t-j} ($j = 1, 2, \cdots$) 的散点图，若两类散点图都呈现不相关的趋势，则可认为 a_t 是独立的，即 AR(1) 模型是适应的。

2. 估计相关系数法

计算 a_t 与 X_{t-j} 和 a_t 与 a_{t-j} 之间的相关系数来分析判断。

若相关系数较小，则认为 a_t 独立，即模型为适应模型，否则认为不适应。该方法比较粗略，主要凭经验判断。

3. F 检验

从统计假设检验来考察，就是假设 $H_0: a_t$ 独立；备择假设 $H_1: a_t$ 不独立。

欲使假设 H_0 成立，往往检验备择假设 H_1，可是这个假设非常复杂，于是我们设法找一种近似的简单检验来代替。

从前面数据独立化过程可看出，如果一个模型中的 a_t 不是独立的，那么通过增加模型的阶数可以提高模型的解释能力，将 a_t 中的不独立部分分离出来，从而使 a_t 成为独立的。

如果得到的模型已经是适应模型，那么 a_t 一定是完全或基本上接近于独立的，这时若再增加模型的阶数，新增加的参数可能接近或等于 0，剩余平方和也不会因增加模型的阶数而显著地减小。

因此拟合一个更高阶模型后，若剩余平方和显著减小，则说明较低阶模型中的 a_t 是不独立的，从而模型是不适应的；若剩余平方和并没有因增加阶数而显著减小，则说明那个较低阶模型中的 a_t 是独立的，模型是适应的。这样可以通过检验更高阶模型的剩余平方和减小的显著性来间接地检验 a_t 的独立性。

假设检验 ARMA$(2n,2n-1)$ 的适应性，我们将拟合一个更高阶 ARMA$(2n+2,2n+1)$，看看剩余的平方和是否显著减小。

注：为什么阶次升高 2 阶？有以下两个原因：

(1) 以 2 阶为步长增加模型的阶数更经济。

以 2 阶为步长增加模型的阶数，不会遗漏阶数确实为奇数时的模型。如果系统的确是一个阶数为奇数的模型，那么拟合的较高阶数为偶数的模型的第 $2n$ 个自回归系数的绝对值必然接近于 0，所以可以删去较高阶的偶数阶模型的小参数得到较低阶的模型。

例如，若一个系统是 ARMA(5,4)，那么拟合(2,1)，(4,3)，(6,5) 后，ARMA 模型中的 φ_6，θ_5 的绝对值必然很小，从而可以删去 φ_6，θ_5 而拟合 ARMA(5,4) 模型。

对于高阶模型来说，这样可以大大节约建模时间，比如一个适应模型为(13,12)，若拟合 ARMA$(2n,2n-1)$，得到适应模型之前需拟合(2,1)，(4,3)，(6,5)，(8,7)，(10,9)，(12,11)，(14,13) 共 7 个模型；若拟合$(n,n-1)$，则需拟合 AR(1)，ARMA(2,1)，(3,2)，…，(14,13) 共 14 个模型。即以 2 阶为步长增加模型的阶数比以 1 阶为步长增加模型的阶数达到所需阶数的时间节约一半。

(2) 以 2 阶为步长增加模型的阶数，可以确保揭示系统结构的特征根的客观性不受人为的主观约束。

一个 ARMA$(n,n-1)$ 的自回归部分特征方程为：$\lambda^n-\varphi_1\lambda^{n-1}-\varphi_2\lambda^{n-2}-\cdots-\varphi_n=0$，该方程的特征根 $\lambda_i(i=1,2,\cdots,n)$ 可以客观地刻画系统的结构特征。若 $|\lambda_i|<1$，系统稳定。

一般 λ_i 既可能为实数，也可能为复数。但由于 $\varphi_i(i=1,2,\cdots,n)$ 总是实数，使得复根只能以共轭的形式成对出现。显然，若一阶一阶地增加模型的阶数，在拟合 n 为奇数的模型时，人为地强迫使其中的一个特征根为实数，这是不科学、不合理的。

例如，设一个 ARMA(6,5) 系统的自回归的特征根为三对共轭复数，当拟合 AR(1) 时，事实上强迫 λ_1 为实根，拟合 ARMA(3,2) 时，强迫 λ_3 为实根，拟合 ARMA(7,6) 时，强迫 λ_7 为实根。不仅如此，这样拟合的 ARMA(5,4) 的近似程度会低于 ARMA(4,3)，从而达不到真正的 ARMA(6,5) 模型。鉴于特征根的复根必然成对出现这一特点，我们拟合 ARMA$(2n,2n-1)$ 模型，以避免这种人为的不合理。

一个 ARMA$(2n,2n-1)$ 模型等价于当 $\varphi_{2n+2}=\varphi_{2n+1}=\theta_{2n}=\theta_{2n+1}=0$ 时的 ARMA$(2n+2,2n+1)$ 模型。于是可构造如下统计假设：

$$H_0:\varphi_{2n+2}=0,\varphi_{2n+1}=0,\theta_{2n}=0,\theta_{2n+1}=0$$

$$H_1:\varphi_{2n+2}\neq 0,\varphi_{2n+1}\neq 0,\theta_{2n}\neq 0,\theta_{2n+1}\neq 0$$

由于我们假设 a_t 为独立正态变量，即 $a_t\sim NID(0,\sigma_a^2)$，那么 $\sum a_t^2$ 也是一个随机变量

$$A_0=\left(\sum a_t^2\right)\sim\sigma_a^2\chi^2(N-r)$$

r 为 ARMA$(2n+2,2n+1)$ 模型的参数个数，即 $r=2n+2+2n+1=4n+3$。

而 ARMA$(2n,2n-1)$ 模型的剩余平方和为

$$\sum a_t^2=A_1\sim\sigma_a^2\chi^2(N-k)$$

参数个数：$k=2n+2n-1=4n-1$，则

$$(A_1-A_0)\sim\sigma_a^2\chi^2((N-k)-(N-r))$$

因为

$$(N-k)-(N-r)=-4n+1+4n+3=4$$

所以

$$(A_1-A_0)\sim\sigma_a^2\chi^2(4)$$

那么

$$\frac{A_1-A_0}{4}\Big/\frac{A_0}{N-r}\sim F(4,N-4n-3)$$

若 F 统计量大于 $F_\alpha(4,N-4n-3)$，则说明 H_0 不成立。即增加阶数，模型剩余平方和的减小量是显著的，从而 ARMA$(2n,2n-1)$ 不适应，应当拟合更高阶模型；若上述统计量小于 $F_\alpha(4,N-4n-3)$，则说明在 α 显著水平上，ARMA$(2n,2n-1)$ 是适应的。

4. χ^2 检验法

将 a_t 的自相关系数记为 $\rho_k(N,a_t)$，自协方差函数记为 $\gamma_k(N,a_t)$，则

$$\gamma_k(N,a_t)=\frac{1}{N}\sum_{t=k+1}^{N}a_ta_{t-k},\rho_k(N,a_t)=\frac{\gamma_k(N,a_t)}{\gamma_0(N,a_t)}$$

可以证明，当 N 很大时，$(\sqrt{N}\rho_1,\sqrt{N}\rho_2,\cdots,\sqrt{N}\rho_k)\sim N(0,I_k)$，其中 I_k 为 k 阶单位

阵。所以当 N 较大时，这 k 个量近似为相互独立的正态 $N(0,1)$ 随机变量。于是检验 $\{a_t\}$ 独立转化为检验 $\sqrt{N}\rho_k(N,a_t) \sim NID(0,1)$ $(k=1,2,\cdots,L(N);L(N)=\left[\frac{N}{10}\right]$ 或 $\left[\sqrt{N}\right])$。

假设

$$H_0:\sqrt{N}\rho_k(N,a_t) \sim NID(0,1)$$

那么

$$\sum_{k=1}^{L(N)}\left[\sqrt{N}\rho_k(N,a_t)\right]^2 \sim \chi^2(L(N)-n-m)$$

即 $Q=N\sum\limits_{k=1}^{L(N)}\rho_k^2(N,a_t)$ 服从自由度为 $L(N)-n-m$ 的 χ^2 分布，$L(N)$ 为自相关系数的个数，$n+m$ 为模型的参数个数，于是在给定的显著水平 α 下：

若 $Q \leqslant \chi^2_{1-\alpha}(L(N)-n-m)$，接受 H_0；

若 $Q > \chi^2_{1-\alpha}(L(N)-n-m)$，拒绝 H_0，即否定 a_t 独立。

3.7　平稳时间序列预测

常用的预测方法就是用合适的模型描述历史数据随时间变化的规律，进而用此模型推测未来。

时序模型就是利用时间序列中相关信息建立起来的，因而它是序列的动态性和发展变化的规律的描述。我们可以采用建立的时间模型对时间序列的未来取值进行预测。

设当前时刻为 t，我们已知平稳时间序列 X_t 在 t 时刻以及以前时刻的观察值 $X_t,X_{t-1},X_{t-2},\cdots$，现用 X_t 对时刻 t 以后的观察值 $X_{t+l}(l>0)$ 进行预测，这种预测称为以 t 为原点，向前期(或步长) 为 l 的预测，预测值记为 $\hat{X}_t(l)$ 。

以下我们从不同的角度考虑平稳时间序列的预测问题，并与指数平滑进行比较。

3.7.1　正交投影预测

1. 从几何角度提出预测问题

正交投影预测法也称为几何预测法。要对 X_t 在 $t+l$ 时刻的取值进行预测，我们所能利用的就是 X_t 在 t 及以前的取值 $X_t,X_{t-1},X_{t-2},\cdots$ 所提供的信息，也就是说，应把 $\hat{X}_t(l)$ 作为 $X_t,X_{t-1},X_{t-2},\cdots$ 的函数来计算，一般考虑比较简单的线性函数，即用 $X_t,X_{t-1},X_{t-2},\cdots$ 的线性函数来表达 $\hat{X}_t(l)$，表达式为

$$\hat{X}_t(l)=g_0^*X_t+g_1^*X_{t-1}+\cdots \tag{3.7.1}$$

问题是如何求解系数 $g_0^*, g_1^*, \cdots$，使得 $\hat{X}_t(l)$ 与 X_{t+l} 最接近。如果将 $X_t, X_{t-1}, X_{t-2}, \cdots$ 看成向量，并定义向量间的距离为向量的均方差，则 $X_t, X_{t-1}, X_{t-2}, \cdots$ 的线性组合将构成一个“平面”M，用 X_{t+l} 在平面 M 上的正交投影作为 $\hat{X}_t(l)$。因为在平面 M 上的所有向量中只有 X_{t+l} 的正交投影与 X_{t+l} 的距离最小，即

$$E\{[X_{t+l}-\hat{X}_t(l)]^2\}=E\{[e_t(l)]^2\}$$

达到最小。

$e_t(l)$ 为预测误差。有了这样的思想，我们不难求出 $g_0^*, g_1^*, \cdots$。

2. 求解正交投影

在预测前已经对 X_t 建立了合适的平稳时序模型，也就是知道了 X_t 的结构，假设其结构可用正交分解表示为(不失一般性，取 X_t 均值为零)

$$X_t=a_t+G_1a_{t-1}+G_2a_{t-2}+\cdots \tag{3.7.2}$$

a_t 满足 $E(a_ta_{t-k})=0, k\neq 0$，由此看出由 $X_t, X_{t-1}, X_{t-2}, \cdots$ 形成的平面就是由 $a_t, a_{t-1}, a_{t-2}, \cdots$ 形成的平面。但是 $X_t, X_{t-1}, X_{t-2}, \cdots$ 之间是相互依赖的，而 $a_t, a_{t-1}, a_{t-2}, \cdots$ 之间是正交的，而 $a_t, a_{t-1}, a_{t-2}, \cdots$ 是平面 M 的一组正交基，式(3.7.1)中的 $\hat{X}_t(l)$ 是用 $X_t, X_{t-1}, X_{t-2}, \cdots$ 表示的，当然也可用正交基表示：

$$\hat{X}_t(l)=G_0^*a_t+G_1^*a_{t-1}+G_2^*a_{t-2}+\cdots \tag{3.7.3}$$

借助于式(3.7.2)，理论上可由 g_j^* 求 G_j^*，或由 G_j^* 求 g_j^*。因此求解 g_j^* 的问题转化为求 G_j^* 的问题，而 G_j^* 是 X_{t+l} 在平面 M 上的正交投影相对于平面 M 的一组正交基的坐标，因此求解相对容易。

如图 3.10 所示，$\hat{X}_t(l)$ 为 X_{t+l} 在平面 M 上的正交投影，预测误差 $e_t(l)=X_{t+l}-\hat{X}_t(l)$ 应与平面 M 正交，当然与正交基中的每个向量正交，即有

$$E[e_t(l)a_{t-j}]=E[(X_{t+l}-\hat{X}_t(l))a_{t-j}]=0 \quad (j=0,1,2,\cdots) \tag{3.7.4}$$

由于

$$X_{t+l}=a_{t+l}+G_1a_{t+l-1}+\cdots+G_la_t+G_{l+1}a_{t-1}+\cdots \tag{3.7.5}$$

当 $j=0$ 时，将式(3.7.5)、(3.7.3)代入式(3.7.4)，有

$$E\{[a_{t+l}+G_1a_{t+l-1}+\cdots+G_{l-1}a_{t+1}+(G_l-G_0^*)a_t+(G_{l+1}-G_1^*)a_{t-1}+\cdots]a_{t-j}\}=0 \tag{3.7.6}$$

由于 a_t 之间的正交性，有

$$E[(G_l-G_0^*)a_t^2]=(G_l-G_0^*)\sigma_a^2=0$$

即 $G_0^*=G_l$。

同理，$j=1$ 时，有

$$E[(G_{l+1}-G_1^*)a_{t-1}^2]=(G_{l+1}-G_1^*)\sigma_a^2=0$$

即 $G_1^*=G_{l+1}$。

一般有

$$G_j^*=G_{l+j}\quad(j=0,1,2,\cdots)\tag{3.7.7}$$

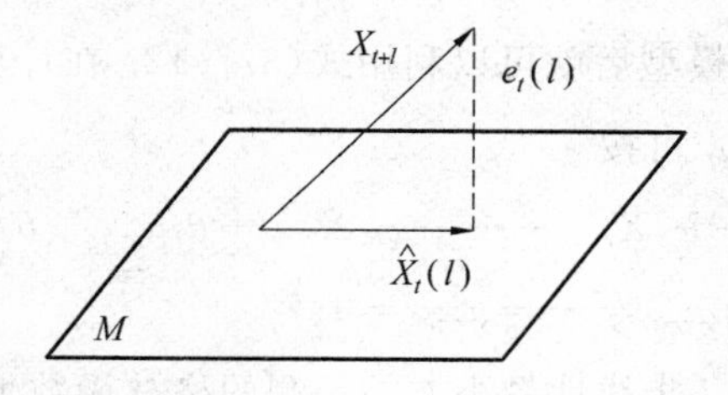

图 3.10　$\hat{X}_t(l)$ 与 X_{t+l} 的关系

这样就从几何角度解决了预测问题，由于这种预测使得 $\hat{X}_t(l)$ 与 X_{t+l} 的均方误差最小，因而也称为最小均方误差预测。

以上从几何角度得到了 X_{t+l} 的最小均方误差预测，也可以从代数的角度考虑。

由式(3.7.5)、(3.7.3) 得

$$E\{[X_{t+l}-\hat{X}_t(l)]^2\}=$$

$$E\left\{\left[a_{t+l}+G_1a_{t+l-1}+G_2a_{t+l-2}+\cdots+G_{l-1}a_{t+1}+\sum_{j=0}^{\infty}(G_{l+j}-G_j^*)a_{t-j}\right]^2\right\}\tag{3.7.8}$$

显然，当 $G_j^*=G_{l+j}(j=0,1,2,\cdots)$ 时，上式达到最小。由此再次得到式(3.7.7)。

综上可得，X_{t+l} 的最小均方差预测为

$$\hat{X}_t(l)=G_la_t+G_{l+1}a_{t-1}+G_{l+2}a_{t-2}+\cdots\tag{3.7.9}$$

预测误差为

$$e_t(l)=X_{t+l}-\hat{X}_t(l)=a_{t+l}+G_1a_{t+l-1}+\cdots+G_{l-1}a_{t+1}\tag{3.7.10}$$

其方差为

$$D(e_t(l))=E[(e_t(l))^2]=\sigma_a^2(1+G_1^2+G_2^2+\cdots+G_{l-1}^2)\tag{3.7.11}$$

它是在时刻 t 用 $X_t,X_{t-1},X_{t-2},\cdots$ 对 X_{t+l} 的所有线性预测中最小的方差，因此也称式(3.7.9) 为平稳线性最小方差预测。

从式(3.7.11) 可以看出，l 步线性最小方差预测误差的方差和预测步长 l 有关，而与预测的时间原点 t 无关，这一点也体现了预测的平稳性质。同时还可看出预测的步长 l 越大，预测误差的方差也越大，即预测的准确性也越差。

至此，我们已经从理论上解决了平稳时间序列的预测问题，从式(3.7.9) 可以看出，l 步最小方差预测包含了无穷项求和，而实际中我们只可能有有限的数据，因此只能利用有限和

近似，即

$$\hat{X}_t(l) \approx \sum_{j=0}^{T} G_{l+j} a_{t-j} \tag{3.7.12}$$

因为 G_j 是指数衰减的，T 的取值只需要使 $\sum_{j=T+1}^{\infty} |G_{l+j} a_{t-j}|$ 小于允许值即可。这样我们在对实际数据建立了 ARMA 模型后就可以利用式(3.7.12) 在计算机上进行预测了。

格林函数可递推计算，a_t 可按

$$a_t = X_t - \varphi_1 X_{t-1} - \varphi_2 X_{t-2} - \cdots - \varphi_n X_{t-n} + \theta_1 a_{t-1} + \theta_2 a_{t-2} + \cdots + \theta_m a_{t-m}$$

递推计算。开始可取 $a_{t-1} = a_{t-2} = \cdots = a_{t-m} = 0$。

我们把式(3.7.9) 称为 l 步线性最小方差预测的格林函数形式，这是预测的一种算法，在实际中只能近似计算。

下面从条件期望的角度介绍另一种算法 —— 条件期望预测，该方法是差分方程形式的预测，利用这种算法可直接从模型出发求出 l 步线性最小方差预测。

3.7.2 条件期望预测

我们要解决的问题是在时刻 t 用 $X_t, X_{t-1}, X_{t-2}, \cdots$ 对 X_{t+l} 的取值进行预测，而 X_{t+l} 是一未知随机变量，因此一个直观的想法是用其条件期望值作为预测值。由于 X_t 之间具有相关性，因而 X_{t+l} 的概率分布是有条件的(即在 $X_t, X_{t-1}, X_{t-2}, \cdots$ 已经给定的条件下)，其期望也是有条件的，即

$$\hat{X}_t(l) = E(X_{t+l} \mid X_t, X_{t-1}, \cdots)$$

有关 X_t 和 a_t 的条件期望有以下性质：

① 常量的条件期望是其本身。对 ARMA 序列而言，现在时刻与过去时刻的观察值及扰动的条件期望是其本身，即

$$E(X_k \mid X_{t-1}, X_{t-2}, \cdots) = X_k \quad (k \leqslant t)$$

$$E(a_k \mid X_{t-1}, X_{t-2}, \cdots) = a_k \quad (k \leqslant t)$$

② 未来扰动的条件期望为零。即

$$E(a_k \mid X_t, X_{t-1}, \cdots) = 0 \quad (k > t)$$

③ 未来取值的条件期望为未来取值的预测值。即

$$E(X_{t+l} \mid X_t, X_{t-1}, \cdots) = \hat{X}_{t+l} \quad (l \geqslant 1)$$

利用以上性质，对式(3.7.5)：

$$X_{t+l} = a_{t+l} + G_1 a_{t+l-1} + \cdots + G_l a_t + G_{l+1} a_{t-1} + \cdots$$

求条件期望，有

$$\hat{X}_t(l) = E(X_{t+l} \mid X_t, X_{t-1}, \cdots) = G_l a_t + G_{l+1} a_{t-1} + G_{l+2} a_{t-2} + \cdots$$

即式(3.7.9)。这说明在正态条件下,条件期望预测与正交投影预测一致。

1. 用模型的逆转形式预测

前面讲过,任一个ARMA模型可用逆转形式来表示,即将X_t表示为过去观测值的线性组合再加一随机扰动:

$$X_t = \sum_{j=1}^{\infty} I_j X_{t-j} + a_t$$

因而

$$X_{t+l} = \sum_{j=1}^{\infty} I_j X_{t+l-j} + a_{t+l}$$

$$\hat{X}_t(l) = E(X_{t+l} \mid X_t, X_{t-1}, \cdots) = \sum_{j=1}^{\infty} I_j E(X_{t+l-j} \mid X_t, X_{t-1}, \cdots) =$$

$$\sum_{j=1}^{l-1} I_j \hat{X}_t(l-j) + \sum_{j=l}^{\infty} I_j X_{t+l-j} \tag{3.7.13}$$

从上式可知,预测要用到所有过去X_t的信息,实际上,ARMA模型的可逆性保证了I_j构成收敛级数。按预定的精度要求,可取某个k值,当$j > k$时,令$I_j = 0$,即忽略X_{t+l}对X_{t+l-j}的依赖性,进而得出预测值。

2. 用模型(即差分方程的形式)进行预测

(1)AR(1)模型

设序列X_t适合如下AR(1)模型:

$$X_t = \varphi_1 X_{t-1} + a_t$$

$$\hat{X}_t(1) = E(X_{t+1} \mid X_t, X_{t-1}, \cdots) = E((\varphi_1 X_t + a_{t+1}) \mid X_t, X_{t-1}, \cdots) = \varphi_1 X_t$$

$$\hat{X}_t(2) = E(X_{t+2} \mid X_t, X_{t-1}, \cdots) = E((\varphi_1 X_{t+1} + a_{t+2}) \mid X_t, X_{t-1}, \cdots) = \varphi_1 \hat{X}_t(1) = \varphi_1^2 X_t$$

一般有

$$\hat{X}_t(l) = E(X_{t+l} \mid X_t, X_{t-1}, \cdots) = E((\varphi_1 X_{t+l-1} + a_{t+l}) \mid X_t, X_{t-1}, \cdots) = \varphi_1 \hat{X}_t(l-1)$$

即$l > 0$时,预测值满足模型差分方程形式的自回归部分:

$$\hat{X}_t(l) - \varphi_1 \hat{X}_t(l-1) = 0 \quad (\text{其中 } \hat{X}_t(0) = X_t)$$

因而

$$\hat{X}_t(l) = \varphi_1^l X_t$$

(2)ARMA(1,1)模型

$$X_t = \varphi_1 X_{t-1} + a_t - \theta_1 a_{t-1}$$

$$\hat{X}_t(1) = E(X_{t+1} \mid X_t, X_{t-1}, \cdots) = E((\varphi_1 X_t + a_{t+1} - \theta_1 a_t) \mid X_t, X_{t-1}, \cdots) = \varphi_1 X_t - \theta_1 a_t$$

其中

$$a_t = X_t - \hat{X}_{t-1}(1) = X_t - \varphi_1 X_{t-1} + \theta_1 a_{t-1}$$

可以看出，a_t 需递推计算，但实际中数据是有限的，过于靠前的 a_{t-j} 是未知的，因而往往给定初始值，取以前某时刻 $a_{t-j}=0$，即假定 $X_{t-j}=\hat{X}_{t-j-1}(1)$，这样就可以递推计算出 a_t，进而得到 $\hat{X}_t(1)$。

$$\hat{X}_t(2) = E(X_{t+2} \mid X_t, X_{t-1}, \cdots) = E((\varphi_1 X_{t+1} + a_{t+2} - \theta_1 a_{t+1}) \mid X_t, X_{t-1}, \cdots) = \varphi_1 \hat{X}_t(1)$$

一般有

$$\hat{X}_t(l) = E(X_{t+l} \mid X_t, X_{t-1}, \cdots) = E((\varphi_1 X_{t+l-1} + a_{t+l} - \theta_1 a_{t+l-1}) \mid X_t, X_{t-1}, \cdots) = \varphi_1 \hat{X}_t(l-1)$$

即 $l > 1$ 时，预测值满足模型差分方程形式的自回归部分：

$$\hat{X}_t(l) - \varphi_1 \hat{X}_t(l-1) = 0 \tag{3.7.14}$$

故预测值为如下形式（差分方程(3.7.14) 的通解）：

$$\hat{X}_t(l) = b_0(t)\varphi_1^l \quad (l > 0)$$

又因

$$\hat{X}_t(1) = \varphi_1 X_t - \theta_1 a_t$$

故

$$b_0(t)\varphi_1 = \varphi_1 X_t - \theta_1 a_t = \varphi_1 \left(X_t - \frac{\theta_1}{\varphi_1} a_t\right)$$

因而

$$b_0(t) = X_t - \frac{\theta_1}{\varphi_1} a_t$$

当 $l > 0$ 时，预测值（差分方程(3.7.14) 的特解）为

$$\hat{X}_t(l) = \left(X_t - \frac{\theta_1}{\varphi_1} a_t\right)\varphi_1^l$$

可看出，如果把预测值 $\hat{X}_t(l)$ 看作是 l 的函数，则预测函数的形式是由模型的自回归部分决定的，滑动平均部分用于确定预测函数中的待定系数，使得预测函数“适应”于观测数据。

(3)MA(1) 模型

$$X_t = a_t - \theta_1 a_{t-1}$$

$$\hat{X}_t(1) = E(X_{t+1} \mid X_t, X_{t-1}, \cdots) = E((a_{t+1} - \theta_1 a_t) \mid X_t, X_{t-1}, \cdots) = -\theta_1 a_t$$

其中

$$a_t = X_t - \hat{X}_{t-1}(1) = X_t + \theta_1 a_{t-1}$$

$$\hat{X}_t(2) = E(X_{t+2} \mid X_t, X_{t-1}, \cdots) = E((a_{t+2} - \theta_1 a_{t+1}) \mid X_t, X_{t-1}, \cdots) = 0$$

一般有

$$\hat{X}_t(l) = 0 \quad (l \geqslant 2)$$

类似的对于MA(m)模型而言，超过m步的预测值均为零，这与MA序列的短记忆性是吻合的。(自相关系数是m步截尾)

【例 3.4】 设X_t适合ARMA(2,1)模型：$X_t-0.8X_{t-1}+0.5X_{t-2}=a_t-0.3a_{t-1}$。已知$X_{t-3}=-1, X_{t-2}=2, X_{t-1}=2.5, X_t=0.6, a_{t-2}=0$，求$\hat{X}_t(1)$，$\hat{X}_t(2)$和预测函数$\hat{X}_t(l)$。

解　先求a_{t-1}和a_t。

由于

$$X_t-0.8X_{t-1}+0.5X_{t-2}=a_t-0.3a_{t-1}$$

故

$$a_{t-1}=X_{t-1}-0.8X_{t-2}+0.5X_{t-3}+0.3a_{t-2}=2.5-0.8\times 2+0.5\times(-1)+0.3\times 0=0.4$$

同理

$$a_t=X_t-0.8X_{t-1}+0.5X_{t-2}+0.3a_{t-1}=0.6-0.8\times 2.5+0.5\times 2+0.3\times 0.4=-0.28$$

所以

$$\hat{X}_t(1)=E(X_{t+1}\mid X_t,X_{t-1},\cdots)=E((0.8X_t-0.5X_{t-1}+a_{t+1}-0.3a_t)\mid X_t,X_{t-1},\cdots)=$$
$$0.8\times 0.6-0.5\times 2.5+0-0.3\times(-0.28)=-0.686$$

$$\hat{X}_t(2)=E(X_{t+2}\mid X_t,X_{t-1},\cdots)=E((0.8X_{t+1}-0.5X_t+a_{t+2}-0.3a_{t+1})\mid X_t,X_{t-1},\cdots)=$$
$$0.8E(X_{t+1}\mid X_t,X_{t-1},\cdots)-0.5X_t=$$
$$0.8\times(-0.686)-0.5\times 0.6=-0.8488$$

当$l>1$时，预测值满足由模型自回归部分决定的差分方程：

$$\hat{X}_t(l)-0.8\hat{X}_t(l-1)+0.5\hat{X}_t(l-2)=0$$

其中，$\hat{X}_t(0)=X_t$，特征方程$\lambda^2-0.8\lambda+0.5=0$的根为$0.4\pm 0.58i$，故预测函数为

$$\hat{X}_t(l)=\left(\sqrt{0.4^2+0.58^2}\right)^l(b_0(t)\sin\theta l+b_1(t)\cos\theta l)\quad(l>0)$$

其中，$\theta=\arctan\dfrac{0.58}{0.4}=55.41°$；$b_0(t)$，$b_1(t)$的确定要用到模型的滑动平均部分，可看出随$l$的增大，预测值将振荡衰减趋于零(序列均值)。

3. ARMA(n,m)模型预测的一般结果

通过$X_t-\varphi_1X_{t-1}-\varphi_2X_{t-2}-\cdots-\varphi_nX_{t-n}=a_t-\theta_1a_{t-1}-\theta_2a_{t-2}-\cdots-\theta_ma_{t-m}$求$X_{t+l}$的条件期望逐一求出$\hat{X}_t(l)$。

$$\hat{X}_t(1)=E(X_{t+1}\mid X_t,X_{t-1},\cdots)=$$
$$E((\varphi_1X_t+\varphi_2X_{t-1}+\cdots+\varphi_nX_{t+1-n}+a_{t+1}-\theta_1a_t-\theta_2a_{t-1}-\cdots-$$
$$\theta_ma_{t+1-m})\mid X_t,X_{t-1},\cdots)=$$
$$\varphi_1X_t+\varphi_2X_{t-1}+\cdots+\varphi_nX_{t+1-n}-\theta_1a_t-\theta_2a_{t-1}-\cdots-\theta_ma_{t+1-m}$$

$$\hat{X}_t(2)=E(X_{t+2}\mid X_t,X_{t-1},\cdots)=$$

$$E((\varphi_1 X_{t+1}+\varphi_2 X_t+\cdots+\varphi_n X_{t+2-n}+a_{t+2}-\theta_1 a_{t+1}-$$
$$\theta_2 a_t-\cdots-\theta_m a_{t+2-m})\mid X_t,X_{t-1},\cdots)=$$
$$\varphi_1\hat{X}_t(1)+\varphi_2 X_t+\cdots+\varphi_n X_{t+2-n}-\theta_2 a_t-\cdots-\theta_m a_{t+2-m}$$
$$\vdots$$

当 $l\leqslant n$ 时

$$\hat{X}_t(l)=\varphi_1\hat{X}_t(l-1)+\varphi_2\hat{X}_t(l-2)+\cdots+\varphi_{l-1}\hat{X}_t(1)+$$
$$\varphi_l X_t+\cdots+\varphi_n X_{t+l-n}-\theta_l a_t-\cdots-\theta_m a_{t+l-m}$$

上式中,当 $l>m$ 时,滑动平均部分全部消失,有:

$$\hat{X}_t(l)=\varphi_1\hat{X}_t(l-1)+\varphi_2\hat{X}_t(l-2)+\cdots+\varphi_n\hat{X}_t(l-n)\tag{3.7.15}$$

其中,对于 $j\geqslant 0$ 理解为 $\hat{X}_t(-j)=X_{t-j}$。

即各步的预测结果满足差分方程的自回归部分。

式(3.7.15)的通解为(即预测函数的形式):

$$\hat{X}_t(l)=b_0(t)f_0(l)+b_1(t)f_1(l)+\cdots+b_{n-1}(t)f_{n-1}(l)$$

这里有 $l>m-n$,其中,$f_0(l),f_1(l),\cdots,f_{n-1}(l)$ 的形式由模型的特征方程 $\lambda^n-\varphi_1\lambda^{n-1}-\cdots-\varphi_{n-1}\lambda-\varphi_n=0$ 的根决定,作为 l 的函数通常它们可能包含多项式、指数、正弦、余弦以及这些函数的乘积。

当预测原点 t 给定时,系数 $b_0(t),b_1(t),\cdots,b_{n-1}(t)$ 都是常数,并由模型的滑动平均部分确定。随着预测原点的变化,这些系数也将改变,以便于预测值"适应"于序列已观测部分的特性。

综上所述,对于 $ARMA(n,m)$ 模型,自回归部分决定了预测函数的形式,而滑动平均部分则用于确定预测函数的系数。

预测误差及其方差如式(3.7.10)、(3.7.11),即

$$e_t(l)=X_{t+l}-\hat{X}_t(l)=a_{t+l}+G_1 a_{t+l-1}+\cdots+G_{l-1}a_{t+1}$$
$$D(e_t(l))=E[(e_t(l))^2]=\sigma_a^2(1+G_1^2+G_2^2+\cdots+G_{l-1}^2)$$

由于 $X_{t+l}=\hat{X}_t(l)+e_t(l)$,因而 X_{t+l} 的分布完全由 $e_t(l)$ 的分布所决定,如图 3.11 所示。

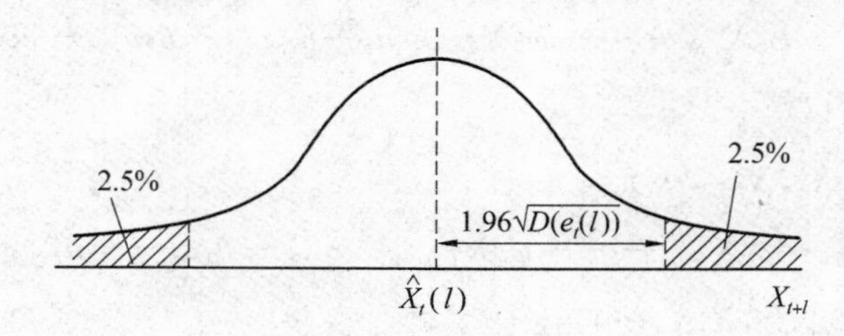

图 3.11　X_{t+l} 条件分布

$e_t(l)$ 是均值为零,方差为 $D(e_t(l))$ 的正态分布,X_{t+l} 为均值为 $\hat{X}_t(l)$,方差为

$D(e_t(l))$ 的正态分布。

X_{t+l} 预测的 95% 的置信区间为

$$\hat{X}_t(l) \pm 1.96\sigma_a \ (1 + G_1^2 + \cdots + G_{l-1}^2)^{\frac{1}{2}}$$

其中，$\hat{X}_t(l)$ 可由模型求条件期望得到。

4. 预测的稳定性

下面考虑随着超前步数 l 的增大，预测值将有怎样的变化趋势？即预测的稳定性问题，显然与系统（序列）本身的稳定性有密切的关系。系统的稳定性可由格林函数来刻画，有：

$G_j \to 0, (j \to \infty) \Leftrightarrow$ 系统渐近稳定的；

$G_j \to$ 常数，$(j \to \infty) \Leftrightarrow$ 系统稳定而不是渐近稳定（临界）；

$G_j \to \infty, (j \to \infty) \Leftrightarrow$ 系统不稳定。

从式(3.7.15) 和以前理论可知，格林函数与预测值满足同样的关系式，格林函数描述系统的记忆性，而预测依赖的正是这种记忆性，因而预测值的变化趋势与格林函数的变化趋势是一致的。

(1) 当 ARMA 系统渐近稳定时

此时，所有特征根的绝对值均小于 1，随着 $j \to \infty, G_j \to 0$，系统的记忆性逐渐衰减到零，预测值 $\hat{X}_t(l)$ 随着超前步数 l 的增大，也将趋于零（实际上是序列 X_t 的均值）。

【例 3.5】　已知 ARMA(1,1)，$\varphi_1 = 0.5, X_t - 0.5X_{t-1} = a_t - \theta_1 a_{t-1}$，判断其稳定性。

解　$|\varphi_1| < 1$，系统渐近稳定，其预测值：

$$\hat{X}_t(l) = 0.5\hat{X}_t(l-1) = \\ 0.5^{l-1}\hat{X}_t(1) = 0.5^{l-1}(0.5X_t - \theta_1 a_t) \quad (l \geqslant 2)$$

显然当 $l \to \infty$ 时，$\hat{X}_t(l) \to 0$。

(2) 当 ARMA 系统临界稳定时

此时，所有特征根中至少有一个的绝对值为 1，而其他特征根的绝对值均小于 1，随着 $j \to \infty, G_j \to$ 常数，系统的记忆性趋于恒定，预测值 $\hat{X}_t(l)$ 随着 l 的增大也将趋于常数。

【例 3.6】　已知 ARMA(1,1) 模型：$X_t - X_{t-1} = a_t - \theta_1 a_{t-1}$，判断其稳定性。

解　$|\varphi_1| = 1$，系统临界稳定，其预测值为

$$\hat{X}_t(l) \equiv \hat{X}_t(1) = X_t - \theta_1 a_t \quad (l \geqslant 2)$$

(3) 当 ARMA 系统不稳定时

至少一个特征根的绝对值大于 1，$G_j \to \infty, (j \to \infty)$，系统的记忆性无限增强，预测值 $\hat{X}_t(l)$ 随着 l 的增大也将趋于 ∞。

【例 3.7】　已知 ARMA(1,1)：$X_t - 1.2X_{t-1} = a_t - \theta_1 a_{t-1}$，判断其稳定性。

解　$|\varphi_1|>1$，系统不稳定，其预测值为

$$\hat{X}_t(l)=1.2^{l-1}(1.2X_t-\theta_1 a_t)\to\infty\quad(l\to\infty)$$

3.7.3　适时修正预测

实际中常遇到这样的问题，以 t 时刻为原点，进行向前预测，得到 $\hat{X}_t(1)$，$\hat{X}_t(2)$，$\hat{X}_t(3)$，…，而当到了时刻 $t+1$ 时，X_{t+1} 已成为已知，对于 $t+2$，$t+3$，… 时刻的预测我们还用原来的 $\hat{X}_t(2)$，$\hat{X}_t(3)$，… 吗？显然不能直接利用，必须加以修正，因为它只使用了 t 时刻以前的信息，并未利用 X_{t+1}，而 X_{t+1} 才是最新的信息。当然我们可以以 $t+1$ 为原点再进行预测，得到 $\hat{X}_{t+1}(1)$，$\hat{X}_{t+1}(2)$，$\hat{X}_{t+1}(3)$，…，但我们想对原来的预测加以利用，得到更方便的方法。

对 ARMA 系统，利用式(3.7.9)(即 $\hat{X}_t(l)=G_l a_t+G_{l+1}a_{t-1}+\cdots$)可得

$$\hat{X}_{t+1}(l)=G_l a_{t+1}+G_{l+1}a_t+G_{l+2}a_{t-1}+\cdots$$

$$\hat{X}_t(l+1)=G_{l+1}a_t+G_{l+2}a_{t-1}+G_{l+3}a_{t-2}+\cdots$$

因而有

$$\hat{X}_{t+1}(l)=\hat{X}_t(l+1)+G_l a_{t+1}$$

其中，$a_{t+1}=X_{t+1}-\hat{X}_t(1)$。

我们把 $t+1$ 时刻的观察值和预测值 $\hat{X}_{t+1}(l)$ 称为“新“的，而把 t 时刻的预测值 $\hat{X}_t(l+1)$ 称为“旧”的，则上式说明新的预测值可由新的观察值和旧的预测值推算出来，即新的预测值是在旧的预测值基础上加一修正项，而这一修正项比例于旧的一步预测误差，比例系数随着预测超前的步数而变化。这样，如果我们已有旧的预测结果，则在重新预测时只需对旧的预测加以修正，而不必对全部数据重新计算，因为旧的预测值已反映了过去的信息，通过这种修正大大减少了对数据的存储量，并提高了计算速度，有利于在计算机上实现。

【例 3.8】　已知一组观测数据共 350 个，其适应模型为 AR(2)，条件期望预测 $X_t=0.79X_{t-1}-0.22X_{t-2}+a_t$，$\sigma_a=2.45$，$X_{350}=4.58$，$X_{349}=3.78$，…… 我们在 $t=350$ 作为超前一步、两步和三步预测。

解　首先由 φ_1，φ_2 求格林函数 G_0，G_1，G_2。

$$G_0=1$$

$$G_1=\varphi_1=0.79$$

$$G_2=\varphi_1 G_1+\varphi_2=0.79\times0.79+(-0.22)=0.404$$

然后利用模型来预测：

$$\hat{X}_{350}(1)=0.79X_{350}-0.22X_{349}=0.79\times4.58-0.22\times3.78=2.787$$

$$\hat{X}_{350}(2)=0.79\hat{X}_{350}(1)-0.22X_{350}=0.79\times 2.787-0.22\times 4.58=1.194$$

$$\hat{X}_{350}(3)=0.79\hat{X}_{350}(2)-0.22\hat{X}_{350}(1)=0.79\times 1.194-0.22\times 2.787=0.33$$

这些预测的 95% 的置信区间为：

$$\hat{X}_{350}(1)\pm 1.96\sigma_a=2.787\pm 1.96\times 2.45=2.787\pm 4.802$$

$$\hat{X}_{350}(2)\pm 1.96\sigma_a\sqrt{1+G_1^2}=1.194\pm 1.96\times 2.45\sqrt{1+0.79^2}=1.194\pm 6.12$$

$$\hat{X}_{350}(3)\pm 1.96\sigma_a\sqrt{1+G_1^2+G_2^2}=0.33\pm 1.96\times 2.45\sqrt{1+0.79^2+0.404^2}=0.33\pm 6.42$$

【例 3.9】　假设已知观测值 $X_{351}=3.0$，计算 $\hat{X}_{351}(1)$，$\hat{X}_{351}(2)$，并分别与 $\hat{X}_{350}(2)$ 和 $\hat{X}_{350}(3)$ 进行比较。

解　采用适时修正预测计算：

$$a_{351}=X_{351}-\hat{X}_{350}(1)=3.0-2.787=0.213$$

$$\hat{X}_{351}(1)=\hat{X}_{350}(2)+G_1a_{351}=1.194+0.79\times 0.213=1.362$$

$$\hat{X}_{351}(2)=\hat{X}_{350}(3)+G_2a_{351}=0.33+0.404\times 0.213=0.416$$

以上结果见表 3.3。

表 3.3　预测结果对比

超前期 l				1	2	3	…
格林函数 G_l				0.79	0.404	0.145	
预测特性				$\hat{X}_{t-1}(1)$	$\hat{X}_{t-2}(2)$	$\hat{X}_{t-3}(3)$	…
95% 置位区间(±)				4.802	6.12	6.42	
	t	X_t	a_t				
	349	3.78					
原	350	4.58					
	351	3.00	0.213	2.787			
点	352			1.362	1.194		
	353			0.416	0.33		
	354					0.029	

3.7.4　指数平滑预测——ARMA 模型特例

1. 指数平滑预测

指数平滑作为一种经验预测方法，包括单指数平滑、双指数平滑、Holt 氏双参数平滑、

Winters 氏相乘季节性指数平滑等。我们仅以较简单的单指数平滑作考察。

为了对一个序列进行预测，首先想到的就是用该序列的平均数代替，可是进一步分析，取所有资料的平均数不合理，因为离预测较远的数据对于预测的值可能没有影响，因而产生了利用“移动平均数”调整过去数据的想法。即选一个 N，N 大小取决于所要研究的系统对过去数据的记忆时间长度，并取最近 N 个观察值的平均数作为下一个观察值的预测值。

$$\hat{X}_t(1)=\frac{1}{N}\sum_{j=0}^{N-1}X_{t-j}=\sum_{j=0}^{N-1}\frac{1}{N}X_{t-j}$$

即简单移动平均法。这个预测值事实上是对 $X_t\sim X_{t-N+1}$ 给定一个相等的权数$\frac{1}{N}$，而对 X_{t-N} 及以前的观察值给一个零权数的加权平均数。这种权数是不尽合理的，因为一般某一个观察值对后继行为的影响作用是逐渐衰减的，而不是一直为$\frac{1}{N}$，突然间为零。用系统动态性来说，平稳系统对其过去值的记忆是衰减的。这样应利用递减权数，使得时间越远，权数越小。能满足这一条件的就是指数权数，且其底的绝对值小于 1，即以 θ^j 为权数，$|\theta|<1,j\to\infty,\theta^j\to 0$，$\theta$ 的大小取决于想使权数以多快的速度衰减。这样，预测为

$$\hat{X}_t(1)=\sum_{j=0}^{\infty}\theta^j X_{t-j}$$

这时 $\hat{X}_t(1)$ 不再是加权平均数，因为加权平均数的权数和为 1，而现在

$$\sum_{j=0}^{\infty}\theta^j=\frac{1}{1-\theta}$$

为使预测值仍为一权数的平均数，使用$(1-\theta)\theta^j$ 为权数。

$$\sum_{j=0}^{\infty}(1-\theta)\theta^j=(1-\theta)\frac{1}{1-\theta}=1$$

于是预测公式为

$$\hat{X}_t(1)=\sum_{j=0}^{\infty}(1-\theta)\theta^j X_{t-j}$$

这是一个著名的指数加权移动平均数(EWMA)。

若令 $\lambda=1-\theta$，则上式变为

$$\hat{X}_t(1)=\sum_{j=0}^{\infty}\lambda(1-\lambda)^j X_{t-j}$$

这就是指数平滑式。因为运用此式的结果，得到的是一系列平滑平均数，而用的权数又是指数形式，故称指数平滑。若得到的不是加权平均数，即权数之和不等于 1，只能称为指数加权。

指数平滑有两个极为重要的公式：

$$\hat{X}_t(1)=\lambda X_t+(1-\lambda)\hat{X}_{t-1}(1) \tag{3.7.16}$$

$$\hat{X}_t(1)=\hat{X}_{t-1}(1)+\lambda\left[X_t-\hat{X}_{t-1}(1)\right] \tag{3.7.17}$$

式(3.7.16)表示下期的预测值为本期的预测值与本期实际观察值的加权平均数。式(3.7.17)表示用 λ 倍的预测误差加以修正本期的预测值而得到下期的预测值。

2. 指数平滑与 ARMA 模型的关系

用指数平滑作一步预测，公式为

$$\hat{X}_t(1)=\sum_{j=0}^{\infty}\lambda\ (1-\lambda)^j X_{t-j}$$

如果预测误差为 a_{t+1}，则有

$$X_{t+1}=\hat{X}_t(1)+a_{t+1}=\sum_{j=0}^{\infty}\lambda\ (1-\lambda)^j X_{t-j}+a_{t+1}$$

若在 $t-1$ 时刻预测，则

$$X_t=\sum_{j=1}^{\infty}\lambda\ (1-\lambda)^{j-1}X_{t-j}+a_t\left(=\sum_{j=0}^{\infty}\lambda\ (1-\lambda)^j X_{t-j-1}+a_t,\text{用 } j'=j+1 \text{ 代入}\right)$$

上式很像一个 ARMA 模型的逆转形式，该模型具有逆函数

$$I_j=\lambda\ (1-\lambda)^{j-1}$$

若令 $1-\lambda=\theta,\lambda=1-\theta$，则

$$I_j=(1-\theta)\theta^{j-1}$$

而这正是模型 $X_t-X_{t-1}=a_t-\theta_1 a_{t-1}$ 的逆函数。

反过来，用该模型的逆转形式进行预测，由式(3.7.13)，即

$$\left(\hat{X}_t(l)=\sum_{j=1}^{\infty}I_j E(X_{t+l-j}\mid X_t,X_{t-1},\cdots)\right)$$

有

$$\begin{aligned}\hat{X}_t(1)=&\sum_{j=1}^{\infty}I_j E(X_{t+1-j}\mid X_t,X_{t-1},\cdots)=\\&\sum_{j=1}^{\infty}(1-\theta)\theta^{j-1}X_{t+1-j}=\\&\sum_{j=0}^{\infty}(1-\theta)\theta^j X_{t-j}=\\&\sum_{j=0}^{\infty}\lambda\ (1-\lambda)^j X_{t-j}\end{aligned}$$

这与指数平滑是一致的，可见指数平滑是ARMA模型在 $n=m=1$ 且 $\varphi_1=1$ 时的特殊情况，模型参数 θ_1 与平滑常数 λ 之和为 1。

因此只有当观察资料适合于 $\varphi_1=1$ 的 ARMA(1,1) 模型时，可用指数平滑进行较好的

预测，预测的平滑常数 $\lambda=1-\theta$，这也给出了求平滑常数的一种科学方法。

习　题

3.1　X_t 是一零均值的未知随机序列，其自相关函数的前两个值为 $R_x(0)=2$，$R_x(1)=1$，如果我们用 $AR(1)$ 模型去拟合它，$X_t-\varphi_1 X_{t-1}=a_t$，求 φ_1。

3.2　解释一下什么是偏自相关系数？AR、MA、ARMA 模型的偏自相关系数各有什么特点？

3.3　ARMA(2,1) 模型中，$\varphi_1=1.3$，$\varphi_2=-0.4$，$\theta_1=0.4$，请分别用隐式和显式求格林函数 G_0、G_1 和 G_2。

3.4　推导平稳线性最小方差预测的表达式。

第 4 章 经典谱分析

4.1 功率谱估计概述

功率谱的两个基本定义如下：

$$P_x(\mathrm{e}^{\mathrm{j}\omega}) = \sum_{m=-\infty}^{\infty} r_x(m)\,\mathrm{e}^{-\mathrm{j}\omega m}$$

$$P_x(\mathrm{e}^{\mathrm{j}\omega}) = \lim_{M\to\infty} E\left\{\frac{1}{2M+1}\left|\sum_{n=-M}^{M} x(n)\,\mathrm{e}^{-\mathrm{j}\omega n}\right|^2\right\}$$

两个定义是等效的。

以上两个公式的定义在实际中几乎不可能实现(除非 $x(n)$ 可用解析法精确表示)，因此只能用所得的有限次记录(往往仅一次）的有限长数据来予以估计，这就产生了功率谱估计这一极其活跃，同时也极其重要的研究领域。

功率谱估计技术源远流长，而且在近 30 年中获得了飞速的发展。它涉及信号与系统、随机信号分析、概率统计、矩阵代数等一系列的基础学科，广泛应用于雷达、声呐、通信、地质勘探、天文、生物医药工程等众多领域，其内容、方法不断更新，是一个具有强大生命力的研究领域。

英国的科学家牛顿最早给出了“谱”的概念。1822 年，法国工程师傅里叶提出了著名的傅里叶谐波分析理论。该理论至今仍是我们进行信号分析和处理的理论基础。

傅里叶级数的提出，首先促使人们在观察自然界中的周期现象时得到应用，如声音、天气、太阳黑子的活动、潮汐等，目的在于测定其发生的周期。由于傅里叶系数的计算是一困难的工作，所以促使人们研制相应的机器，如英国物理学家 Thomson 发明了第一个谐波分析仪用来计算傅里叶系数 A_k，B_k，这些机器也可用新得到的 A_k，B_k 预测(综合）时间波形。利用该机器画出某一港湾一年的潮汐曲线约需 4 小时，这些都是人们最早从事谱分析的有力尝试。

19 世纪末，Schuster 提出用傅里叶系数的幅平方，即 $S_k = A_k^2 + B_k^2$ 作为函数 $x(t)$ 中功率

的测量，并命名为“周期图”(Periodogram)，这是经典谱估计最早的提法，至今仍被沿用。只是我们现在是通过 FFT 计算离散傅里叶变换，使 S_k 等于该傅里叶变换的幅平方。

Schuster 鉴于周期图的起伏剧烈，提出了“平均周期图”的概念，并指出了在对有限长数据计算傅里叶系数时所存在的“边瓣”问题，这就是后来我们所熟知的窗函数的影响。

Schuster 用周期图计算太阳黑子活动的周期，以 1749 ～ 1894 年每月太阳的黑子数为基本数据，得出黑子的活动周期是 11.125 年，而天文文献记载是 11 年。

周期图较差的方差性能促使人们研究另外的分析方法。Yule 于 1927 年提出了用线性回归方程来模拟一个时间序列，从而发现隐含在该时间序列中的周期性。他猜想如果太阳黑子的运动只有一个周期分量，那么黑子数可用方程 $X_t = \varphi_1 X_{t-1} - X_{t-2} + a_t$ 来产生，a_t 是存在于 t 时刻的很小的冲激序列。Yule 的这一工作实际上成了现代谱估计中最重要的方法 —— 参数模型法的基础。Yule 利用 1749 ～ 1924 年的年平均黑子数为数据，利用最小平方的方法估计出 $\varphi_1 = 1.62374$，估计出的黑子活动周期为 10.08 年，然后对数据作移动平均滤波，得到周期是 11.43 年。

Walker 利用 Yule 的分析方法研究了衰减的正弦时间序列，并得出了在对最小二乘分析中常用的 Yule－Walker 方程。因此 Yule 和 Walker 是开拓自回归模型的先锋。Yule 的工作使人们重新想起了早在 1795 年 Prony 提出的指数拟合法，使 Prony 方法形成了现代谱分析的又一重要内容。

1930 年，著名的控制理论专家 Wiener 出版了他的经典著作《Generalized Harmonic Analysis》。在该书中首次精确的定义了一个随机过程的自相关函数及功率谱密度，并把谱分析建立在随机过程统计特征的基础上，即功率谱密度是随机过程二阶统计量自相关函数的傅里叶变换，这就是 Wiener－Khintchine 定理。该定理把功率谱密度定义为频率的连续函数，而不再是以前离散的谐波频率的函数。

1949 年，Tukey 根据 Wiener－Khintchine 定理提出了对有限长数据作谱估计的自相关法，即利用有限长的数据 $x(n)$ 估计自相关函数，再用该自相关函数作傅里叶变换，从而得到谱的估计。

Blackman 和 Tukey 在 1958 年出版的有关经典谱估计的专著中讨论了自相关谱估计法，后人又把经典谱估计的自相关法称为 BT(Blackman－Tukey) 法。

周期图法和自相关法是经典谱估计的两个基本方法。人们把 Wiener 视为现代理论谱分析的先驱，把 Tukey 视为现代实验谱分析的先驱。

Yule 提出的自回归方程和线性预测有密切的关系，Khintchine、Slutcky、Wold 等人于 1938 年给出了线性预测理论的框架，并首次建立了自回归模型参数与自相关函数关系的 Yule－Walker 方程。

Bartlett 于 1948 年首次提出了用自回归模型系数来计算功率谱。自回归模型和线性预测都用到了 1911 年提出的 Toeplitz 矩阵结构，Levinson 根据该矩阵的特点于 1947 年提出计算了 Yule－Walker 方程的快速计算方法，所有这些工作都为现代谱估计的发展打下了基础。

1965 年，Cooley 和 Tukey 的快速傅里叶变换问世，这一算法的提出，也促进了现代谱估计的迅速发展。

现代谱估计的提出主要是针对经典谱估计的分辨率低和方差性能不好的问题。1967 年 Burg 提出的最大熵谱估计，既是朝着高分辨率谱估计所作的最有意义的努力。虽然 Bartlett 在 1948 年，Parzem 在 1957 年都曾建议利用自回归模型作谱估计，但在 Burg 的论文发表前，都没引起注意。

现代谱估计的内容极其丰富，涉及的学科及应用领域也相当广泛，目前尚难对现代谱分析的方法作出准确的分类。功率谱估计方法见表 4.1。

表 4.1　功率谱估计方法

<table>
<tr><td rowspan="17">功率谱估计方法</td><td rowspan="3">经典谱分析</td><td colspan="5">周期图法</td></tr>
<tr><td colspan="5">自相关法</td></tr>
<tr><td colspan="5">改进方法(Welch 平均、窗口平滑)</td></tr>
<tr><td rowspan="14">现代谱估计</td><td rowspan="7">从方法上分</td><td rowspan="5">参数模型</td><td rowspan="2">AR</td><td>块数据</td><td>自相关法、Burg 法、协方差法、改进的协方差法、最大似然估计</td></tr>
<tr><td>序贯数据</td><td>自适应谱跟踪</td></tr>
<tr><td>MA</td><td colspan="2">高阶 AR 近似</td></tr>
<tr><td>ARMA</td><td colspan="2">转变的 Yule－Walker 方程法</td></tr>
<tr><td>PRONY</td><td colspan="2">PRONY 的方法、扩展的 PRONY 方法、转变的 PRONY 法</td></tr>
<tr><td colspan="2" rowspan="2">非参数模型</td><td colspan="2">方差方法(Capon 最大似然法)</td></tr>
<tr><td colspan="2">MUSIC(多分量)方法、Pisanreko 谐波分解</td></tr>
<tr><td colspan="3" rowspan="3">从信号的来源分</td><td colspan="2">一维</td></tr>
<tr><td colspan="2">二维</td></tr>
<tr><td colspan="2">多通道</td></tr>
<tr><td colspan="3" rowspan="2">从使用统计量分</td><td colspan="2">二阶统计量(相关函数，功率谱)</td></tr>
<tr><td colspan="2">高阶统计量(三阶相关，双谱)</td></tr>
<tr><td colspan="3" rowspan="2">从信号的特征分</td><td colspan="2">平稳信号</td></tr>
<tr><td colspan="2">非平稳(时变)信号(短时傅里叶变换、Wigner 分布(T－F))</td></tr>
</table>

从现代谱分析的方法上，大致分为参数模型谱估计和非参数模型谱估计，前者有 AR 模型、MA 模型、ARMA 模型、PRONY 指数模型等；后者有最小方差法、多分量的 MUSIC 方

法等。

从信号的来源分，分为一维谱估计、二维谱估计及多通道谱估计。

从所用的统计量分，目前大部分建立在二阶矩（相关函数、方差、谱密度）基础上，但由于功率谱密度是频率的实函数，缺少相位信息，因此建立在高阶矩基础上的谱估计方法正引起人们的注意。

从信号的特征来分，在此之前所说的方法都是对平稳随机信号而言，其谱分量不随时间变化，对非平稳随机信号，其谱是时变的。近十多年，以Wigner分布代表的时－频分析引起了人们的广泛兴趣，形成了现代谱估计的一个新的研究领域。

4.2 自相关函数的估计

广义平稳随机信号 $X(n)$ 的自相关函数为

$$r(m)=E\{X^*(n)X(n+m)\}$$

如果 $X(n)$ 是各态历经的，则上式的集总平均可由单一样本的时间平均实现，即

$$r(m)=\lim_{N\to\infty}\frac{1}{2N+1}\sum_{n=-N}^{N}x^*(n)x(n+m)$$

实际应用是实际的物理信号，是因果的，即 $x(n)=0(n<0)$；且 $x(n)$ 为实信号，则自相关函数为

$$r(m)=\lim_{N\to\infty}\frac{1}{N}\sum_{n=0}^{N-1}x(n)x(n+m) \tag{4.2.1}$$

我们能得到的只是 $x(n)$ 的 N 个观察值，$x_N(0)$，$x_N(1)$，…，$x_N(N-1)$，对于 $n\geqslant N$ 时的 $x(n)$ 只能假设为零，现在的任务是如何由这 N 个观察值来估计出 $x(n)$ 的自相关函数 $r(m)$。方法有两种，一种是利用式(4.2.1) 直接计算；二是先计算出 $x_N(n)$ 的能量谱，然后对该能量谱作反变换。

4.2.1 自相关函数的直接估计

式(4.2.1) 中如果观察值的点数 N 为有限值，则求 $r(m)$ 估计值的一种方法是：

$$\hat{r}(m)=\frac{1}{N}\sum_{n=0}^{N-1}x_N(n)x_N(n+m)$$

由于 $x(n)$ 只有 N 个观察值，因此对于每一个固定的延迟 m，可利用的数据只有 $N-|m|$ 个，且在 $0\sim N-1$ 的范围内，$x_N(n)=x(n)$，所以实际计算 $\hat{r}(m)$ 时，上式为

$$\hat{r}(m)=\frac{1}{N}\sum_{n=0}^{N-1-|m|}x(n)x(n+m) \tag{4.2.2}$$

$\hat{r}(m)$ 的长度为 $2N-1$，它是以 $m=0$ 为偶对称的。

下面讨论 $\hat{r}(m)$ 对 $r(m)$ 估计的质量。

1. 偏差

$$bia\left[\hat{r}(m)\right]=E\{\hat{r}(m)\}-r(m)$$

式中

$$E\{\hat{r}(m)\}=E\left\{\frac{1}{N}\sum_{n=0}^{N-1-|m|}x(n)x(n+m)\right\}=\frac{1}{N}\sum_{n=0}^{N-1-|m|}E\{x(n)x(n+m)\}=$$
$$\frac{1}{N}\sum_{n=0}^{N-1-|m|}r(m)$$

即

$$E\{\hat{r}(m)\}=\frac{N-|m|}{N}r(m) \tag{4.2.3}$$

所以

$$bia\left[\hat{r}(m)\right]=-\frac{|m|}{N}r(m) \tag{4.2.4}$$

分析式(4.2.3)和式(4.2.4),可看出:

(1) 对于一个固定的延迟 $|m|$,当 $N\rightarrow\infty$ 时,$bia\left[\hat{r}(m)\right]\rightarrow 0$,因此 $\hat{r}(m)$ 是对 $r(m)$ 的渐近无偏估计。

(2) 对于一个固定的 N,只有当 $m\ll N$ 时,$\hat{r}(m)$ 的均值才接近于真值 $r(m)$,即 $|m|$ 越接近于 N,估计的偏差越大。

(3) 由式(4.2.3)可以看出,$\hat{r}(m)$ 的均值是真值 $r(m)$ 和一个三角窗函数

$$w(m)=\begin{cases}\dfrac{N-|m|}{N}=1-\dfrac{|m|}{N} & (0\leqslant|m|\leqslant N-1)\\ 0 & (|m|\geqslant N)\end{cases} \tag{4.2.5}$$

的乘积,$w(m)$ 的长度为 $2N-1$,如图 4.1 所示。此三角窗函数又称 Bartlett 窗,由于它对 $r(m)$ 的加权,使 $\hat{r}(m)$ 产生了偏差,显然这一加权是非均匀的,因此产生了上述的第二个结论。

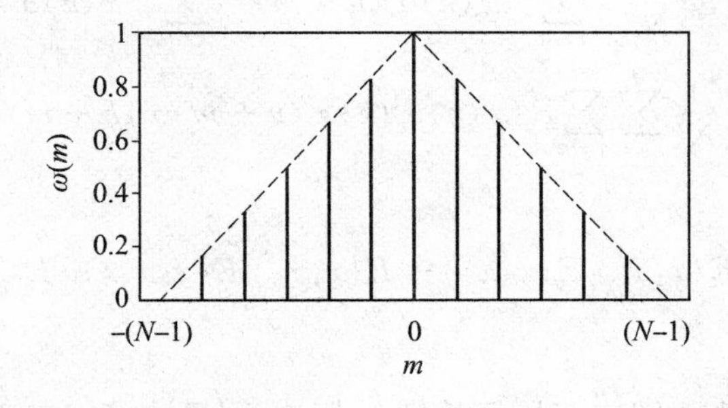

图 4.1　Bartlett 窗

该窗函数实际上是由于对数据的截短而产生的，因为 $x_N(n)$ 可看作 $x(n)$ 与一矩形窗函数 $d(n)$ 相乘的结果，即

$$x_N(n)=x(n)d(n) \tag{4.2.6}$$

式中

$$d(n)=\begin{cases}1 & (0\leqslant n\leqslant N-1)\\ 0 & (\text{其他 } n)\end{cases} \tag{4.2.7}$$

根据式(4.2.2) 和式(4.2.6)，有

$$\hat{r}(m)=\frac{1}{N}\sum_{n=0}^{N-1-|m|}x_N(n)x_N(n+m)=\frac{1}{N}\sum_{n=0}^{N-1-|m|}x(n)d(n)x(n+m)d(n+m)$$

所以

$$\begin{aligned}E\{\hat{r}(m)\}&=\frac{1}{N}\sum_{n=0}^{N-1-|m|}E\{x(n)x(n+m)\}d(n)d(n+m)=\\&\frac{r(m)}{N}\sum_{n=0}^{N-1-|m|}d(n)d(n+m)=\\&r(m)w(m)\end{aligned}$$

$w(m)$ 正是矩形数据窗 $d(n)$ 作自相关的结果。

当对一个信号作自然截短时，相当于对数据施加了一个矩形窗口，由此产生了加在自相关函数上的三角窗口，其影响 $\hat{r}(m)$ 对 $r(m)$ 的估计质量。加在数据上的窗口一般称为数据窗，加在自相关函数上的窗口一般称为延迟窗，这些窗函数直接影响谱估计的质量。

2. 方差

$$Var[\hat{r}(m)]=E\{[\hat{r}(m)-E\{\hat{r}(m)\}]^2\}=E\{\hat{r}^2(m)\}-[E\{\hat{r}(m)\}]^2 \tag{4.2.8}$$

由式(4.2.3)，有

$$[E\{r(m)\}]^2=\left[\frac{N-|m|}{N}r(m)\right]^2 \tag{4.2.9}$$

而

$$\begin{aligned}E\{\hat{r}^2(m)\}&=E\left\{\frac{1}{N^2}\sum_{n=0}^{N-1-|m|}x(n)x(n+m)\sum_{k=0}^{N-1-|m|}x(k)x(k+m)\right\}=\\&\frac{1}{N^2}\sum_n\sum_k E\{x(n)x(k)x(n+m)x(k+m)\}\end{aligned} \tag{4.2.10}$$

因为

$$E\{x_1x_2x_3x_4\}=E\{x_1x_2\}E\{x_3x_4\}+E\{x_1x_3\}E\{x_2x_4\}+E\{x_1x_4\}E\{x_2x_3\}$$

所以

$$E\{x(n)x(k)x(n+m)x(k+m)\}=r^2(n-k)+r^2(m)+r(n-k-m)r(k-n-m) \tag{4.2.11}$$

所以

$$E[\hat{r}^2(m)]=\frac{1}{N^2}\sum_n\sum_k[r^2(n-k)+r^2(m)+r(n-k-m)r(k-n-m)]=$$

$$\left[\frac{N-|m|}{N}r(m)\right]^2+\frac{1}{N^2}\sum_n\sum_k[r^2(n-k)+r(n-k-m)r(k-n-m)] \tag{4.2.12}$$

将式(4.2.9)、(4.2.12)代入式(4.2.8)，有

$$Var[\hat{r}(m)]=\frac{1}{N^2}\sum_{n=0}^{N-1-|m|}\sum_{k=0}^{N-1-|m|}[r^2(n-k)+r(n-k-m)r(k-n-m)]$$

因为

$$\sum_{n=0}^{N-1-|m|}\sum_{k=0}^{N-1-|m|}g(n-k)=\sum_{i=-(N-1-|m|)}^{N-1-|m|}(N-|m|-|i|)g(i)$$

因此令 $n-k=i$，可把上式的双求和变成单求和，即

$$Var[\hat{r}(m)]=\frac{1}{N}\sum_{i=-(N-1-|m|)}^{N-1-|m|}\left(1-\frac{|m|+|i|}{N}\right)[r^2(i)+r(i+m)r(i-m)] \tag{4.2.13}$$

当 $N\to\infty$ 时，$Var[\hat{r}(m)]\to 0$，又因为 $\lim\limits_{N\to\infty}bia[\hat{r}(m)]\to 0$，所以，对固定的延迟 $|m|$，$\hat{r}(m)$ 是 $r(m)$ 的渐近一致估计。

对 $r(m)$ 的另一种直接估计方法是对式(4.2.2)稍作调整

$$\hat{r}(m)=\frac{1}{N-|m|}\sum_{n=0}^{N-1-|m|}x_N(n)x_N(n+m) \tag{4.2.14}$$

该式的 $\hat{r}(m)$ 是对 $r(m)$ 的无偏估计，但其方差性能不好，不是一致估计，很少使用。

4.2.2　自相关函数的快速计算

利用式(4.2.2)计算 $\hat{r}(m)$ 时，若 m、N 都较大，则需要的乘法次数太多，因此其应用便受到了限制，这时可利用 FFT 实现对 $\hat{r}(m)$ 的快速计算。

式(4.2.2)也可写为

$$\hat{r}(m)=\frac{1}{N}\sum_{n=0}^{N-1}x_N(n)x_N(n+m)$$

对 $\hat{r}(m)$ 求傅里叶变换，得

$$\sum_{m=-(N-1)}^{N-1}\hat{r}(m)e^{-j\omega m}=\frac{1}{N}\sum_{m=-(N-1)}^{N-1}\sum_{n=0}^{N-1}x_N(n)x_N(n+m)e^{-j\omega m}=$$

$$\frac{1}{N}\sum_{n=0}^{N-1}x_N(n)\sum_{m=-(N-1)}^{N-1}x_N(n+m)e^{-j\omega m}$$

两长度为 N 的序列的线性卷积，其结果为一长度为$(2N-1)$点的序列，为了能用 DFT

计算线性卷积，需把两个序列的长度扩充到$(2N-1)$点，利用DFT计算相关时，也是如此。

为此把$x_N(n)$补N个零，得$x_{2N}(n)$，即

$$x_{2N}(n)=\begin{cases}x_N(n) & (n=0,1,\cdots,N-1)\\ 0 & (N\leqslant n\leqslant 2N-1)\end{cases}$$

记$x_{2N}(n)$的傅里叶变换为$X_{2N}(\mathrm{e}^{\mathrm{j}\omega})$，则

$$\sum_{m=-(N-1)}^{N-1}\hat{r}(m)\,\mathrm{e}^{-\mathrm{j}\omega m}=\frac{1}{N}\sum_{n=0}^{2N-1}x_{2N}(n)\,\mathrm{e}^{\mathrm{j}\omega n}\sum_{m=-(N-1)}^{N-1}x_{2N}(n+m)\,\mathrm{e}^{-\mathrm{j}\omega(n+m)}$$

令$l=n+m$，由于$x_{2N}(n+m)=x_{2N}(l)$的取值范围为$0\sim 2N-1$，所以l的变化范围也应为$0\sim 2N-1$，这样

$$\sum_{m=-(N-1)}^{N-1}\hat{r}(m)\,\mathrm{e}^{-\mathrm{j}\omega m}=\frac{1}{N}\sum_{n=0}^{2N-1}x_{2N}(n)\,\mathrm{e}^{\mathrm{j}\omega n}\sum_{l=0}^{2N-1}x_{2N}(l)\,\mathrm{e}^{-\mathrm{j}\omega l}=\frac{1}{N}\left|X_{2N}(\mathrm{e}^{\mathrm{j}\omega})\right|^2$$

即

$$\sum_{m=-(N-1)}^{N-1}\hat{r}(m)\,\mathrm{e}^{-\mathrm{j}\omega m}=\frac{1}{N}\left|X_{2N}(\mathrm{e}^{\mathrm{j}\omega})\right|^2 \tag{4.2.15}$$

式中，$\left|X_{2N}(\mathrm{e}^{\mathrm{j}\omega})\right|^2$是有限长信号$x_{2N}(n)$的能量谱，除以$N$后即为功率谱。这说明由式(4.2.2)估计出的自相关函数$\hat{r}(m)$和$x_{2N}(n)$的功率谱是一对傅里叶变换。$X_{2N}(\mathrm{e}^{\mathrm{j}\omega})$可用FFT计算，由此不难得出用FFT计算的自相关函数的一般步骤为：

(1) 对$x_N(n)$补N个零得$x_{2N}(n)$，对$x_{2N}(n)$作DFT得$X_{2N}(k)$ $(k=0,1,\cdots,2N-1)$；

(2) 求$X_{2N}(k)$的幅平方，然后除以N，得$\frac{1}{N}[X_{2N}(k)]^2$；

(3) 对$\frac{1}{N}[X_{2N}(k)]^2$作逆变换，得$\hat{r}_0(m)$。

$\hat{r}_0(m)$并不简单的等于$\hat{r}(m)$，而是等于将$\hat{r}(m)$中$-(N-1)\leqslant m\leqslant 0$的部分向右平移$2N$点后形成的新序列，如图4.2所示。由DFT理论可知，$\hat{r}(m)$与$\hat{r}_0(m)$的功率谱是一样的。

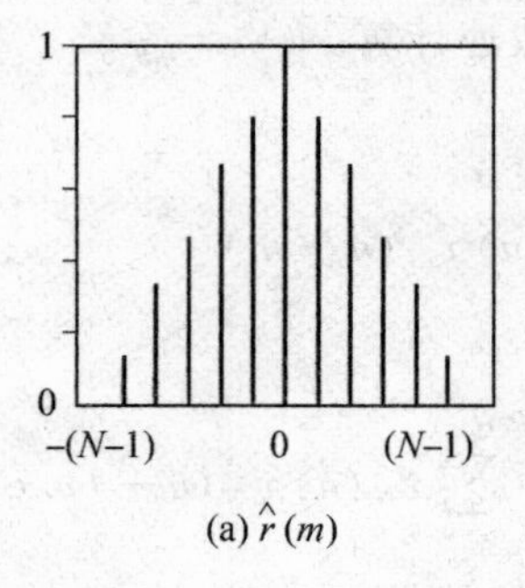

(a) $\hat{r}(m)$

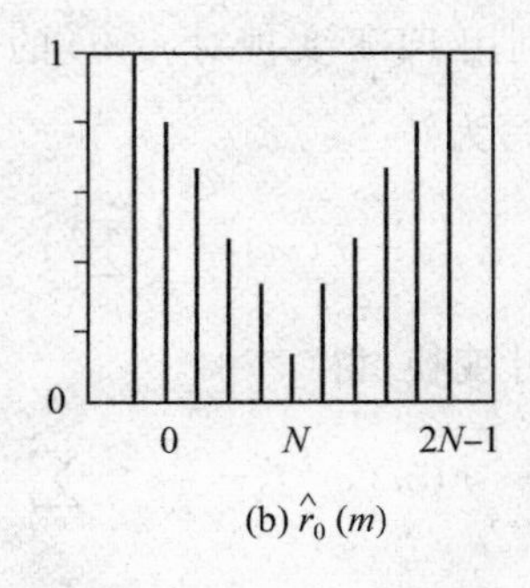

(b) $\hat{r}_0(m)$

图4.2　自相关函数估计

4.3　经典谱估计的基本方法

4.3.1　直接法

直接法又称周期图法，它是把随机信号 $x(n)$ 的 N 个观察点数据 $x_N(n)$ 视为一能量有限信号，直接取 $x_N(n)$ 的傅里叶变换得 $X_N(e^{j\omega})$，然后再取其幅值的平方，并除以 N，作为对 $x(n)$ 真实的功率谱 $P(e^{j\omega})$ 的估计。以 $\hat{P}_{PER}(e^{j\omega})$ 表示用周期图法估计出的功率谱，则（为方便，用 ω 作简写）

$$\hat{P}_{PER}(\omega)=\frac{1}{N}\left|X_N(\omega)\right|^2 \tag{4.3.1}$$

周期图这一概念是由 Schuster 于 1899 年首先提出的。因为它是直接由傅里叶变换得到的，所以称为直接法。在 FFT 问世之前，因计算量过大而无法运用，1965 年 FFT 出现后，此方法变成了谱估计中一个常用的方法，将 ω 在单位圆上等间隔取值，得

$$\hat{P}_{PER}(k)=\frac{1}{N}\left|X_N(k)\right|^2 \tag{4.3.2}$$

由于 $X_N(k)$ 可用 FFT 快速计算，所以 $\hat{P}_{PER}(k)$ 也可方便求出。该方法包含了以下假设及步骤：

(1) 把平稳随机信号 $X(n)$ 视为各态历经的，用其一个样本 $x(n)$ 来代替 $X(n)$，并且仅利用 $x(n)$ 的 N 个观察值 $x_N(n)$ 来估计 $x(n)$ 的功率谱 $P(\omega)$。

(2) 从记录到一个连续信号 $x(t)$ 到估计出 $\hat{P}_{PER}(k)$，还包括了对 $x(t)$ 的离散化(A/D)、必要的预处理（如除去均值，除去信号的趋势项、滤波）等。

4.3.2　间接法

此方法的理论基础是维纳－辛钦定理。1958 年，Blackman 和 Tukey 给出了这一方法的具体实现，即先由 $x_N(n)$ 估计出自相关函数 $\hat{r}(m)$，然后对 $\hat{r}(m)$ 求傅里叶变换，得到 $x_N(n)$ 的功率谱，记为 $\hat{P}_{BT}(\omega)$，以此作为对 $P(\omega)$ 的估计，即

$$\hat{P}_{BT}(\omega)=\sum_{m=-M}^{M}\hat{r}(m)\,e^{-j\omega m}\quad(|M|\leqslant N-1) \tag{4.3.3}$$

因这种方法求出的功率谱是通过自相关函数间接得到的，所以称为间接法，又称为自相关法或 BT 法。当 M 较小时，计算量不是很大，因此该方法是在 FFT 问世之前（即周期图方法广泛应用之前）常用的谱估计方法。

4.3.3　直接法和间接法的关系

由式(4.2.2) 估计出的 $\hat{r}(m)$，其单边最大长度 $M=N-1$，总长度为 $2N-1$，又由式

(4.2.15) 及式(4.3.2) 得

$$\hat{r}(m)=IDFT\left[\frac{1}{N}\left|X_{2N}(k)\right|^{2}\right]=IDFT\left[\hat{P}_{\text{PER}}^{2N}(k)\right] \tag{4.3.4}$$

式中，$\hat{P}_{\text{PER}}^{2N}(k)=\frac{1}{N}\left|X_{2N}(k)\right|^{2}$，是将 $x_N(n)$ 补 N 个零后用周期图求出的功率谱。

又由式(4.3.3) 有

$$\hat{P}_{\text{BT}}^{2N}(k)=\sum_{m=-(N-1)}^{N-1}\hat{r}(m)\mathrm{e}^{-\mathrm{j}\frac{2\pi}{2N}mk} \tag{4.3.5}$$

比较式(4.3.4) 和式(4.3.5) 有

$$\hat{P}_{\text{BT}}(k)\big|_{M=N-1}=\hat{P}_{\text{BT}}^{2N}(k)=\hat{P}_{\text{PER}}^{2N}(k) \tag{4.3.6}$$

式中　M—— 自相关函数 $\hat{r}(m)$ 的最大延迟。

因此，直接法可看作是间接法的一个特例，即当间接法中所使用的自相关函数的最大延迟 $M=N-1$ 时，二者相同。

$\hat{P}_{\text{BT}}^{2N}(k)$ 和 $\hat{P}_{\text{PER}}^{2N}(k)$ 都是 $2N$ 点的功率谱，计算式(4.3.6) 时，可用下式实现：

$$\hat{P}_{\text{BT}}^{2N}(k)=\sum_{m=0}^{2N-1}\hat{r}_0(m)\mathrm{e}^{-\mathrm{j}\frac{2\pi}{2N}mk}\quad(0\leqslant k\leqslant 2N-1) \tag{4.3.7}$$

$\hat{r}(m)$ 与 $\hat{r}_0(m)$ 关系图 4.2 已经给出。

也可根据自相关函数的对称性，仅取 $m\geqslant 0$ 时的 $\hat{r}(m)$ 来计算功率谱 $\hat{P}_{\text{BT}}(\omega)$。

$$\begin{aligned}\hat{P}_{\text{BT}}(\omega)=&\sum_{m=-M}^{M}\hat{r}(m)\mathrm{e}^{-\mathrm{j}\omega m}=\\&\sum_{m=-M}^{0}\hat{r}(m)\mathrm{e}^{-\mathrm{j}\omega m}+\sum_{m=0}^{M}\hat{r}(m)\mathrm{e}^{-\mathrm{j}\omega m}-\hat{r}(0)=\\&2\mathrm{Re}\left[\sum_{m=0}^{M}\hat{r}(m)\mathrm{e}^{-\mathrm{j}\omega m}\right]-\hat{r}(0)\end{aligned}$$

这样用 DFT 计算 $\hat{P}_{\text{BT}}(k)$ 时，其点数为 $M+1$，有

$$\hat{P}_{\text{BT}}(k)=2\mathrm{Re}\left[\sum_{m=0}^{M}\hat{r}(m)\mathrm{e}^{-\mathrm{j}\frac{2\pi}{M+1}mk}\right]-\hat{r}(0) \tag{4.3.8}$$

利用上式可方便地计算出当 $M\leqslant N-1$ 时的功率谱。如果 $M=N-1$，这时给出的功率谱是 N 点，记为 $\hat{P}_{\text{BT}}^{N}(k)$，如果在求 $x_N(n)$ 的周期图时不补零，得 $\hat{P}_{\text{PER}}^{N}(k)$，则有

$$\hat{P}_{\text{BT}}^{N}(k)=\hat{P}_{\text{PER}}^{N}(k) \tag{4.3.9}$$

当然利用式(4.3.8) 也可计算出 $2N$ 点的功率谱，这时只要把 $N\leqslant m\leqslant 2N-1$ 时的 $\hat{r}(m)$ 各点赋零值即可，所得的结果与式(4.3.7) 结果相同。

前面指出，当 M 较大，特别是接近等于 $N-1$ 时，$\hat{r}(m)$ 对 $r(m)$ 的估计偏差变大，这时估计出的功率谱质量必然下降。因此使用间接法时，都取 $M\ll N-1$，这时

$$\hat{P}_{BT}(\omega) \neq \hat{P}_{PER}(\omega)$$

令 $M \ll N-1$，意味着对最大长度为 $2N-1$ 的自相关函数 $\hat{r}(m)$ 作截短，也即施加一窗函数，记为 $v(m)$，得

$$\hat{r}_M(m) = \hat{r}(m)v(m) \tag{4.3.10}$$

由式(4.2.3)，$\hat{r}(m)$ 的均值等于真实自相关函数 $r(m)$ 乘以三角窗 $w(m)$，这是第一次加窗。该三角窗是由数据截短而产生的，其宽度为 $2N-1$，此处 $v(m)$ 是对自相关函数 $r(m)$ 的第二次加窗，$v(m)$ 的宽度为 $2M+1, M \ll N-1$。

因为 $v(m)$ 的宽度远小于 $w(m)$，所以 $v(m)$ 的频谱 $V(\omega)$ 主瓣宽度将远大于 $w(m)$ 的频谱 $W(\omega)$ 的主瓣宽度。这样对 $r(m)$ 施加 $v(m)$ 的作用等效于频域作 $\hat{P}_{PER}(\omega)$ 和 $V(\omega)$ 的卷积，起到了对周期图"平滑"的作用。所以 $M \ll N-1$ 时，求出的 $\hat{P}_{BT}(\omega)$ 实际上在某种意义上是对周期图的改进，即平滑了周期图。对周期图的平滑也可以直接在 $x_N(n)$ 上再乘以数据窗来实现，这样会耗费较多的计算时间。

由于 FFT 的出现，直接法和间接法往往被结合起来使用，一般步骤为：

(1) 对 $x_N(n)$ 补 N 个零，求 $\hat{P}_{PER}^{2N}(k)$；

(2) 由 $\hat{P}_{PER}^{2N}(k)$ 作傅里叶逆变换得 $\hat{r}(m)$，这时 $|m| \leqslant M = N-1$；

(3) 对 $\hat{r}(m)$ 加窗函数 $v(m)$，这时 $|m| \leqslant M \ll N-1$，得 $\hat{r}_M(m)$；

(4) 利用式(4.3.3) 求 $\hat{r}_M(m)$ 的傅里叶变换，即

$$\hat{P}_{BT}(\omega) = \sum_{m=-M}^{M} \hat{r}(m)v(m)\mathrm{e}^{-\mathrm{j}\omega m} = \sum_{m=-M}^{M} \hat{r}_M(m)\mathrm{e}^{-\mathrm{j}\omega m} \tag{4.3.11}$$

以上步骤如图 4.3 所示。

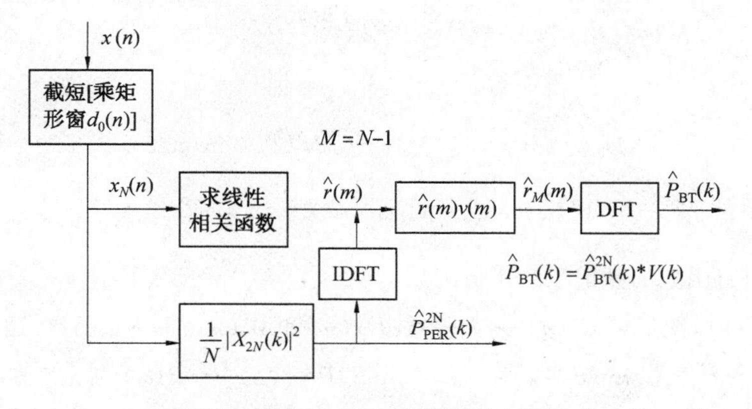

图 4.3　直接法和间接法的结合使用

由于窗函数的频谱在某些频率下可能为负值，因此利用式(4.3.3) 或式(4.3.11) 计算 $\hat{P}_{BT}(\omega)$ 时，可能使 $\hat{P}_{BT}(\omega)$ 出现负值，失去功率谱的物理意义，这是间接法的一个缺点。因此在式(4.3.11) 中总希望使用 $V(\omega)$ 恒为正值的窗函数。

4.4 直接法和间接法估计的质量

4.4.1 $M=N-1$ 时的估计质量

$M=N-1$ 时，直接法和间接法估计的结果相同。

1. 偏差

$$E\{\hat{P}_{\mathrm{BT}}(\omega)\}=E\{\hat{P}_{\mathrm{PER}}(\omega)\}=E\Big\{\sum_{m=-(N-1)}^{N-1}\hat{r}(m)\,\mathrm{e}^{-\mathrm{j}\omega m}\Big\} \tag{4.4.1}$$

由式(4.2.3)有

$$E\{\hat{P}_{\mathrm{BT}}(\omega)\}=\sum_{m=-(N-1)}^{N-1}r(m)\left(1-\frac{|m|}{N}\right)\mathrm{e}^{-\mathrm{j}\omega m}=\sum_{m=-(N-1)}^{N-1}r(m)\,w(m)\,\mathrm{e}^{-\mathrm{j}\omega m}$$

令 $W(\omega)$ 是三角窗 $w(m)$ 的傅里叶变换，由卷积定理有

$$E\{\hat{P}_{\mathrm{BT}}(\omega)\}=E\{\hat{P}_{\mathrm{PER}}(\omega)\}=P(\omega)*W(\omega)=\frac{1}{2\pi}\int_{-\pi}^{\pi}P(\lambda)\,W(\omega-\lambda)\,\mathrm{d}\lambda \tag{4.4.2}$$

式中　$r(m)$，$P(\omega)$——随机信号 $x(n)$ 的真实自相关函数和功率谱。

因为 $w(m)$ 是由矩形窗 $d_0(n)$ 作相关得到的，记 $D_0(\omega)$ 是 $d_0(n)$ 的傅里叶变换，则式(4.4.2)为

$$E\{\hat{P}_{\mathrm{BT}}(\omega)\}=E\{\hat{P}_{\mathrm{PER}}(\omega)\}=P(\omega)*\frac{1}{N}\,|D_0(\omega)|^2 \tag{4.4.3}$$

这样，估计的偏差为

$$bia\,[\hat{P}_{\mathrm{BT}}(\omega)]=P(\omega)*\frac{1}{N}\,|D_0(\omega)|^2-P(\omega) \tag{4.4.4}$$

式中

$$D_0(\omega)=\mathrm{e}^{-\mathrm{j}\omega(N-1)/2}\sin(\omega N/2)/\sin(\omega/2) \tag{4.4.5}$$

$$W(\omega)=\frac{1}{N}\sin^2(\omega N/2)/\sin^2(\omega/2) \tag{4.4.6}$$

显然，三角窗函数的频谱恒为正值。

当 $N\to\infty$ 时，矩形窗 $d_0(n)\to$ 无限宽，$D_0(\omega)$ 和 $W(\omega)$ 都 $\to\delta$ 函数，这时

$$\lim_{N\to\infty}E\{\hat{P}_{\mathrm{BT}}(\omega)\}=\lim_{N\to\infty}E\{\hat{P}_{\mathrm{PER}}(\omega)\}=P(\omega) \tag{4.4.7}$$

因此，对固定的数据长度 N，周期图 $\hat{P}_{\mathrm{PER}}(\omega)$ 是个有偏估计，偏差由式(4.4.4)给出，当 $N\to\infty$ 时，它的期望值等于真值 $P(\omega)$，所以它又是渐近无偏的。

2. 方差

假设 $x(n)$ 是高斯零均值的平稳随机信号，先从 $\hat{P}_{\mathrm{PER}}(\omega)$ 在两个不同频率(ω_1，ω_2)处的

协方差入手，然后令 $\omega_1=\omega_2$ 可得它的方差。为讨论方便，把 $\hat{P}_{PER}(\omega)$，$\hat{P}_{BT}(\omega)$ 简写为 $\hat{P}(\omega)$。

$$\begin{aligned}Cov[\hat{P}(\omega_1),\hat{P}(\omega_2)]&=E\{[\hat{P}(\omega_1)-E\{\hat{P}(\omega_1)\}][\hat{P}(\omega_2)-E\{\hat{P}(\omega_2)\}]\}=\\&E\{\hat{P}(\omega_1)\hat{P}(\omega_2)\}-E\{\hat{P}(\omega_1)\}E\{\hat{P}(\omega_2)\}\end{aligned}\tag{4.4.8}$$

已知式中

$$\begin{aligned}\hat{P}(\omega)&=\frac{1}{N}|X_N(\omega)|^2=\frac{1}{N}\sum_{n=0}^{N-1}x_N(n)\mathrm{e}^{-\mathrm{j}\omega n}\sum_{l=0}^{N-1}x_N(l)\mathrm{e}^{\mathrm{j}\omega l}=\\&\frac{1}{N}\sum_n\sum_l d_0(n)d_0(l)x(n)x(l)\mathrm{e}^{-\mathrm{j}\omega(n-l)}\end{aligned}\tag{4.4.9}$$

所以

$$E\{\hat{P}(\omega)\}=\frac{1}{N}\sum_n\sum_l d_0(n)d_0(l)r(n-l)\mathrm{e}^{-\mathrm{j}\omega(n-l)}\tag{4.4.10}$$

这样，为求出 $Cov[\hat{P}(\omega_1),\hat{P}(\omega_2)]$，只需求出 $E\{\hat{P}(\omega_1)\hat{P}(\omega_2)\}$ 即可，由式(4.4.9)有

$$\begin{aligned}E\{\hat{P}(\omega_1)\hat{P}(\omega_2)\}=&\frac{1}{N^2}\sum_n\sum_l\sum_p\sum_q d_0(n)d_0(l)d_0(p)d_0(q)\times\\&E\{x(n)x(l)x(p)x(q)\}\mathrm{e}^{-\mathrm{j}\omega_1(n-l)}\mathrm{e}^{-\mathrm{j}\omega_2(p-q)}=\\&\frac{1}{N^2}\sum_n\sum_l d_0(n)d_0(l)r(n-l)\mathrm{e}^{-\mathrm{j}\omega_1(n-l)}\cdot\\&\sum_p\sum_q d_0(p)d_0(q)r(p-q)\mathrm{e}^{-\mathrm{j}\omega_2(p-q)}+\\&\frac{1}{N^2}\sum_n\sum_p d_0(n)d_0(p)r(n-p)\mathrm{e}^{-\mathrm{j}(\omega_1 n+\omega_2 p)}\cdot\\&\sum_l\sum_q d_0(l)d_0(q)r(l-q)\mathrm{e}^{\mathrm{j}(\omega_1 l+\omega_2 q)}+\\&\frac{1}{N^2}\sum_n\sum_q d_0(n)d_0(q)r(n-q)\mathrm{e}^{-\mathrm{j}(\omega_1 n-\omega_2 q)}\cdot\\&\sum_l\sum_p d_0(l)d_0(p)r(l-p)\mathrm{e}^{\mathrm{j}(\omega_1 l-\omega_2 p)}\end{aligned}$$

将式(4.4.10)的结果代入上式，可得

$$\begin{aligned}E\{\hat{P}(\omega_1)\hat{P}(\omega_2)\}=&E\{\hat{P}(\omega_1)\}E\{\hat{P}(\omega_2)\}+\\&\left|\frac{1}{N}\sum_n\sum_p d_0(n)d_0(p)r(n-p)\mathrm{e}^{-\mathrm{j}(\omega_1 n+\omega_2 p)}\right|^2+\\&\left|\frac{1}{N}\sum_n\sum_q d_0(n)d_0(q)r(n-q)\mathrm{e}^{-\mathrm{j}(\omega_1 n-\omega_2 q)}\right|^2\end{aligned}\tag{4.4.11}$$

式中

$$\sum_n\sum_p d_0(n)d_0(p)r(n-p)\mathrm{e}^{-\mathrm{j}(\omega_1 n+\omega_2 p)}=\sum_p d_0(p)\left[\sum_n d_0(n)r(n-p)\mathrm{e}^{-\mathrm{j}\omega_1 n}\right]\mathrm{e}^{-\mathrm{j}\omega_2 p}=$$

$$\sum_{p} d_0(p)\left[\frac{1}{2\pi}\int_{-\pi}^{\pi} P(\lambda) D_0(\omega_1-\lambda) \mathrm{e}^{-j\lambda p} d\lambda\right] \mathrm{e}^{-j\omega_2 p}=$$

$$\frac{1}{2\pi}\int_{-\pi}^{\pi} P(\lambda) D_0(\omega_1-\lambda) \sum_{p} d_0(p) \mathrm{e}^{-j(\omega_2+\lambda)p} \mathrm{d}\lambda=$$

$$\frac{1}{2\pi}\int_{-\pi}^{\pi} P(\lambda) D_0(\omega_1-\lambda) D_0(\omega_2+\lambda) \mathrm{d}\lambda$$

综合上面推导，得

$$Cov[\hat{P}(\omega_1),\hat{P}(\omega_2)]=\left|\frac{1}{2\pi N}\int_{-\pi}^{\pi} P(\lambda) D_0(\omega_1-\lambda) D_0(\omega_2+\lambda) d\lambda\right|^2+\left|\frac{1}{2\pi N}\int_{-\pi}^{\pi} P(\lambda) D_0(\omega_1-\lambda) D_0(-\omega_2+\lambda) d\lambda\right|^2 \quad (4.4.12)$$

当 $\omega_1=\omega_2=\omega$ 时，可得到估计的方差为

$$Var[\hat{P}(\omega)]=\left|\frac{1}{2\pi N}\int_{-\pi}^{\pi} P(\lambda) D_0(\omega-\lambda) D_0(\omega+\lambda) d\lambda\right|^2+[E\{\hat{P}(\omega)\}]^2 \quad (4.4.13)$$

由式(4.4.12)、式(4.4.13)可得出周期图谱估计的一些性能，如下所述：

(1) 当 $N\to\infty$，式(4.4.13)右边第一项 $\to 0$，由式(4.4.7)，第二项 $\to [P(\omega)]^2$，这样，周期图是真实功率谱 $P(\omega)$ 的渐近无偏估计，但不是一致估计。不论 N 取如何大，估计值的方差总大于或等于估计值均值的平方。

我们知道 $\hat{r}(m)$ 是 $r(m)$ 的一致估计，但把 $\hat{r}(m)$ 作傅里叶变换 $(M=N-1)$ 得到的功率谱却不是 $P(\omega)$ 的一致估计。所以，功率谱的估计要比相关函数的估计复杂得多。

(2) 当 N 为有限值时，$\hat{P}(\omega)$ 的方差及协方差和窗函数 $d_0(n)$ 的频谱 $D_0(\omega)$ 关系密切。

如果我们能选择一个好的数据窗口，使其频谱在主瓣以外的部分基本为零，如图 4.4(a) 所示，B_1 为主瓣宽度。在式(4.4.13)中，若限定 $\frac{B_1}{2}<\omega<\left(\pi-\frac{B_1}{2}\right)$，则 $D_0(\omega-\lambda)D_0(\omega+\lambda)=0$，如图 4.4(b) 所示，这时估计的方差

$$Var[\hat{P}(\omega)]=[E\{\hat{P}(\omega)\}]^2$$

可减至最小。

在式(4.4.12)中，若限定 ω_1,ω_2 在 $0\sim\left(\pi-\frac{B_1}{2}\right)$ 内取值，且 $|\omega_1-\omega_2|>B_1$，则乘积 $D_0(\omega_1-\lambda)D_0(\omega_2+\lambda)=0$，$D_0(\omega_1-\lambda)D_0(-\omega_2+\lambda)=0$。如图 4.4(c) 和(d) 所示，这时

$$Cov[\hat{P}(\omega_1),\hat{P}(\omega_2)]=0 \quad (4.4.14)$$

这说明，在 $0\sim\left(\pi-\frac{B_1}{2}\right)$ 的频率范围内，估计谱 $\hat{P}(\omega)$ 在相距大于或等于 B_1 的两个频率上的协方差为 0，也即 $\hat{P}(\omega)$ 在这样的频率上是不相关的。这一结果是使频谱曲线 $\hat{P}(\omega)$ 呈现较大的起伏。如果增大数据长度 N，则窗函数主瓣宽度 B_1 将减小，将会加剧

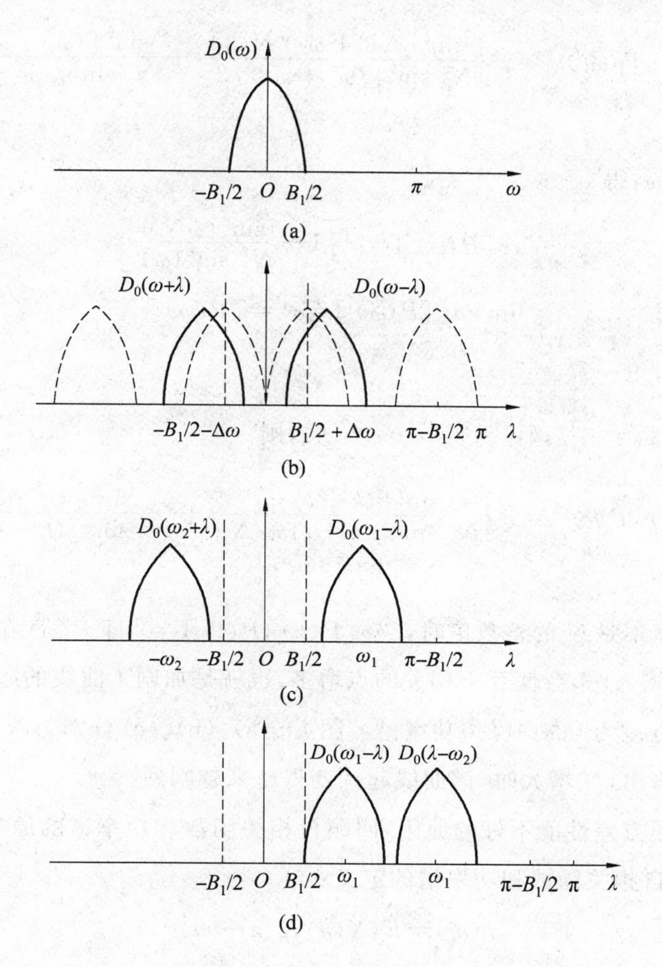

图 4.4　协方差的特点

$\hat{P}(\omega)$ 的起伏，这是周期图的一个严重缺点。

为进一步看清这个问题，不妨假设 $x(n)$ 为一白噪声序列，其功率谱为一常数 σ^2，式(4.4.12)变为

$$Cov[\hat{P}(\omega_1),\hat{P}(\omega_2)]=\sigma^4\left|\frac{1}{2\pi N}\int_{-\pi}^{\pi}D_0(\omega_1-\lambda)D_0(\omega_2+\lambda)\,\mathrm{d}\lambda\right|^2+$$

$$\sigma^4\left|\frac{1}{2\pi N}\int_{-\pi}^{\pi}D_0(\omega_1-\lambda)D_0(-\omega_2+\lambda)\,\mathrm{d}\lambda\right|^2$$

由 Parseval 定理，得

$$\frac{1}{2\pi N}\int_{-\pi}^{\pi}D_0(\omega_1-\lambda)D_0(\omega_2+\lambda)\,\mathrm{d}\lambda=\frac{1}{N}\sum_{n=0}^{N-1}|d_0(n)|^2\mathrm{e}^{-\mathrm{j}(\omega_1+\omega_2)n}=\frac{1}{N}\sum_{n=0}^{N-1}\mathrm{e}^{-\mathrm{j}(\omega_1+\omega_2)n}=$$

$$\mathrm{e}^{-\mathrm{j}(\omega_1+\omega_2)(N-1)/2}\frac{\sin[(\omega_1+\omega_2)N/2]}{N\sin[(\omega_1+\omega_2)/2]}$$

所以

$$Cov[\hat{P}(\omega_1),\hat{P}(\omega_2)]=\sigma^4\left\{\frac{\sin^2[(\omega_1+\omega_2)N/2]}{N^2\sin^2[(\omega_1+\omega_2)/2]}+\frac{\sin^2[(\omega_1-\omega_2)N/2]}{N^2\sin^2[(\omega_1-\omega_2)/2]}\right\}$$

(4.4.15)

令 $\omega_1=\omega_2=\omega$,得

$$Var[\hat{P}(\omega)]=\sigma^4\left[1+\frac{\sin^2(\omega N)}{N^2\sin^2(\omega)}\right] \tag{4.4.16}$$

$$\lim_{N\to\infty}Var[\hat{P}(\omega)]=\sigma^4=[P(\omega)]^2 \tag{4.4.17}$$

这和前面的讨论一致。

令 $\omega_1=\frac{2\pi}{N}k,\omega_2=\frac{2\pi}{N}l;k,l=0,1,\cdots,N-1$,则

$$Cov[\hat{P}(k),\hat{P}(l)]=\sigma^4\left\{\frac{\sin^2[(k+l)\pi]}{N^2\sin^2[(k+l)\pi/N]}+\frac{\sin^2[(k-l)\pi]}{N^2\sin^2[(k-l)\pi/N]}\right\}$$

(4.4.18)

当 $k+l,k-l$ 不是 N 的整数倍时,$Cov[\hat{P}(k),\hat{P}(l)]=0$,即 $\hat{P}(\omega)$ 在这样的 k 和 l 处是不相关的。当 N 增大时,会使互不相关的点增多,也就是加剧了曲线的起伏,图 4.5 给出了用周期图估计的方差为1的白噪声功率谱。图4.5(a)、(b)、(c)分别为 $N=16$、32、64时的谱曲线。由图可以看出,N 增大时,谱曲线起伏变得越来越剧烈。

为分析周期图方差性能不好的原因,回顾自相关函数和功率谱的原始定义。一平稳随机信号 $X(n)$,其自相关函数和功率谱的定义:

$$r(m)=E\{X(n)X(n+m)\} \tag{4.4.19}$$

$$P(\omega)=\sum_{m=-\infty}^{\infty}r(m)\mathrm{e}^{-\mathrm{j}\omega m} \tag{4.4.20}$$

通常,求不出集总意义上的自相关函数和功率谱,因而假定 $X(n)$ 是各态历经的,取其一个样本 $x(n)$,有

$$r(m)=\lim_{N\to\infty}\frac{1}{2N+1}\sum_{n=-N}^{N}x(n)x(n+m) \tag{4.4.21}$$

$$P(\omega)=\lim_{N\to\infty}E\left\{\frac{1}{2N+1}\left|\sum_{n=-N}^{N}x(n)\mathrm{e}^{-\mathrm{j}\omega n}\right|^2\right\} \tag{4.4.22}$$

式(4.4.20)和式(4.4.22)是等效的。

尽管自相关函数可用时间平均代替集总平均,但功率谱必须保留集总平均。这是因为,对随机过程 $X(n)$ 的每一次实现 $x(n)$,其傅里叶变换仍为一随机过程,在每一频率 ω 处,它都是一随机变量,因此求均值是必要的。这也说明,对 $r(m)$ 作傅里叶变换后,$P(\omega)$ 并不具有各态历经性。因此,真实谱 $P(\omega)$ 应在集总意义上求出。另外,如果没有求均值运算,式(4.4.22)的求极限运算也不会在任意的统计意义上收敛。

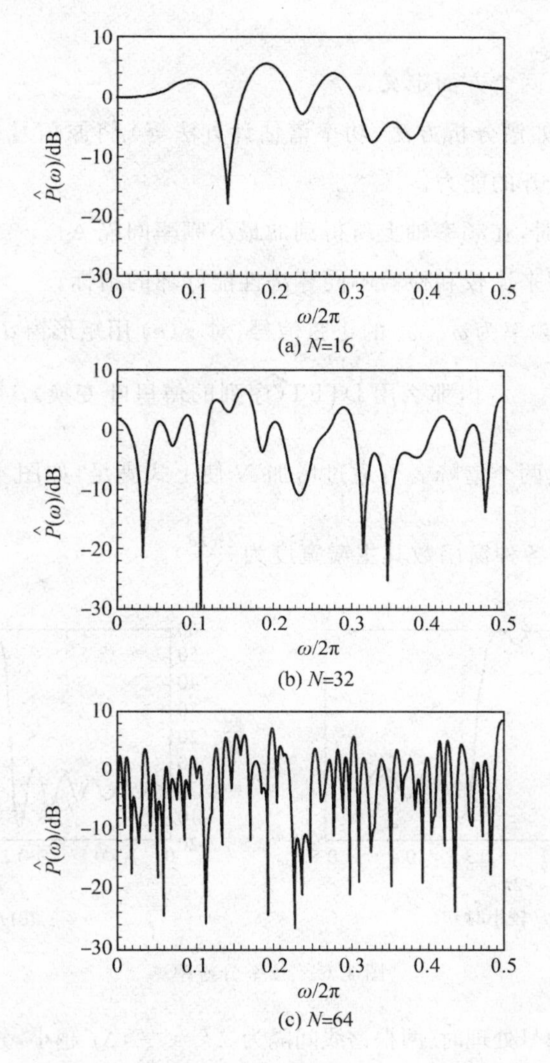

图 4.5　白噪声功率谱(周期图)

而周期图

$$\hat{P}(\omega)=\frac{1}{N}\left|\sum_{n=0}^{N-1}x(n)\mathrm{e}^{-\mathrm{j}\omega n}\right|^{2}$$

既无求均值运算,也无求极限运算,它只能看作是对真实值 $P(\omega)$ 作均值运算时的一个样本。缺少了统计平均,当然就产生了方差,这就是周期图方差性能不好的原因。

为改进周期图的估计性能,常用两种方法:平滑和平均。所谓平均,就是在一定程度上弥补上述所缺的求均值运算。

3. 窗函数的影响

实际估计功率谱时数据窗不可避免,由此产生的加在自相关函数上的延迟窗也不可避免。窗函数对谱估计质量的影响有两方面:一是 $\hat{P}(\omega)$ 的频率分辨率,二是对 $P(\omega)$ 的“泄漏”。

(1) 频率分辨率

频率分辨率可以从两个方面定义：

一是某一个算法（如谱分析方法、功率谱估计方法等）将原信号 $x(n)$ 中的两个靠得很近的谱峰仍然能保持分开的能力。

二是在使用 DFT 时，在频率轴上所得到的最小频率间隔 Δf。

第一个定义往往用来比较和检验不同算法性能好坏的指标。

在 $x(n)$ 中有两个频率为 ω_1，ω_2 的正弦信号，对 $x(n)$ 用矩形窗 $d(n)$ 截短时，若 N 的长度不能满足：$\frac{4\pi}{N}<|\omega_2-\omega_1|$，那么用 DTFT（序列的傅里叶变换）对截短后的 $x_N(n)$ 作频谱分析时将分辨不出这两个谱峰。可通过增加 N 使上式满足，如图 4.6 所示（$\frac{4\pi}{N}$ 为矩形窗主瓣宽度，长度为 N 的各种窗函数其主瓣宽度为$\frac{2\pi D}{N}$）。

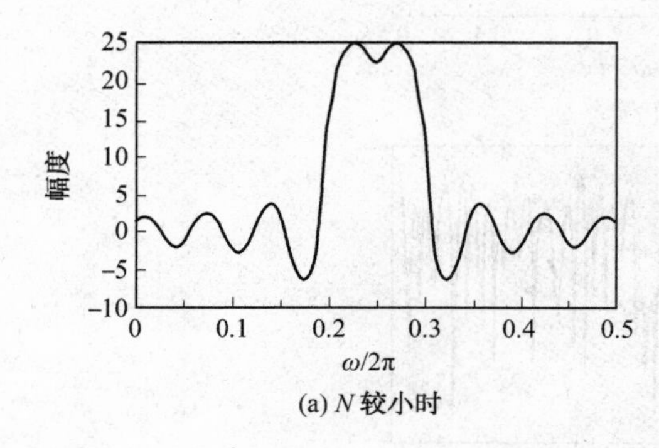

(a) N 较小时

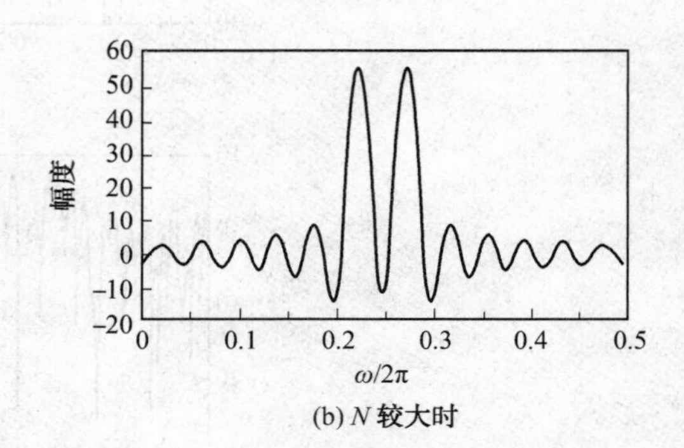

(b) N 较大时

图 4.6　频率分辨率

而我们用 DFT 对信号处理时，两根谱线间隔为 $\Delta f=\frac{f_s}{N}$，Δf 越小，分辨率越高，$\Delta f=\frac{f_s}{N}=\frac{1}{N\Delta T}=\frac{1}{T}$，$T$ 为原模拟信号 $x(t)$ 的长度。频谱的分辨率反比于信号长度 N（实际长度 T）。

在实际工作中，当信号长度 N 不能再增加时，不同算法可给出不同的分辨率。现代谱估计方法一般优于经典谱估计方法，这是因为现代谱估计中的一些算法隐含了对信号长度的扩展，从而提高了分辨率。在这种情况下，使用“分辨率”的第一个定义。讨论 DFT 问题时，使用第二个定义。

我们这里决定 $\hat{P}(\omega)$ 分辨率的主要因素是所使用的数据长度，也即数据窗 $d_0(n)$ 的宽度。由式(4.4.2)可知 $\hat{P}(\omega)$ 的均值等于 $P(\omega)$ 与 $W(\omega)$ 的卷积。若 $d_0(n)$ 是一宽度为 N 的矩形窗，那么 $W(\omega)$ 是一长度为 $2N-1$ 的三角窗频谱，其主瓣宽度为$\frac{4\pi}{N}$，因此 $P(\omega)$ 中的两个峰值若要被分开，其距离要大于或等于$\frac{4\pi}{N}$。

若数据长度为 T,采样率为 f_s,采样后点数为 N,即 $T=\frac{N}{f_s}$,那么估计谱 $\hat{P}(\omega)$ 的分辨率正比于$\frac{f_s}{N}$或$\frac{2\pi}{N}$。长度为 N 的各种窗函数,其主瓣宽度为$\frac{2\pi D}{N}$,所以 $\hat{P}(\omega)$ 的分辨率正比于$\frac{2\pi D}{N}$。

若 $P(\omega)$ 中有两个相距为 BW 的谱峰,为了区分它们,要求$\frac{2\pi D}{N}<BW$,即数据长度满足

$$N>\frac{2\pi D}{BW} \tag{4.4.23}$$

为了保证 $\hat{P}(\omega)$ 的分辨率,希望 N 越大越好,但 N 增大,又使 $\hat{P}(\omega)$ 起伏加剧,这是周期图固有的矛盾。

(2) 频域"泄漏(Leakage)"

频域泄漏指的是窗函数的边瓣把原信号的频谱中的内容扩展到原频谱范围以外。为减少泄漏,应选取主瓣窄、边瓣幅值小且又衰减快的窗函数,当然也更希望选取其频谱恒为正的窗函数。

对于实际工作中遇到的连续时间信号,为了能够用数字的方法对它进行分析与处理,首先要将它离散化,然后针对有限长度的数字信号采用 DFT 的手段对其进行频谱分析,用此数字信号的离散频谱代替原有信号的频谱。但是,实际信号离散值的 DFT 频域分析结果,有可能产生假象,即 DFT 泄漏问题。DFT 泄漏现象使得数字信号的 DFT 结果仅仅是对离散化之前的原输入信号真实频谱的一个近似。虽然有一些方法可减小泄漏,但是它们不能完全消除泄漏。现在我们来分析泄漏对 DFT 结果的影响。

根据前面所学知识,DFT 只能用于抽样率为 f_s、数据长度为 N 的有限长的输入序列,变换结果仍为一个 N 点的序列。当用 DFT 对信号处理时,结果中的两根谱线间隔为 $\Delta f=f_s/N$,因此 DFT 的 N 点变换结果中的各个点的对应频率为

$$f_{X(k)}=\frac{kf_s}{N}\quad (k=0,1,2,\cdots,N-1) \tag{4.4.24}$$

式(4.4.24)看起来没有问题,但实际上还是需要进一步分析的。只有当输入序列 $x(n)$ 所包含的频率成分精确地等于式(4.4.24)的分析频率,即基频(两根谱线的间隔)$\Delta f=f_s/N$ 的整数倍时,DFT 才能得到正确的结果。如果输入序列有一个频率成分位于离散的分析频率 kf_s/N 之间,例如 $1.5f_s/N$,则这个输入频率成分将以某种程度出现在 DFT 的所有 N 个输出频率单元上。

现举例说明以上分析,假设输入序列 $x(n)$ 的长度 $N=64$,如图 4.7(a) 所示,该序列在 64 个抽样点上正好包含 3 个周期的正弦波。对此序列作 DFT,其结果如图 4.7(b) 所示(只

给出了输入序列 DFT 的前半部分)，它除了 $k=3$ 频率以外没有其他频率成分。为了使我们注意到所有频率等于$\frac{kf_s}{N}$的正弦波在整个 64 点抽样长度上总有整数倍周期，图 4.7(a) 还画出了叠加在输入序列上的频率等于$\frac{4f_s}{N}$的正弦波。可以看出，输入序列 $x(n)$ 与 $k=4$ 的分析频率(即$\frac{4f_s}{N}$) 成分的乘积之和为零。实际上输入序列 $x(n)$ 和除了 $k=3$ 分析频率成分 $f_{X(3)}$ 以外的任何分析频率成分的乘积之和均为零。

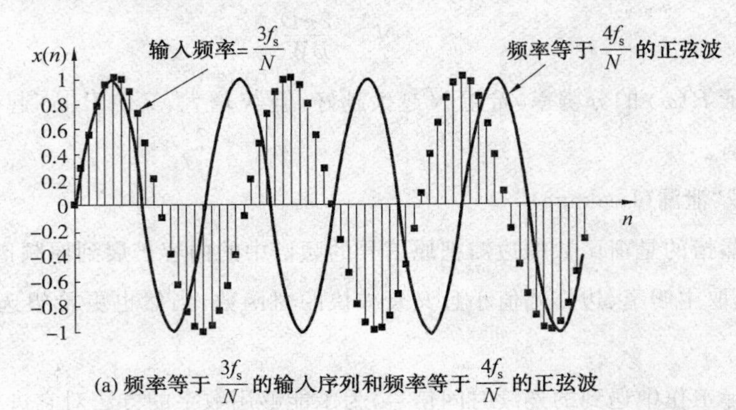

(a) 频率等于 $\frac{3f_s}{N}$ 的输入序列和频率等于 $\frac{4f_s}{N}$ 的正弦波

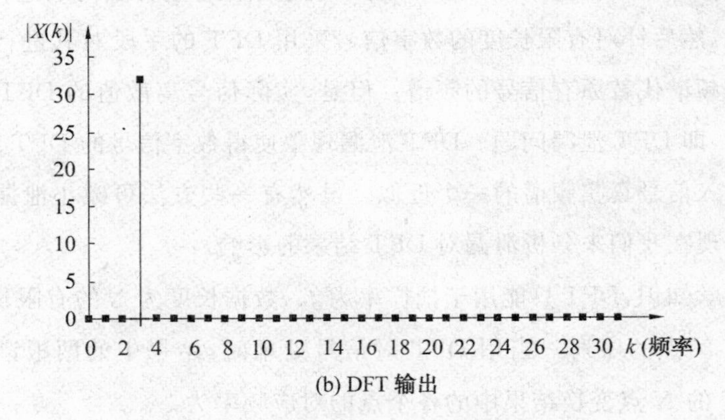

(b) DFT 输出

图 4.7　无泄漏的 64 点 DFT

如图 4.8(a) 所示，仍为一个 $N=64$ 点的序列 $x(n)$，但是其在 64 个抽样点上具有 3.4 个周期的正弦波。因为输入序列 $x(n)$ 在 64 个抽样点区间上没有整数倍周期，所以输入信号能量泄漏到 DFT 的所有频率单元上，如图 4.8(b) 所示。同样以 $k=4$ 的分析频率($f_{X(4)}$)为例，因为输入序列 $x(n)$ 与 $k=4$ 的分析频率成分的乘积之和不为零，所以 $k=4$ 频率单元上的 DFT 输出幅度不为零。对于 $k=0,1,2,5,6,\cdots$ 的分析频率也是如此。这就是泄漏，它使任何频率不在 DFT 频率单元中心的所有输入信号成分，泄漏到其他 DFT 输出频率单元上，并且，当我们对实际的有限长时间序列进行 DFT 时，泄漏无法避免。

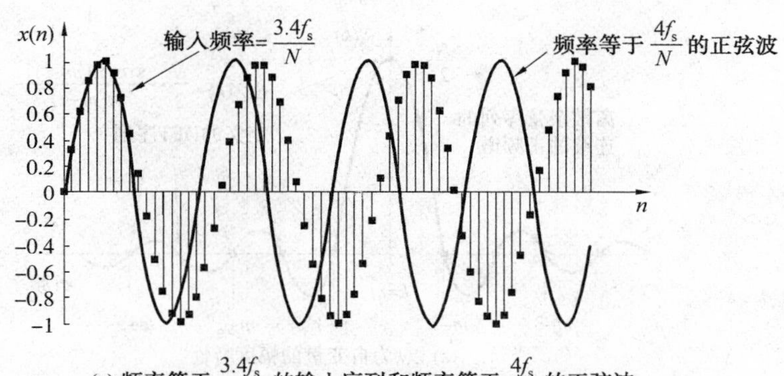

(a) 频率等于 $\frac{3.4f_s}{N}$ 的输入序列和频率等于 $\frac{4f_s}{N}$ 的正弦波

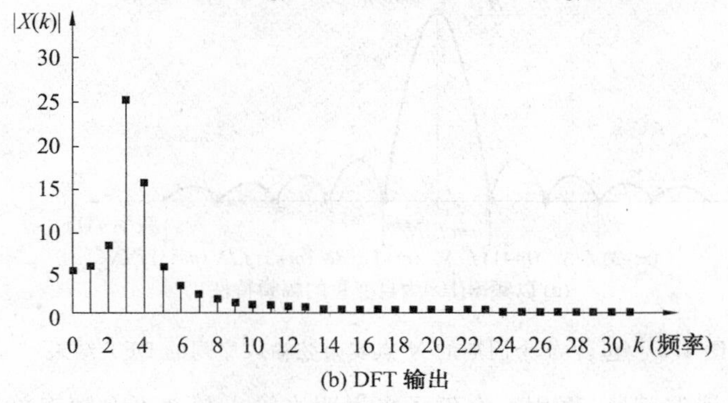

(b) DFT 输出

图 4.8　有泄漏的 64 点 DFT

下面我们来分析泄露产生的原因,并研究如何预测和减小它的不良影响。为了很好地理解泄漏的影响,需要知道当 DFT 输入为任意实正弦波时 DFT 的幅度特性。有资料表明:对一个在 N 点输入时间序列上具有 m 个周期的实余弦波,其 N 点 DFT 的幅度特性(频率单元指标用 k 表示) 近似等于 sin c 函数:

$$X(k) \approx \frac{N}{2} \cdot \frac{\sin[\pi(m-k)]}{\pi(m-k)} \tag{4.4.25}$$

式(4.4.25) 的图形如图 4.9(a) 所示,研究此式的原因是它有助于我们确定 DFT 泄漏的大小。可以把图 4.9(a) 中由一个主瓣和具有周期性的波峰和波谷的旁瓣组成的曲线,看成是一个 N 点、在输入时间长度上具有 m 个完整周期的实余弦时间序列的真实连续谱。DFT 输出为图 4.9 中曲线上的离散点,即 DFT 输出是抽样前信号连续谱的抽样,其中图 4.9(b) 是一个实输入信号的以频率(Hz) 为单位的幅频特性,与图 4.9(a) 相比,不单横坐标单位发生了变化,而且在纵坐标上取了模值。当 DFT 输入序列正好具有整数 m 倍周期时(即输入频率正好在$k=m$ 频率单元的中心),DFT 结果没有出现泄漏,如图 4.9 所示,这是因为式(4.4.25) 中分子的角度是 π 的非零整数倍,其正弦值为零;或者说,此种情况下由于抽样点的特殊性而没有将泄漏现象正确显现出来。

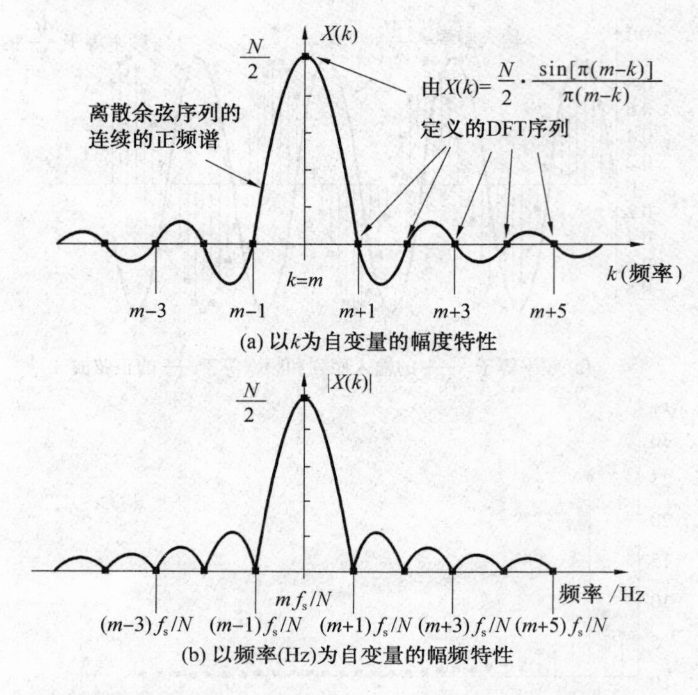

图 4.9　包含 m 个周期的 N 点实余弦输入序列的 DFT 结果

为了凸显 DFT 泄漏问题，再用一个例子来说明当输入频率不在频率单元中心时将会出现什么情况。假设以 $f_s=32$ kHz 的抽样率对一个频率为 8 kHz、具有单位振幅的实正弦曲线进行抽样。如果抽样 32 个点并进行 DFT，则 DFT 的频率分辨率（或频率单元宽度）为 $f_s/N=32\ 000/32=1.0$(kHz)。如果把输入的正弦谱线的中心正好放在频率等于 8 kHz 的点上，可以估出 DFT 的幅频特性，如图 4.10(a) 所示，图中的点表示 DFT 输出频率单元上的幅度。

我们知道，DFT 输出是图 4.10(a) 中连续谱曲线的抽样，这些抽样点在频域位于 kf_s/N 处，如图 4.10(a) 中的点所示。因为输入信号频率正好在 DFT 的频率单元中心，所以 DFT 结果只有一个非零值，或者说，当输入的正弦波在 N 个时域输入抽样点上具有整数倍周期时，DFT 输出正好落在连续谱曲线上的峰值和零值点上。由式(4.4.25) 知，输出峰值的大小为 $32/2=16$(若实输入正弦波的振幅为 2，则幅频特性曲线的峰值为 $2*32/2=32$)。然而，当 DFT 输入频率为 8.5 kHz 时，DFT 输出如图 4.10(b) 所示，即出现了泄漏。从该图还可以看到在 DFT 所有输出频率单元上幅度不为零的抽样结果。当输入频率为 8.75 kHz 的正弦波时所引起的 DFT 输出泄漏如图 4.10(c) 所示。

我们重新观察图 4.8(b)，会发现：

图 4.8(b) 所示的 DFT 输出看上去不对称，在图 4.8(b) 中，第三个频率单元右边的频率单元上的幅值比该频率单元左边的频率单元上的幅值衰减得快。

通过简单的理论分析可知，图 4.8(b) 中 $|X(k)|$ 对应的连续频谱函数的模值 $|X(j\omega)|$ 应

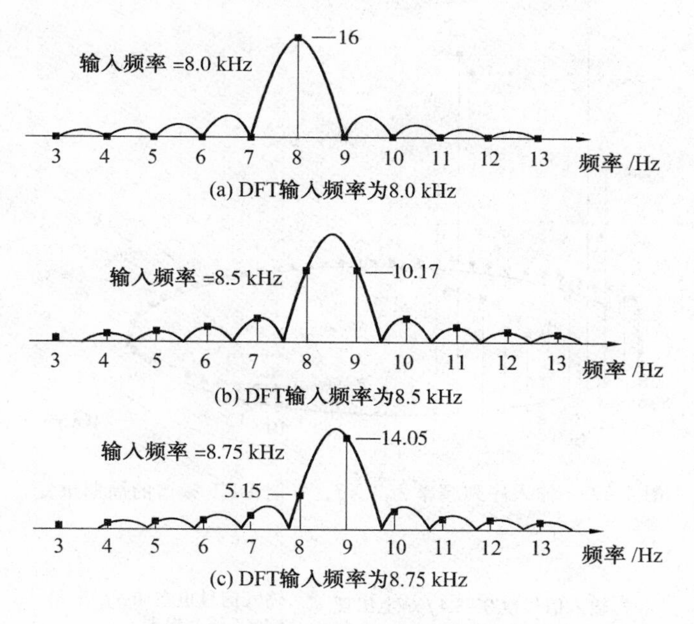

图 4.10　DFT 频率单元上的幅频特性

该是对称的，$|X(j\omega)|$ 是对图 4.8(a) 中频率为 $3.4f_s/N$ 的正弦序列做傅里叶变换后再取模得到的，而 $|X(k)|$ 是由 $|X(j\omega)|$ 在 $\omega=0\sim2\pi$ 区间等间隔抽样得到的，既然连续谱函数的模值 $|X(j\omega)|$ 是对称的，为什么 $|X(k)|$ 不对称呢？

为了回答这个问题，我们重新分析图 4.8(b) 所真正表示的意义。在分析 DFT 输出的时候，通常只对 $k=0$ 到 $k=N/2-1$ 的频率单元感兴趣。因此，对抽样长度为 3.4 个周期的例子，在图 4.8(b) 中只显示了前边 32 个频率单元。根据前面所学知识，有限长序列的 DFT 是在周期序列的 DFS 基础上发展出来的，即 DFT 具有隐含周期性，DFT 在频域的周期性如图 4.11 所示。当分析 DFT 结果中更高的频率成分时，虽然我们并不是沿着圆周继续分析，但是频谱本身沿着圆周无限循环下去。

观察 DFT 输出的一个较常用的方法是把图 4.11 中的频谱展开，得到如图 4.12 所示的频谱。图 4.12 画出了在输入频率为 $3.4f_s/N$ 的那个例子中的频谱的另外几个重复谱。对于 DFT 输出的不对称，当输入信号的某个幅值泄漏到第 2 个、第 1 个和第 0 个频率单元上时，这些泄漏延续到第 -1 个、第 -2 个和第 -3 个频率单元上。根据 DFT 的隐含周期性，第 63 个频率单元等价于第 -1 个频率单元，第 62 个频率单元等价于第 -2 个频率单元，以此类推。根据这些频率单元的等价性，我们可以认为 DFT 输出频率扩展到了负频率范围，如图 4.13(a) 所示。结果是，泄漏卷绕 $k=0$ 和 $k=N$ 的频率单元发生。这并不奇怪，因为 $k=0$ 的频率就是 $k=N$ 的频率。在 $k=0$ 处频率周围的泄漏说明了在图 4.8(b) 中 $k=3$ 频率单元上的 DFT 的不对称。

根据 DFT 的对称性，若 DFT 输入序列 $x(n)$ 为实序列时，DFT 从 $k=0$ 到 $k=N/2-1$

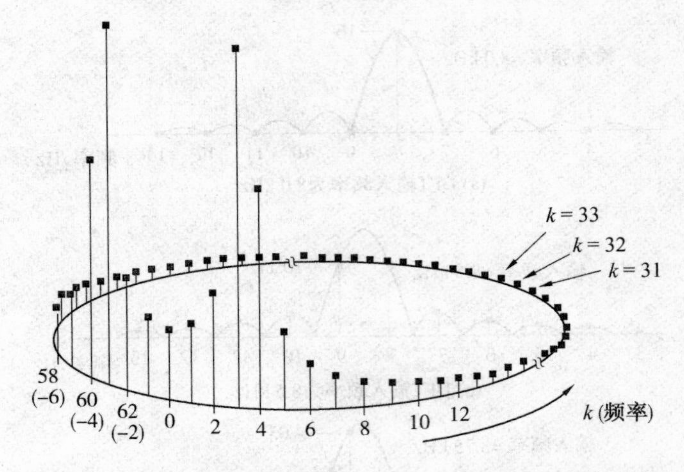

图 4.11　输入序列频率为 $3.4f_s/N$ 时 DFT 频谱的周期重复

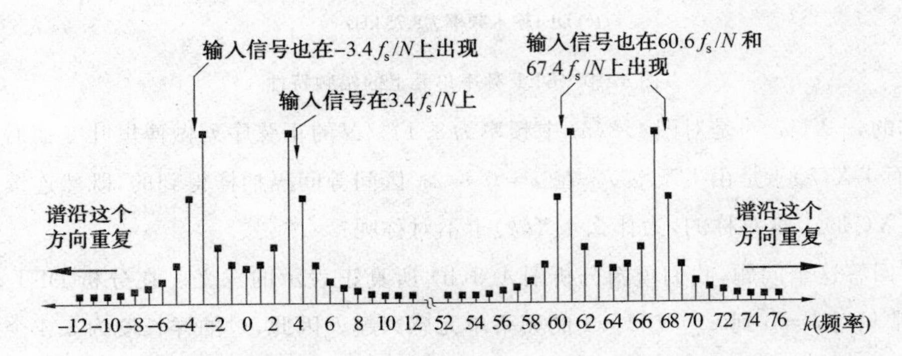

图 4.12　输入序列频率为 $3.4f_s/N$ 时 DFT 的频谱重复

频率单元的输出，对 $k > N/2$ 频率单元的输出来说是冗余的（N 为 DFT 的长度）。第 k 个 DFT 输出的幅值和第 N－k 个 DFT 输出的幅值相等，即 $|X(k)|=|X(N-k)|$。这说明泄漏同样卷绕 $k=N/2$ 频率单元出现。这一点可以用输入频率为 $28.6f_s/N$ 的频谱来说明，如图 4.13(b) 所示。注意图 4.13(a) 和图 4.13(b) 之间的相同点，因此 DFT 在 $k=0$ 和 $k=N/2$ 频率单元周围出现泄漏。最小的泄漏不对称将出现在第 $N/4$ 频率单元附近，如图 4.14(a) 所示。该图还显示出了频率为 $16.4f_s/N$ 的输入信号的整个频谱。图 4.14(b) 是频率为 $16.4f_s/N$ 输入信号频谱前 32 个频率单元的放大图形。

DFT 泄漏的影响是一个非常棘手的问题，因为当处理的信号包含两个幅值不同的频率成分时，幅值较大的信号的旁瓣可能会掩盖幅值较小的信号的主瓣，从而影响频谱分析的结果。

虽然没有办法完全消除 DFT 泄漏问题，但是可以采用加窗的方法，减小泄漏的不良影响。

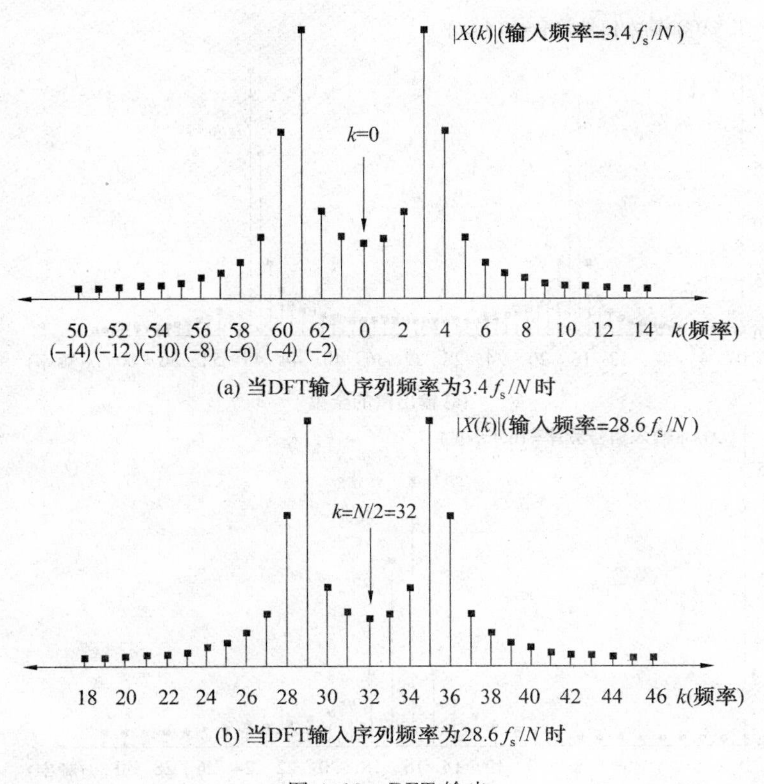

图 4.13　DFT 输出

加窗是通过使式(4.4.25)的 sin c 函数 $\sin(x)/x$ 的旁瓣(见图 4.9)幅度最小来减少 DFT 泄漏的影响。这是通过对时间序列的起点和终点的抽样值进行平滑，使其接近一个共同的幅值来实现的。我们通过图 4.15 来说明这一过程。

考虑图 4.15(a) 所示的无限长时间的信号，DFT 只能在如图 4.15(c) 所示的有限长度抽样区间上进行。可以认为图 4.15(c) 的 DFT 输入信号是图 4.15(a) 无限长时间的输入信号和图4.15(b) 所示的在抽样区间上幅度为 1 的矩形窗的乘积。任何时候我们对有限长度输入序列做 DFT 时，都默认输入是原信号序列(无限长)与系数为 1 的一个窗函数乘积的结果，而在窗外的原信号序列的幅值乘以系数 0。可以证明，图 4.9 所示的式(4.4.25)的 sin c 函数 $\sin(x)/x$ 的形状是由矩形窗引起的，因为图 4.15(b) 矩形窗的傅里叶变换是 sin c 函数。

我们知道，矩形窗在 0 和 1 之间的突变是造成产生 sin c 函数旁瓣的原因。为了降低由这些旁瓣产生的频谱泄漏，可以不用矩形窗而用其他窗函数来减小旁瓣幅值。如果将图 4.15(a) 的无限长时间信号乘以图 4.15(d) 所示的三角窗函数，得到如图 4.15(e) 所示的加窗输入信号，则可以看到，在图 4.15(e) 中，最后得到的 DFT 输入信号在其抽样区间起点和终点的突变会减小。这种不连续性的降低使 DFT 所有较高频成分的输出幅度减小了，也就

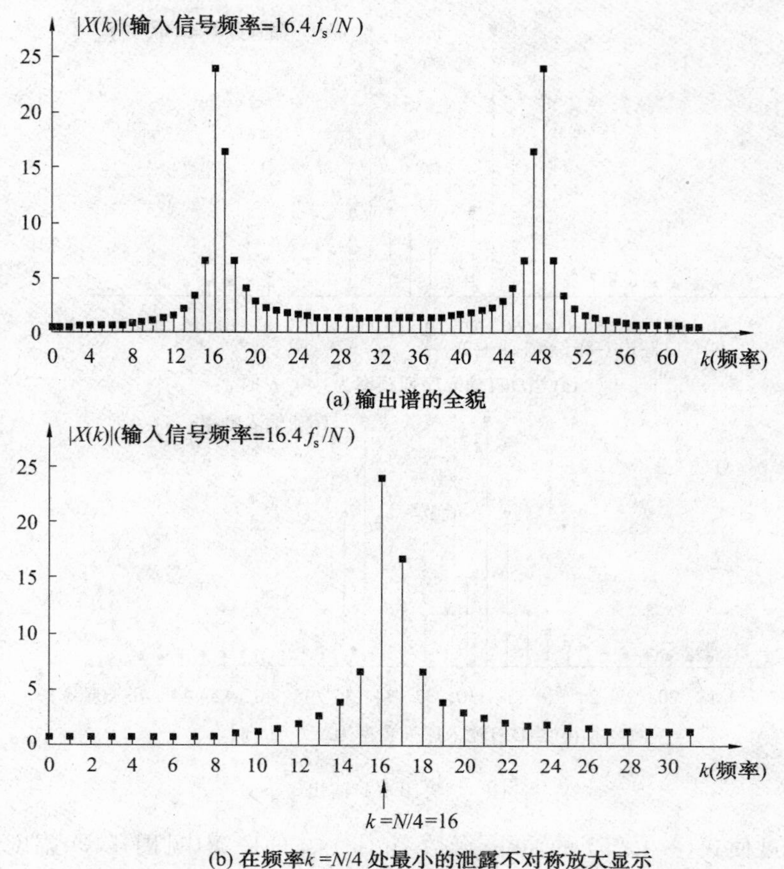

图 4.14　当输入信号频率为 $16.4f_s/N$ 时的 DFT 输出

是说，我们利用三角窗函数减小了 DFT 频率单元上旁瓣的幅度。

还有一些其他的窗函数，例如图 4.15(f) 中的汉宁(Hanning) 窗，比三角窗更能减小泄漏，图 4.15(g) 是加汉宁窗后 DFT 的输入。另一个常见的窗函数为图 4.15(h) 所示的海明(Hamming) 窗，它和汉宁窗类似。

我们通常以矩形窗的幅频特性作为衡量其他窗函数性能的参照。为了便于比较，图 4.16(a) 中同时画出了矩形窗、海明窗、汉宁窗、三角窗的幅频特性。从图中可看出海明窗、汉宁窗和三角窗相对于矩形窗来说旁瓣的水平减小了。同时应该注意的是，由于海明窗、汉宁窗和三角窗减小了要做 DFT 的时域输入信号的幅度，因此它们的主瓣峰值相对于矩形窗来说也减小了。这种信号幅度的损失被称为一个窗的处理增益或窗损失。

我们主要对窗的旁瓣幅值大小感兴趣，但这在图 4.16(a) 的线性刻度下很难看清楚。如果将窗的幅频特性采用对数坐标绘图，并进行归一化处理，使主瓣峰值为 0 dB，就可以有效解决这个问题。定义对数幅频特性的表达式为

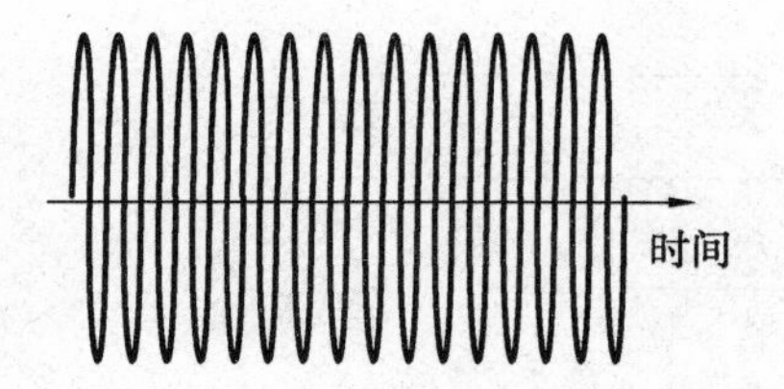

(a) 无限长时间的输入正弦波

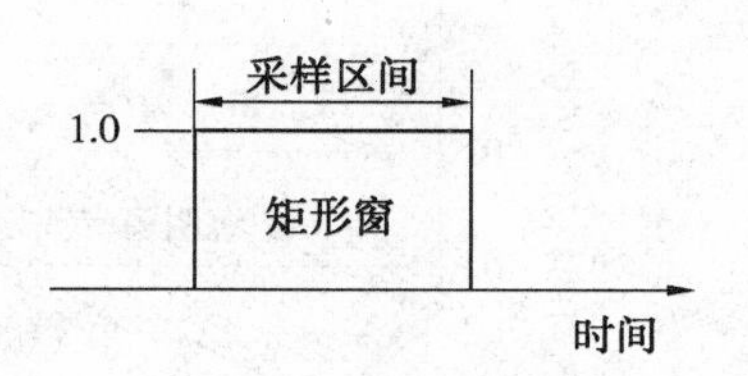

(b) 用于有限时间采样区间而加的矩形窗

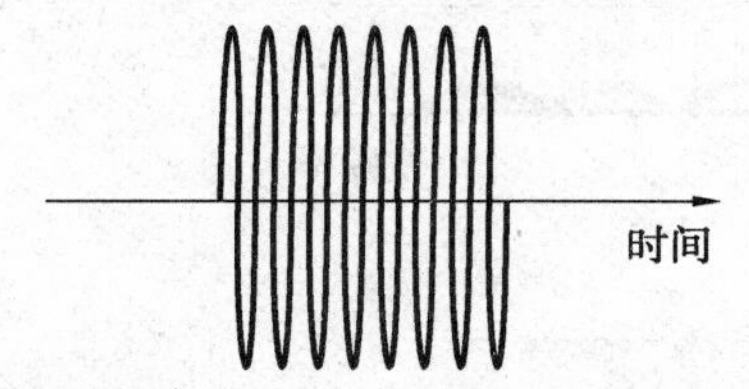

(c) 矩形窗和无限长时间的输入正弦波的乘积

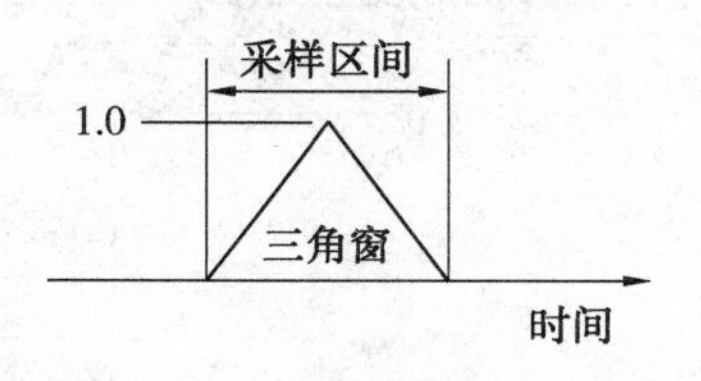

(d) 三角窗函数

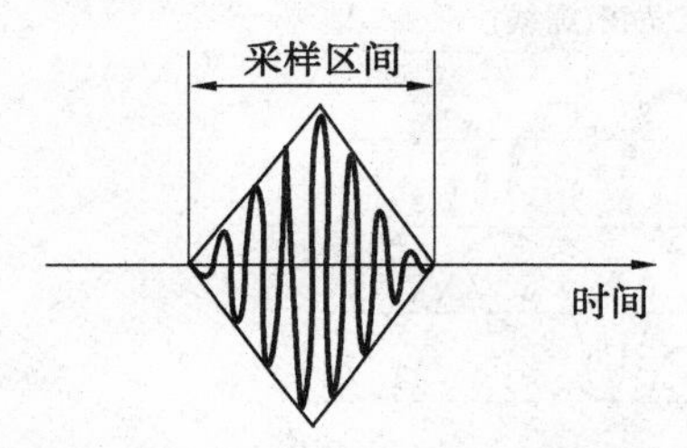

(e) 三角窗和无限长时间的输入正弦波的乘积

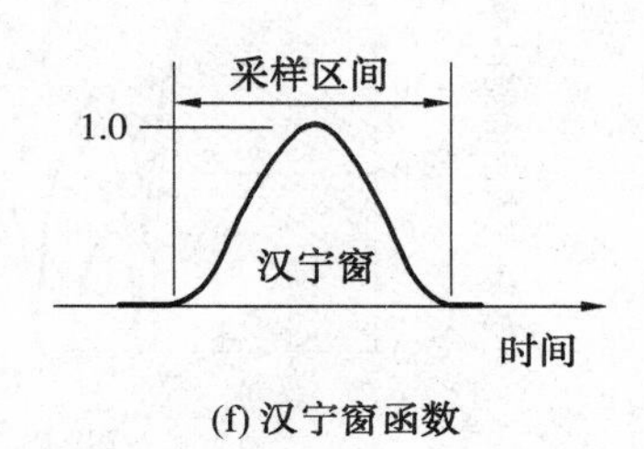

(f) 汉宁窗函数

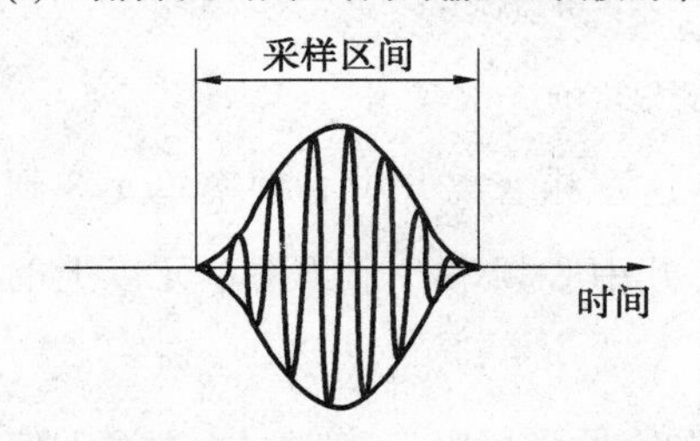

(g) 汉宁窗和无限长时间的输入正弦波的乘积

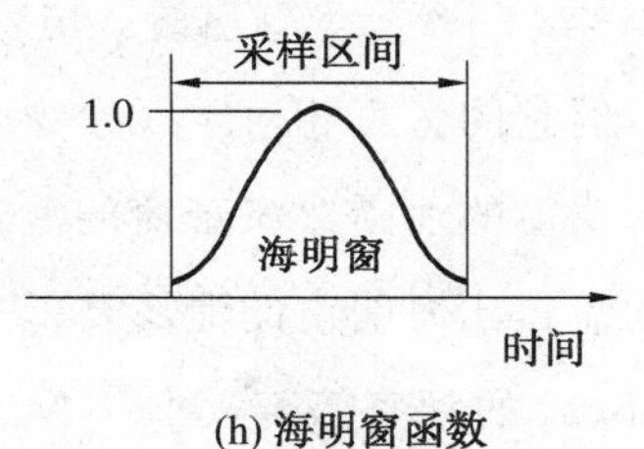

(h) 海明窗函数

图 4.15　加窗使抽样区间端点的不连续最小化

$$|W_{\mathrm{dB}}(k)|=20\lg\left(\left|\frac{W(k)}{W(0)}\right|\right) \tag{4.4.26}$$

由图 4.16(b) 我们更清楚地看到不同窗函数的旁瓣幅值的对比。

我们看到，矩形窗幅频特性的主瓣宽度 f_s/N 最窄，这是我们所期盼的，但遗憾的是，它的第一个旁瓣幅值较高，仅在主瓣峰值下的 −13 dB 处(注意图 4.16(b) 中我们仅显示出窗的正频率部分)。三角窗减小了旁瓣幅值，但付出的代价是三角窗的主瓣宽度几乎是矩形窗主瓣宽度的 2 倍。各种非矩形窗的较宽主瓣几乎都使 DFT 的频率分辨率降低了 2 倍。然而，一般情况下，降低泄露的好处大于 DFT 频率分辨率的降低。

汉宁窗进一步减小了第一旁瓣的幅值，而且第一旁瓣下降陡度大。海明窗虽然第一旁

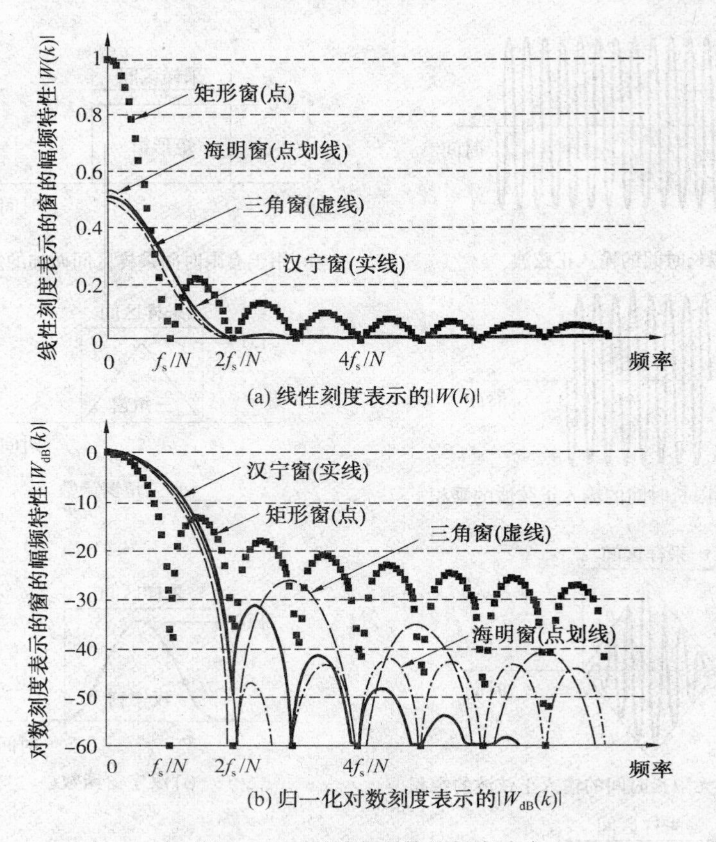

图 4.16　不同窗函数的幅度响应

瓣幅值更低，但它的旁瓣相对于汉宁窗来说下降慢，这意味着离开中心频率单元 3 到 4 个频率单元处，海明窗的泄露比汉宁窗的泄露要小，而离开中心频率 6 个频率单元以上的全部单元，汉宁窗的泄露比海明窗的泄露要低。

对图 4.8(a) 的频率等于 $3.4f_s/N$ 的正弦波抽样信号采用汉宁窗时，DFT 输入信号显示为图 4.17(a) 汉宁窗包络下的图形。在图 4.17(b) 中，给出了加窗后的 DFT 输出和没有加窗或者说加矩形窗的 DFT 输出。正如我们分析的那样，汉宁窗的幅频特性曲线看起来更宽，峰值幅度更低，但它的旁瓣泄露比矩形窗明显减小了。

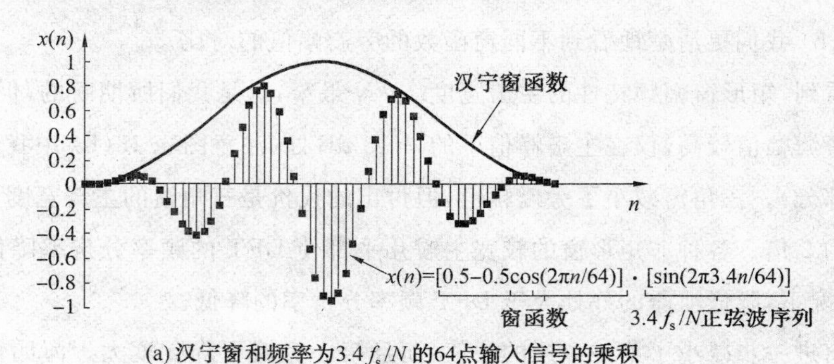

(a) 汉宁窗和频率为 $3.4f_s/N$ 的64点输入信号的乘积

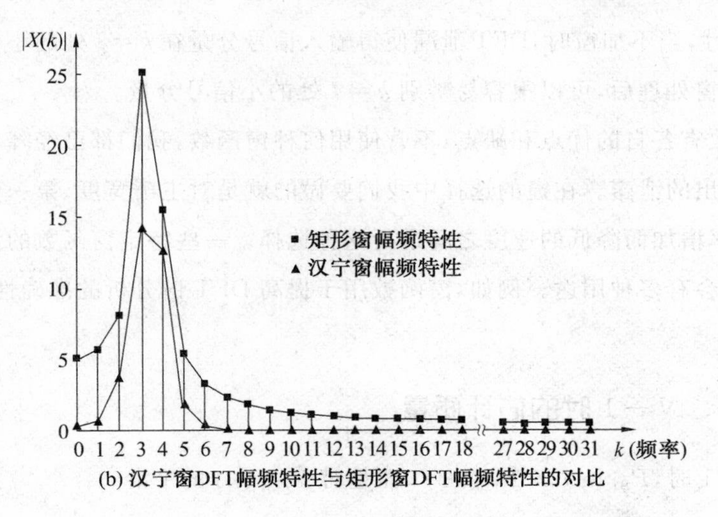

(b) 汉宁窗DFT幅频特性与矩形窗DFT幅频特性的对比

图 4.17　汉宁窗的影响

接下来再说明一下加窗的另一个优点：检测高强度信号附近出现的低强度信号。我们把一个峰值振幅仅为 0.1、频率为 $7f_s/N$ 的 64 点的正弦波序列加到图 4.8(a) 的频率为 $3.4f_s/N$、振幅为 1 的正弦波序列上。当对这两个正弦波序列的和加汉宁窗处理时，得到图 4.18(a) 所示的时域输入信号。图 4.18(b) 给出了加汉宁窗和不加窗（或者说加矩形窗）的

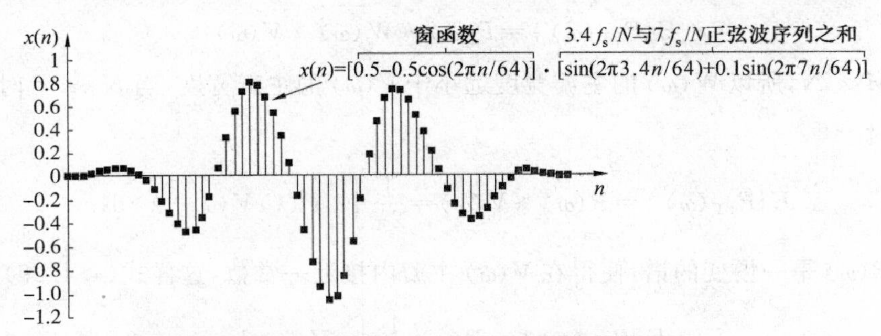

(a) 汉宁窗与64点频率为 $3.4f_s/N$ 和 $7f_s/N$ 的正弦波序列之和的乘积

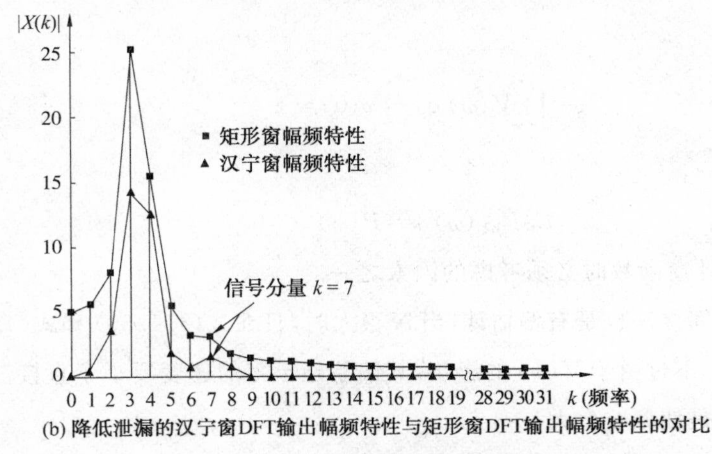

(b) 降低泄漏的汉宁窗DFT输出幅频特性与矩形窗DFT输出幅频特性的对比

图 4.18　利用加窗技术提高信号检测灵敏度

DFT 输出幅频特性，当不加窗时，DFT 泄漏使得输入信号分量在 $k=7$ 处的小信号几乎不能辨别，而当加汉宁窗处理后，可以很容易辨别 $k=7$ 处的小信号分量。

不同的窗函数有各自的优点和缺点，不管使用何种窗函数，我们都已经降低了由于矩形窗引起的 DFT 输出的泄露。在窗的选择中我们要做的就是对主瓣宽度、第一旁瓣幅值和旁瓣幅值大小随频率增加而降低的速度之间进行这种选择。一些特定窗函数的使用取决于其用途，因而窗函数会有多种用途。例如，窗函数用于提高 DFT 谱分析的准确性、用于设计数字滤波器等。

4.4.2 $M < N-1$ 时的估计质量

当 $M < N-1$ 时，$\hat{P}_{\mathrm{BT}}(\omega) \neq \hat{P}_{\mathrm{PER}}(\omega)$，而是对 $\hat{P}_{\mathrm{PER}}(\omega)$ 的平滑。

1. 均值

由式(4.3.11)有

$$\hat{P}_{\mathrm{BT}}(\omega) = \sum_{m=-M}^{M} \hat{r}(m) v(m) \mathrm{e}^{-\mathrm{j}\omega m} \tag{4.4.27}$$

所以

$$E\{\hat{P}_{\mathrm{BT}}(\omega)\} = P(\omega) * W(\omega) * V(\omega) \tag{4.4.28}$$

由于 $M \ll N$，所以 $W(\omega)$ 的主瓣宽度远小于 $V(\omega)$ 的主瓣宽度，当 $N \to \infty$ 时，$W(\omega) \to \delta$ 函数，这时

$$E\{\hat{P}_{\mathrm{BT}}(\omega)\} = P(\omega) * V(\omega) = \frac{1}{2\pi}\int_{-\pi}^{\pi} P(\lambda) V(\omega - \lambda)\, \mathrm{d}\lambda \tag{4.4.29}$$

如果 $P(\omega)$ 是一慢变的谱，使得在 $V(\omega)$ 主瓣内接近一常数，这样式(4.4.29)变为

$$E\{\hat{P}_{\mathrm{BT}}(\omega)\} = P(\omega) \frac{1}{2\pi}\int_{-\pi}^{\pi} V(\omega)\, \mathrm{d}\omega \tag{4.4.30}$$

如能保证

$$\frac{1}{2\pi}\int_{-\pi}^{\pi} V(\omega)\, \mathrm{d}\omega = v(0) = 1 \tag{4.4.31}$$

则

$$E\{\hat{P}_{\mathrm{BT}}(\omega)\} = P(\omega) \tag{4.4.32}$$

式(4.4.30)是设计窗函数时必须考虑的因素之一。

从上面讨论看出，间接法也是有偏估计，当 N 很大时，且在式(4.4.30)和式(4.4.31)制约下是渐近无偏估计。不过由于 $V(\omega)$ 的影响，其偏差趋于零的速度要小于直接法。因此，对周期图平滑的结果，是使偏差变大。

(2) 方差

若 $x(n)$ 是零均值、方差为 σ^2 的高斯白噪声，有

$$Var[\hat{P}_{BT}(\omega)] \approx \frac{\sigma^4}{2\pi N}\int_{-\pi}^{\pi}[V(\omega)]^2 d\omega \tag{4.4.33}$$

由式(4.4.17)，有 $Var[\hat{P}_{PER}(\omega)] \approx \sigma^4$。如令 K_r 是 $\hat{P}_{BT}(\omega)$ 和 $\hat{P}_{PER}(\omega)$ 方差之比，有

$$K_r = \frac{Var[\hat{P}_{BT}(\omega)]}{Var[\hat{P}_{PER}(\omega)]} = \frac{1}{2\pi N}\int_{-\pi}^{\pi}[V(\omega)]^2 d\omega = \frac{1}{N}\sum_{m=-M}^{M} v^2(m) \tag{4.4.34}$$

一般 $v(m)$ 是以 $m=0$ 对称并递减，且 $v(0)=1$，又因为 $M \ll N$，所以 $K_r < 1$，这说明 $\hat{P}_{BT}(\omega)$ 的方差小于 $\hat{P}_{PER}(\omega)$ 的方差。这正是 $V(\omega)$ 对 $\hat{P}_{PER}(\omega)$ 平滑的结果。

由以上讨论，可得出以下结论：

① 由于在 $\hat{r}(m)$ 上施加了一个较短的窗口 $v(m)$，使得间接法估计的偏差大于直接法，而方差小于直接法。

② 对 $\hat{P}_{PER}(\omega)$，在 $0 < \omega < \left(\pi - \frac{B_1}{2}\right)$ 的范围内，当 $|\omega_2 - \omega_1| > B_1$ 时，$\hat{P}_{PER}(\omega_1)$ 和 $\hat{P}_{PER}(\omega_2)$ 是不相关的，这时主瓣宽度 $B_1 = \frac{4\pi}{N}$。对 $\hat{P}_{BT}(\omega)$，也可相应的认为，在上述频率范围内，当 $|\omega_2 - \omega_1| > B_1$ 时，$\hat{P}_{BT}(\omega_1)$ 和 $\hat{P}_{BT}(\omega_2)$ 不相关。不过这时的 $B_1 = \frac{4\pi}{M}$，因为 $M \ll N$，所以这时的 B_1 增大，使临近频率上的估计值变得较为相关。从这一角度也可解释 $\hat{P}_{BT}(\omega)$ 对 $\hat{P}_{PER}(\omega)$ 平滑的原因。

③$\hat{P}_{BT}(\omega)$ 谱的平滑(即方差的减小)是以牺牲分辨率为代价的。由于 $V(\omega)$ 主瓣比 $W(\omega)$ 宽，因而使其分辨率下降。因此，在方差、偏差和分辨率之间存在矛盾。在实际工作中只能根据需要作出折中的选择。

4.5　直接法估计的改进

直接法估计出的谱 $\hat{P}_{PER}(\omega)$ 性能不好，当数据长度 N 太大时，谱曲线的起伏剧烈，N 太小，谱曲线的分辨率又不好。因此需要加以改进，主要是改进其方差特性。间接法是对直接法的一种改进，又称为周期图的平滑。对其改进的另一种方法是所谓的平均法，指导思想是把一长度为 N 的数据 $x_N(n)$ 分成 L 段，分别求每一段的功率谱，然后加以平均，实际中有时将平滑与平均结合使用。

4.5.1　Bartlett 法

由概率论的知识可知，对 L 个具有相同的均值 μ 和方差 σ^2 的独立随机变量 $X_1, X_2, \cdots,$

X_L，新随机变量 $X=\dfrac{(X_1+X_2+\cdots+X_L)}{L}$ 的均值也是 μ，但方差是 $\dfrac{\sigma^2}{L}$。由此我们可以得到改善 $\hat{P}_{\text{PER}}(\omega)$ 方差特性的一个有效方法，即 Bartlett 法。将数据 $x_N(n)$ 分成 L 段，每段长度为 M，即 $N=LM$，第 i 段数据加矩形窗后，变为

$$x_N^i(n)=x_N[n+(i-1)M]d_1[n+(i-1)M] \quad (0\leqslant n\leqslant M-1,1\leqslant i\leqslant L)$$

$d_1(n)$ 是长度为 M 的矩形窗口，每段的功率谱为

$$\hat{P}_{\text{PER}}^i(\omega)=\frac{1}{M}\left|\sum_{n=0}^{M-1}x_N^i(n)\,\mathrm{e}^{-\mathrm{j}\omega n}\right|^2 \quad (1\leqslant i\leqslant L) \tag{4.5.1}$$

平均周期图为

$$\overline{P}_{\text{PER}}(\omega)=\frac{1}{L}\sum_{i=1}^{L}\hat{P}_{\text{PER}}^i(\omega)=\frac{1}{ML}\sum_{i=1}^{L}\left|\sum_{n=0}^{M-1}x_N^i(n)\,\mathrm{e}^{-\mathrm{j}\omega n}\right|^2 \tag{4.5.2}$$

均值为

$$E\{\overline{P}_{\text{PER}}(\omega)\}=\frac{1}{L}\sum_{i=1}^{L}E\{\hat{P}_{\text{PER}}^i(\omega)\}=E\{\hat{P}_{\text{PER}}^i(\omega)\}=$$

$$P(\omega)*\frac{1}{M}|D_1(\omega)|^2=P(\omega)*W_1(\omega) \tag{4.5.3}$$

$D_1(\omega)$ 是矩形窗 $d_1(n)$ 的频谱。$W_1(\omega)$ 是由 $d_1(n)$ 求自相关得到的三角窗 $w_1(m)$ 的频谱。$w_1(m)$ 长度为 $2M-1$。可见，不取平均的周期图 $\hat{P}_{\text{PER}}(\omega)$ 和取平均后的 $\overline{P}_{\text{PER}}(\omega)$ 都是有偏估计，且当 $N\to\infty$ 时，二者都是渐近无偏的。但因 $W_1(\omega)$ 的主瓣宽度远大于 $W(\omega)$，所以取平均后，偏差加大，分辨率下降。

如果 $x(n)$ 为一白噪声序列，由式(4.4.16)有

$$Var[\overline{P}_{\text{PER}}(\omega)]=\frac{\sigma^4}{L}\left[\frac{\sin^2(\omega N/L)}{(N/L)^2\sin^2(\omega)}+1\right] \tag{4.5.4}$$

分段数越多，方差越小。若 $L\to\infty$，则 $\overline{P}_{\text{PER}}(\omega)$ 是 $P(\omega)$ 的一致估计。方差的性能的改善以牺牲偏差和分辨率为代价。

每段数据长度 M 的选择主要取决于所需的分辨率。因为 $W_1(\omega)$ 的主瓣宽度为 $\dfrac{4\pi}{M}$，若要分辨 $P(\omega)$ 中相距为 BW 的峰值，要求 $M>\dfrac{4\pi}{BW}$。如果 N 已定，根据所需的 M，段数 L 也被确定。如果 N 可变，则应根据方差要求确定 L，再决定要记录的数据长度 N。

式(4.5.4)是假定 $\hat{P}_{\text{PER}}^i(\omega)\,(i=1,2,\cdots,L)$ 完全独立的情况下得出的，实际上 $x_N^i(n)$ 互相有关，因而 $\hat{P}_{\text{PER}}^i(\omega)$ 不会相互独立，故方差的减小比式(4.5.4)给出的小。

4.5.2 Welch 法

Welch 法是对 Bartlett 法的改进。改进之一，是在对 $x_N(n)$ 分段时，可允许每一段的数

据有部分交叠。例如，若每段数据重合一半时，这时的段数 $L=\dfrac{N-\frac{M}{2}}{\frac{M}{2}}$，$M$ 为每段长度。如图4.19 所示。

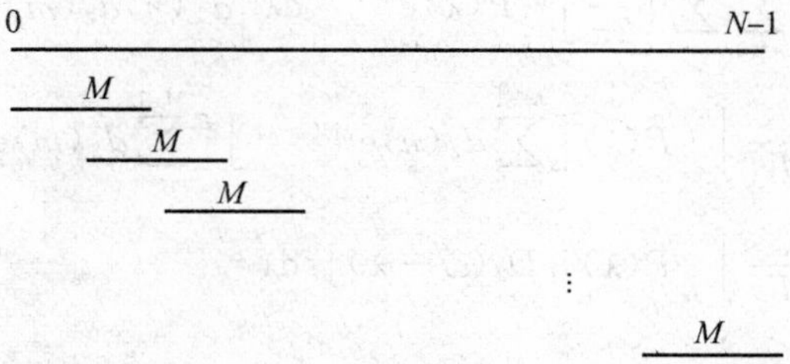

0　　　　　　　　　　　　N-1

M

M

M

⋮

M

图 4.19　重叠分段

改进之二是每段数据的窗口可以不是矩形窗，例如使用汉宁窗或海明窗，记为 $d_2(n)$，可以改善由于矩形窗边瓣较大所产生的谱失真，然后按 Bartlett 法求每段功率谱，即

$$\hat{P}_{\mathrm{PER}}^{i}(\omega)=\frac{1}{MU}\left|\sum_{n=0}^{M-1}x_N^i(n)d_2(n)\mathrm{e}^{-\mathrm{j}\omega n}\right|^2 \tag{4.5.5}$$

式中

$$U=\frac{1}{M}\sum_{n=0}^{M-1}d_2^2(n) \tag{4.5.6}$$

是归一化因子，是为了保证所得到的谱是渐进无偏估计。

如果 $d_2(n)$ 是矩形窗，则平均的功率谱为

$$\tilde{P}_{\mathrm{PER}}(\omega)=\frac{1}{L}\sum_{i=1}^{L}\hat{P}_{\mathrm{PER}}^{i}(\omega)=\frac{1}{MUL}\sum_{i=1}^{L}\left|\sum_{n=0}^{M-1}x_N^i(n)\mathrm{e}^{-\mathrm{j}\omega n}\right|^2 \tag{4.5.7}$$

其均值为

$$E\{\tilde{P}_{\mathrm{PER}}(\omega)\}=\frac{1}{L}\sum_{i=1}^{L}E\{\hat{P}_{\mathrm{PER}}^{i}(\omega)\}=E\{\hat{P}_{\mathrm{PER}}^{i}(\omega)\} \tag{4.5.8}$$

记 $D_2(\omega)$ 是 $d_2(n)$ 的频谱，即

$$D_2(\omega)=\sum_{n=0}^{M-1}d_2(n)\mathrm{e}^{-\mathrm{j}\omega n}$$

记 $W_2(\omega)=\dfrac{1}{MU}|D_2(\omega)|^2$，则

$$E\{\tilde{P}_{\mathrm{PER}}(\omega)\}=P(\omega)*\frac{1}{MU}|D_2(\omega)|^2=P(\omega)*W_2(\omega) \tag{4.5.9}$$

证明：由式(4.5.8) 和式(4.5.5)，有

$E\{\tilde{P}_{\mathrm{PER}}(\omega)\}=E\{\hat{P}_{\mathrm{PER}}^{i}(\omega)\}=$

$$E\left\{\frac{1}{MU}\left|\sum_{n=0}^{M-1}x_N^i(n)d_2(n)\mathrm{e}^{-\mathrm{j}\omega n}\right|^2\right\}=$$

$$\frac{1}{MU}\sum_{n=0}^{M-1}\sum_{m=0}^{M-1}E\{x_N^i(n)x_N^i(m)\}d_2(n)d_2(m)\mathrm{e}^{-\mathrm{j}\omega n}\mathrm{e}^{\mathrm{j}\omega m}=$$

$$\frac{1}{MU}\sum_{n=0}^{M-1}\sum_{m=0}^{M-1}r(n-m)d_2(n)d_2(m)\mathrm{e}^{-\mathrm{j}(n-m)\omega}=$$

$$\frac{1}{MU}\sum_{n=0}^{M-1}\sum_{m=0}^{M-1}\left[\frac{1}{2\pi}\int_{-\pi}^{\pi}P(\lambda)\mathrm{e}^{\mathrm{j}\lambda(n-m)}\mathrm{d}\lambda\right]d_2(n)d_2(m)\mathrm{e}^{-\mathrm{j}(n-m)\omega}=$$

$$\frac{1}{2\pi MU}\int_{-\pi}^{\pi}P(\lambda)\left[\sum_{n=0}^{M-1}d_2(n)\mathrm{e}^{-\mathrm{j}n(\omega-\lambda)}\right]\left[\sum_{m=0}^{M-1}d_2(m)\mathrm{e}^{\mathrm{j}m(\omega-\lambda)}\right]\mathrm{d}\lambda=$$

$$\frac{1}{2\pi MU}\int_{-\pi}^{\pi}P(\lambda)\,|D_2(\omega-\lambda)|^2\mathrm{d}\lambda=$$

$$\frac{1}{2\pi}\int_{-\pi}^{\pi}P(\lambda)W_2(\omega-\lambda)\mathrm{d}\lambda=$$

$$P(\omega)*W_2(\omega)$$

N 增大，$W_2(\omega)$ 主瓣变窄，如果 $P(\omega)$ 为慢变谱，认为在 $W_2(\omega)$ 主瓣内为常数，则

$$E\{\tilde{P}_{\mathrm{PER}}(\omega)\}=P(\omega)\frac{1}{2\pi}\int_{-\pi}^{\pi}W_2(\omega)\,\mathrm{d}\omega$$

如果保证

$$\frac{1}{2\pi}\int_{-\pi}^{\pi}W_2(\omega)\,\mathrm{d}\omega=1 \tag{4.5.10}$$

则

$$E\{\tilde{P}_{\mathrm{PER}}(\omega)\}\approx P(\omega) \tag{4.5.11}$$

所以 Welch 估计出的谱也是渐近无偏的。

对式(4.5.10)，有

$$\frac{1}{2\pi}\int_{-\pi}^{\pi}W_2(\omega)\,\mathrm{d}\omega=\frac{1}{2\pi MU}\int_{-\pi}^{\pi}|D_2(\omega)|^2\mathrm{d}\omega=\frac{1}{2\pi MU}\int_{-\pi}^{\pi}\sum_{n=0}^{M-1}d_2(n)\,\mathrm{e}^{-\mathrm{j}\omega n}\sum_{m=0}^{M-1}d_2(m)\,\mathrm{e}^{\mathrm{j}\omega m}\,\mathrm{d}\omega=$$

$$\frac{1}{2\pi MU}\int_{-\pi}^{\pi}\sum_{n=0}^{M-1}d_2^2(n)\,\mathrm{d}\omega=\frac{1}{MU}\sum_{n=0}^{M-1}d_2^2(n)=1$$

所以 $U=\frac{1}{M}\sum_{n=0}^{M-1}d_2^2(n)$，即式(4.5.6)的由来，估计的方差仍近似由式(4.5.4)给出。但由于交叠，段数 L 增大，方差得到更大的改善。但交叠又减小了每一段的不相关性，使方差的减小不会达到理论计算的程度。

Welch 法又称加权交叠平均法，应用较广。

4.5.3 Nuttall 法

由于 Welch 法允许分段时交叠，这样就增加了段数 L，当然也就增加了作 FFT 的次数。如果用的数据窗是非矩形窗，又大大增加了作乘法的次数。因此 Welch 法的计算量较大。

Nuttall 等人提出了一种五步结合算法，具体步骤为：

步骤 1 和 2：与 Bartlett 法相同，即对 $x_N(n)$ 自然分段（加矩形窗），且不交叠，得到平均后的功率谱 $\overline{P}_{\text{PER}}(\omega)$。

步骤 3：由 $\overline{P}_{\text{PER}}(\omega)$ 作反变换，得到该平均功率谱对应的自相关函数，记为 $\overline{r}(m)$。其最大宽度是 $2M-1, M=N/L$。

步骤 4：此步骤同间接法，对 $\overline{r}(m)$ 加延迟窗 $w_2(m)$，$w_2(m)$ 的最大单边宽度为 M_1，这样得到 $\overline{r}_{M1}(m)$，即

$$\overline{r}_{M1}(m)=\overline{r}(m)w_2(m) \quad (|m|\leqslant M_1<M)$$

步骤 5：由 $\overline{r}_{M1}(m)$ 作正变换，得到对 $x(n)$ 功率谱的估计，记作 $\overline{P}_{PBT}(\omega)$：

$$\overline{P}_{\text{PBT}}(\omega)=\sum_{m=-M_1}^{M_1}\overline{r}_{M1}(m)\mathrm{e}^{-\mathrm{j}\omega m}$$

此方法把直接法和间接法结合起来，同时也把平滑和平均结合起来。前述方法可看作此方法特例。该方法一方面保持了平滑和平均减小方差的优点，且计算量小于 Welch 法。$\overline{P}_{\text{PBT}}(\omega)$ 也是对 $P(\omega)$ 的渐近无偏估计。在同样数据长度和实现同样分辨率的条件下，此方法的方差一般要比上述各方法的方差小些。

三种改进方法如图 4.20 所示。

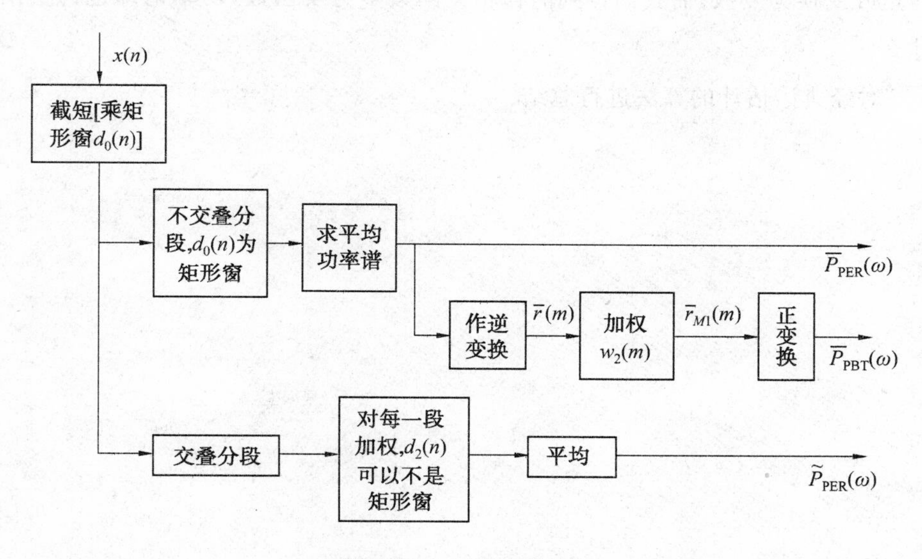

图 4.20　三种改进方法

对经典谱估计的几种方法进行总结，可以得出以下结论：

(1) 经典谱估计（直接法、间接法），都可用 FFT 快速计算，且物理概念明确，仍是目前较常用的谱估计方法。

(2) 谱的分辨率较低，正比于 $2\pi/N$，N 为所用数据长度。

(3) 由于不可避免的窗函数的影响，使其真正谱 $P(\omega)$ 在窗口主瓣内的功率向边瓣部分“泄漏”，降低了分辨率。较大的边瓣可能掩盖 $P(\omega)$ 中较弱的成分，或是产生假的峰值。当分析的数据较短时，这些影响更为突出。

(4) 方差性能不好，不是 $P(\omega)$ 的一致估计，且 N 增大时谱曲线起伏加剧。

(5) 周期图的平滑和平均是和窗函数的使用紧紧相关联的。平滑和平均主要是用来改善周期图的方差性能，但往往又降低了频率分辨率和增大了偏差。没有一个窗函数能使估计的谱在方差、偏差和分辨率各方面都得到改善。因此，使用窗函数只是改进估计质量的一个技巧问题，不是根本的解决方法。

习　题

4.1　令 $\{x(n)\}$ 是一平稳过程，其均值为 $\mu=E\{x(n)\}$。给定 N 个相互独立的样本 $x(1),\cdots,x(N)$，判断样本均值 $\bar{x}=\frac{1}{N}\sum_{n=1}^{N}x(n)$ 是否为真实均值 μ 的无偏估计，要求写出判断过程。

4.2　维纳－辛钦定理指出，功率谱是自相关函数的傅里叶变换。但是一般情况下实函数的傅里叶变换为复数，而我们得到的自相关函数多为实函数，功率谱却也为实函数，请解释为什么？

4.3　对经典谱估计的算法进行总结。

第 5 章　现代谱估计

5.1　引　　言

相对于经典谱分析方法而言，现代谱估计的主要优点是能够提供比 FFT 方法更高的频率分辨率，特别适用于同时存在多个频率差相差较小的信号的情况。

根据经典谱分析中频率分辨率的知识，若两信号频率很近，其频率差小于信号处理的频率分辨率时，用传统的 FFT 处理可能只产生一个包含两个信号的峰，而用高分辨率的现代谱估计方法则可能会产生两个尖峰，以达到分开两信号的目的。

但是，现代谱估计方法也存在一些缺点。相对于经典谱分析方法而言，大多数现代谱估计算法的运算相对复杂，且存在因参数选择不当而出现意想不到错误的可能性。

现代谱估计的方法很多，本书主要介绍以下几种常用的方法：①线性预测法（自回归(AR)法）；②Burg 法（最大熵法）；③Prony 法；④多信号分类法（MUSIC 法）；⑤基于旋转不变技术的信号参数估计法（ESPRIT）法；⑥最小范数法。

5.2　自回归(AR)方法

在时间序列中，预测法是一种很有用的模式，它假定当前的值可以由过去的值来预测。

当预测法用于谱估计时，当前值可以写成输入和输出的线性组合：

$$X_t = -\sum_{i=1}^{n}\alpha_i X_{t-i} + N_t + \sum_{l=1}^{m}\beta_l N_{t-l} \tag{5.2.1}$$

回顾本书 3.6.3 节 AR 模型参数估计部分内容，式(5.2.1) 中 $\alpha_i = -\varphi_i$，$N_t = a_t$，$\beta_l = -\theta_l$，则式(5.2.1) 可写为

$$X_t = \sum_{i=1}^{n}\alpha_i X_{t-i} + a_t - \sum_{l=1}^{m}\varphi_l a_{t-l} \tag{5.2.2}$$

在统计学中，式(5.2.2) 称为自回归滑动平均模型 ARMA(n,m)。

对方程(5.2.1)作Z变换,为

$$X(z)=-\sum_{i=1}^{n}\alpha_i X(z)z^{-i}+N(z)+\sum_{l=1}^{m}\beta_l N(z)z^{-l} \tag{5.2.3}$$

在式(5.2.3)中,白噪声N_t通常看作输入,数据X_t看作输出,因此,系统函数为

$$H(z)=\frac{X(z)}{N(z)}=\frac{1+\sum_{l=1}^{m}\beta_l z^{-l}}{1+\sum_{i=1}^{n}\alpha_i z^{-i}} \tag{5.2.4}$$

式(5.2.4)表示的系统既有零点又有极点,即零-极点型方程。

若式(5.2.1)中所有α_i为0,则该式变为

$$X_t=N_t+\sum_{l=1}^{m}\beta_l N_{t-l} \tag{5.2.5}$$

此模型为滑动平均(MA)模型,对应的系统函数为

$$H(z)=\frac{X(z)}{N(z)}=(1+\sum_{l=1}^{m}\beta_l z^{-l}) \tag{5.2.6}$$

式(5.2.6)为全零点模型,对应有限长冲激响应(FIR)系统。

若式(5.2.1)中所有的β_l为0,则该式变为

$$X_t=-\sum_{i=1}^{n}\alpha_i X_{t-i}+N_t \tag{5.2.7}$$

式(5.2.7)为AR模型,由于当前值可由过去的输出值的线性组合来预测,这个方程又称为线性预测模型,对应系统函数为

$$H(z)=\frac{X(z)}{N(z)}=\frac{1}{1+\sum_{i=1}^{n}\alpha_i z^{-i}} \tag{5.2.8}$$

式(5.2.8)为全极点模型,对应无限长冲激响应(IIR)系统。

我们来研究式(5.2.8)的AR模型,其具有以下两个特点:

(1) 式(5.2.8)的分母逼近0(即一个极点靠近单位圆)时,由于$H(z)$有一个非常锐利的峰,由式(5.2.8)产生的谱将是窄带的。

(2) 从式(5.2.7)中得到α_i的处理是线性的。

由式(5.2.7)、(5.2.8)定义的线性预测可写成以噪声N_t为输入、X_t为输出的一个滤波器,如图5.1所示。

变量z由下式替换:

$$z=e^{j\omega} \tag{5.2.9}$$

由式(5.2.8)得到AR模型功率谱为

$$P_{\mathrm{AR}}(\mathrm{e}^{\mathrm{j}\omega}) = |X(\mathrm{e}^{\mathrm{j}\omega})|^2 = \frac{\sigma_n{}^2}{\left|1+\sum_{i=1}^{n}\alpha_i \mathrm{e}^{-\mathrm{j}\omega i}\right|^2} \tag{5.2.10}$$

式(5.2.10)中的滤波器的系数α_i及预测误差功率σ_n^2根据3.6.3节AR模型参数估计部分所学知识递推求得。

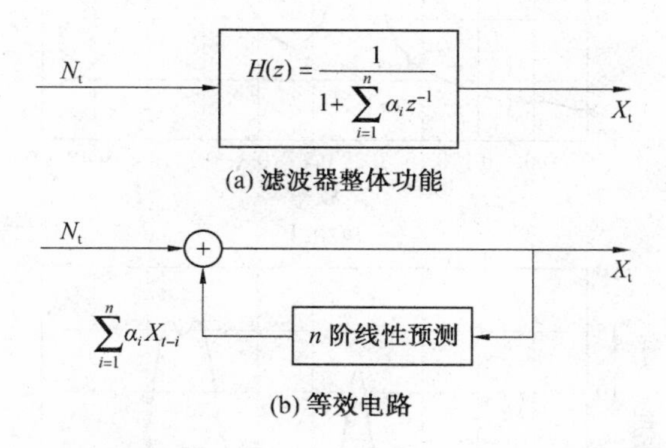

图 5.1　AR 模型

【例 5.1】　假定输入信号包含三个正弦波，其中两个信号的频率靠得很近，不含噪声，数据由下式产生：

$$x(i)=\cos(2\pi\times 0.21i+0.1)+2\cos(2\pi\times 0.36i)+1.9\cos(2\pi\times 0.38i)$$

其中，$i=0,1,\cdots,31$。

对数据补零后做 4 096 点 FFT，结果如图 5.2 所示。两个频率 0.36，0.38 分不开，形成一个单峰。图 5.3 给出了用 AR 建模方法得到的结果，阶数n低时两个靠得很近的信号分不开，如图 5.3(a) 所示，阶数n过高时又可能出现虚假信号，如图 5.3(c) 所示。因此正确定阶是 AR 建模或任何高分辨率方法的一个重要研究内容。

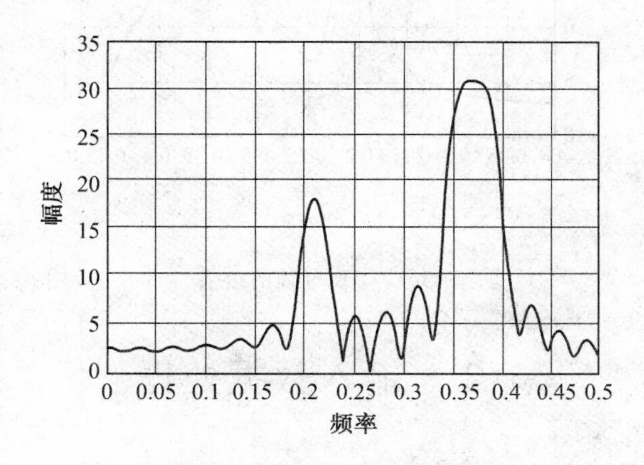

图 5.2　信号的 FFT 结果

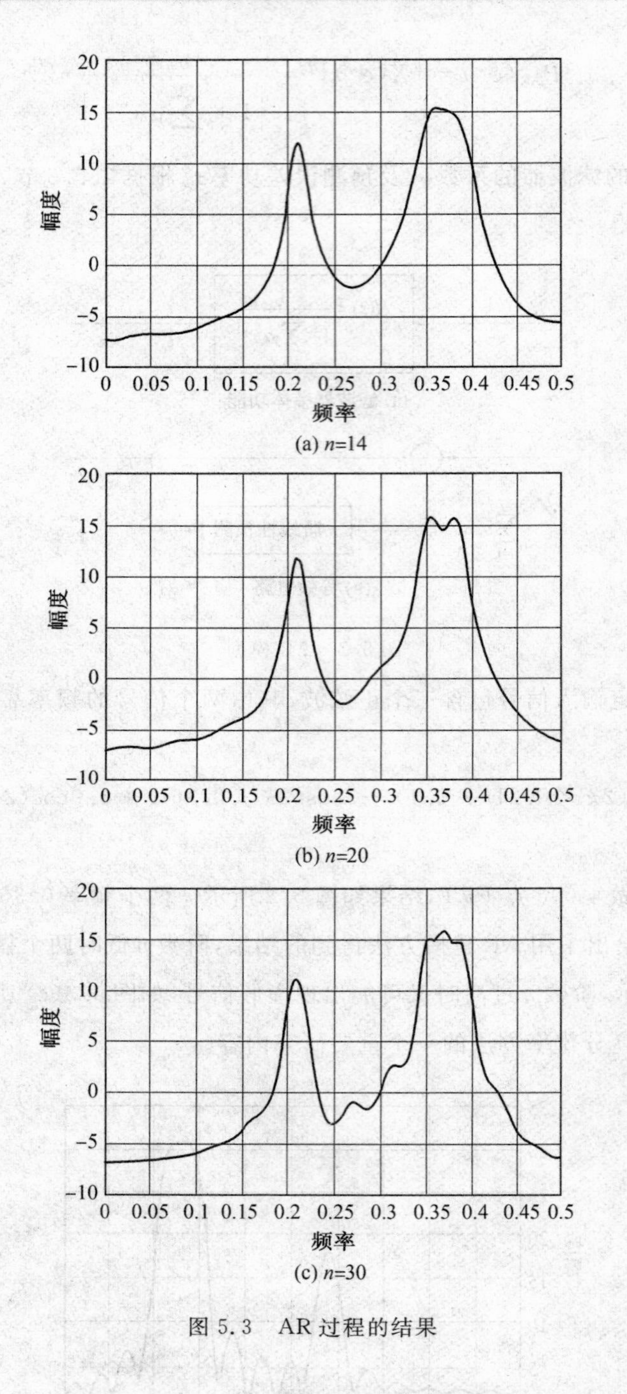

图 5.3　AR 过程的结果

5.3　输入数据处理

自相关矩阵 $\boldsymbol{R}$ 不是得到式(3.6.9)中常数 α_i 的唯一方法，将式(3.6.9)重写为

$$\begin{bmatrix} T_{00} & T_{01} & \cdots & T_{0n} \\ T_{10} & T_{11} & \cdots & T_{1n} \\ \vdots & \vdots & & \vdots \\ T_{n0} & T_{n1} & \cdots & T_{nn} \end{bmatrix} \begin{bmatrix} 1 \\ \alpha_1 \\ \vdots \\ \alpha_n \end{bmatrix} = \begin{bmatrix} \sigma_n^2 \\ 0 \\ \vdots \\ 0 \end{bmatrix} \tag{5.3.1}$$

用相同的输入矩阵,但用不同的方法构成矩阵 $\boldsymbol{T}$,可产生不同结果。以下讨论两种构成矩阵 $\boldsymbol{T}$ 的方法,假定有 N 数据 $x(0) \sim x(N-1)$。

5.3.1　协方差法

用协方差法,输入数据与矩阵 $\boldsymbol{T}$ 的关系为

$$\begin{bmatrix} T_{00} & T_{01} & \cdots & T_{0n} \\ T_{10} & T_{11} & \cdots & T_{1n} \\ \vdots & \vdots & & \vdots \\ T_{n0} & T_{n1} & \cdots & T_{nn} \end{bmatrix} = \frac{1}{N-n} \begin{bmatrix} x^*(n) & x^*(n+1) & \cdots & x^*(N-1) \\ x^*(n-1) & x^*(n) & \cdots & x^*(N-2) \\ \vdots & \vdots & & \vdots \\ x^*(0) & x^*(1) & \cdots & x^*(N-n-1) \end{bmatrix} \cdot \begin{bmatrix} x(n) & x(n-1) & \cdots & x(0) \\ x(n+1) & x(n) & \cdots & x(1) \\ \vdots & \vdots & & \vdots \\ x(N-1) & x(N-2) & \cdots & x(N-1-n) \end{bmatrix} \tag{5.3.2}$$

此矩阵非 Toeplitz 矩阵。虽然这种方法也能推出一种特殊的迭代算法,但 Levison－Durbin 算法不能直接使用。用这种方法,$\boldsymbol{T}$ 矩阵中的所有元素包含的数据点中的乘积项数相同。

如 $n=1, N=3$,数据为 $x(0), x(1), x(2)$,则 $\boldsymbol{T}$ 矩阵为

$$\begin{bmatrix} T_{00} & T_{01} \\ T_{10} & T_{11} \end{bmatrix} = \frac{1}{2} \begin{bmatrix} x^*(1) & x^*(2) \\ x^*(0) & x^*(1) \end{bmatrix} \begin{bmatrix} x(1) & x(0) \\ x(2) & x(1) \end{bmatrix}$$

如 $n=1, N=4$,数据为 $x(0), x(1), x(2), x(3)$,则 $\boldsymbol{T}$ 矩阵为

$$\begin{bmatrix} T_{00} & T_{01} \\ T_{10} & T_{11} \end{bmatrix} = \frac{1}{3} \begin{bmatrix} x^*(1) & x^*(2) & x^*(3) \\ x^*(0) & x^*(1) & x^*(2) \end{bmatrix} \begin{bmatrix} x(1) & x(0) \\ x(2) & x(1) \\ x(3) & x(2) \end{bmatrix}$$

此为获得 $\boldsymbol{R}$ 矩阵的常用方法,本章中的一些例子就是用此方法得到 $\boldsymbol{R}$ 矩阵的。当无噪声,且定阶正确时,此方法可得到精确的频率估计。

5.3.2　自相关法

用自相关法,矩阵 $\boldsymbol{T}$ 与用自相关函数得到的矩阵相同。该方法中,$x(0)$ 到 $x(N-1)$ 范

围外的数据点假定为0，这意味着加了一个窗函数。矩阵 $\boldsymbol{T}$ 与输入数据的关系为

$$\begin{bmatrix} T_{00} & T_{01} & \cdots & T_{0n} \\ \vdots & \vdots & & \vdots \\ T_{n0} & T_{n1} & \cdots & T_{nn} \end{bmatrix} = \frac{1}{N} \begin{bmatrix} x^*(0) & \cdots & x^*(N-1) & 0 & \cdots & 0 \\ \vdots & & \vdots & \vdots & & \vdots \\ 0 & \cdots & 0 & x^*(0) & \cdots & x^*(N-1) \end{bmatrix} \cdot \begin{bmatrix} x(0) & 0 & & 0 \\ x(1) & x(0) & & 0 \\ \vdots & \vdots & & \vdots \\ x(N-1) & x(N-2) & \cdots & x(0) \\ 0 & x(N-1) & \cdots & x(1) \\ \vdots & \vdots & & \vdots \\ 0 & 0 & \cdots & x(N-1) \end{bmatrix}$$

$x(0)$ 前添加0的数量和 $x(N-1)$ 后添加0的数量都等于 n，此方法得到的 $\boldsymbol{T}$ 矩阵为Toeplitz矩阵，因此可利用Levison－Durbin算法求解式(5.3.1)中的系数。

如 $n=1,N=3$，数据为 $x(0),x(1),x(2)$，则 $\boldsymbol{T}$ 矩阵为

$$\begin{bmatrix} T_{00} & T_{01} \\ T_{10} & T_{11} \end{bmatrix} = \frac{1}{3} \begin{bmatrix} x^*(0) & x^*(1) & x^*(2) & 0 \\ 0 & x^*(0) & x^*(1) & x^*(2) \end{bmatrix} \begin{bmatrix} x(0) & 0 \\ x(1) & x(0) \\ x(2) & x(1) \\ 0 & x(2) \end{bmatrix}$$

如 $n=1,N=4$，数据为 $x(0),x(1),x(2),x(3)$，则 $\boldsymbol{T}$ 矩阵为

$$\begin{bmatrix} T_{00} & T_{01} \\ T_{10} & T_{11} \end{bmatrix} = \frac{1}{4} \begin{bmatrix} x^*(0) & x^*(1) & x^*(2) & x^*(3) & 0 \\ 0 & x^*(0) & x^*(1) & x^*(2) & x^*(3) \end{bmatrix} \begin{bmatrix} x(0) & 0 \\ x(1) & x(0) \\ x(2) & x(1) \\ x(3) & x(2) \\ 0 & x(3) \end{bmatrix}$$

但是自相关法的缺点是，即使在没有噪声且定阶正确的情况下，也可能得不到正确的频率，因此实际使用受到一定的局限。

5.3.3 改进的协方差法

3.6.3节AR模型参数估计部分格型递推算法的介绍中给出了前向预测误差滤波器的预测误差 $f_{n,t}$ 和后向预测误差滤波器的预测误差 $b_{n,t}$ 的定义，即式(3.6.18)和式(3.6.19)。

改进的协方差法是使平均线性误差的平方和最小化，平均线性误差的平方和用前、后向线性预测误差定义为

$$\varepsilon_n = \frac{1}{2(N-n)}\left[\sum_{t=n}^{N-1} |f_{n,t}|^2 + \sum_{t=0}^{N-n-1} |b_{n,t}|^2\right]$$

用 ε_n 分别对 α_i 求导数并令其为 0,来最小化 ε_n 可得到一个等同于式(5.3.1)的方程,相应的 $\boldsymbol{T}$ 矩阵为

$$\begin{bmatrix} T_{00} & T_{01} & \cdots & T_{0n} \\ T_{10} & T_{11} & \cdots & T_{1n} \\ \vdots & \vdots & & \vdots \\ T_{n0} & T_{n1} & \cdots & T_{nn} \end{bmatrix} = \frac{1}{2(N-n)}\left\{\begin{bmatrix} x^*(n) & x^*(n+1) & \cdots & x^*(N-1) \\ x^*(n-1) & x^*(n) & \cdots & x^*(N-2) \\ \vdots & \vdots & & \vdots \\ x^*(0) & x^*(1) & \cdots & x^*(N-n-1) \end{bmatrix} \cdot \begin{bmatrix} x(n) & x(n-1) & \cdots & x(0) \\ x(n+1) & x(n) & \cdots & x(1) \\ \vdots & \vdots & & \vdots \\ x(N-1) & x(N-2) & \cdots & x(N-n-1) \end{bmatrix} + \begin{bmatrix} x(0) & x(1) & \cdots & x(N-n-1) \\ x(1) & x(2) & \cdots & x(N-n) \\ \vdots & \vdots & & \vdots \\ x(n) & x(n+1) & \cdots & x(N-1) \end{bmatrix} \cdot \begin{bmatrix} x^*(0) & x^*(1) & \cdots & x^*(n) \\ x^*(1) & x^*(2) & \cdots & x^*(n+1) \\ \vdots & \vdots & & \vdots \\ x^*(N-n-1) & x^*(N-n) & \cdots & x^*(N-1) \end{bmatrix}\right\} \tag{5.3.3}$$

改进的协方差法对噪声不敏感,与自相关法相比对信号初始相位也不敏感。

5.4　Burg 法

线性预测谱估计的一种最流行的方法是 Burg 法,也称为最大熵法(MEM)。

如有从 X_t 到 $X_{t-(N-1)}$ 的 N 个数据和从 $R(0)$ 到 $R(n)$ 的 $n+1$ 个自相关延迟,Burg 认为未知的自相关延迟 $R(n+1), R(n+2), \cdots$ 可由输入数据外推得到。

外推自相关值的方法很多,但 Burg 指出,外推的自相关值不应随意使序列增加任何新信息。信息用 Shannon 定理的熵来衡量。

最大熵意味着时间序列处于最随机的状态,并且没有新的信息随意加到序列上,因此用 MEM 这个名称。

要用 MEM,必须知道时间序列的自相关。而通常得到的仅是时间序列,而非自相关值。用时间序列计算的自相关值只是估计,非真值。因此,MEM 的初衷永远达不到。现在

常称为 Burg 法而非最大熵法。

为取代直接估计自相关延迟 $R(n+1), R(n+2), \cdots$，Burg 发明了一个新方法，此方法类似于改进的协方差法，它使平均线性预测的平方和最小化。两种方法的区别是，Burg 法在最小化的过程中加了一个确保滤波器稳定的约束。

在 3.6.3 节 AR 模型参数估计部分介绍格型递推算法时提到，式(3.6.22)、(3.6.23) 不能保证反射系数 K_n^f 或 K_n^b 的值总小于 1，即不能保证预测误差滤波器递推算法的稳定性。为解决此问题，Burg 提出了一种解决方法，计算 K_n 时采用使以下目标函数为最小：

$$\varepsilon_n = \frac{1}{2}\left[\sum_{t=n}^{N-1}\left(|f_{n,t}|^2 + |b_{n,t}|^2\right)\right]$$

则

$$K_n = \frac{-\sum_{t=n}^{N-1} f_{n-1,t} b_{n-1,t-1}^*}{\frac{1}{2}\sum_{t=n}^{N-1}\left[|f_{n-1,t}|^2 + |b_{n-1,t-1}|^2\right]}$$

由于 $|K_n| < 1$，可以保证系统稳定。

Burg 算法步骤如下：

(1) 计算初始值

$$\sigma_0^2 = \frac{1}{N}\sum_{i=0}^{N-1} |X_{t-i}|^2$$

$$f_{0,t} = b_{0,t} = X_t$$

(2) 令 $n=1$，求反射系数

$$K_n = \frac{-\sum_{t=n}^{N-1} f_{n-1,t} b_{n-1,t-1}^*}{\frac{1}{2}\sum_{t=n}^{N-1}\left[|f_{n-1,t}|^2 + |b_{n-1,t-1}|^2\right]}$$

(3) 计算滤波器系数

$$\alpha_{n,k} = \alpha_{n-1,k} + K_n \alpha_{n-1,n-k}^* \quad (k=0,1,\cdots,n)$$

并更新反射系数 $K_n = \alpha_{n,n}$。

(4) 计算预测误差功率

$$\sigma_n^2 = \sigma_{n-1}^2\left[1 - |K_n|^2\right]$$

(5) 计算滤波器输出

$$f_{n,t} = f_{n-1,t} + K_n b_{n-1,t-1}$$

$$b_{n,t} = b_{n-1,t-1} + K_n^* f_{n-1,t}$$

(6) $n \rightarrow n+1$，重复步骤(2)～(5)，直到达到实际的阶数。

(7)Burg 法功率谱

$$P_{\text{Burg}}(e^{j\omega}) = \frac{\sigma_n^2}{\left|1+\sum_{i=1}^{n}\alpha_{n,i}e^{-j\omega i}\right|^2}$$

对于零均值高斯平稳随机序列,Burg 法功率谱估计与 AR 模型功率谱估计两者等效。

Burg 法可用短数据产生很高的谱峰,能分辨频率靠得很近的信号,但频率偏差依赖于输入信号的初始相位和数据长度。

Burg 法的缺点是存在谱线开裂问题,即原本只有一个频率信号,而功率谱却显示两个靠得很近的谱线。谱线开裂也与输入信号的初始相位有关。加窗可以减小偏差和谱线开裂。

【例 5.2】　采用 Burg 法对例 5.1 的信号进行谱估计,采用 5 个不同 n 值,结果如图 5.4 所示。$n<14$ 时,频率 0.36,0.38 难于分开,$n=15$,26 时能区分,$n=29$ 时产生一个假频率,$n=32$ 时,产生 5 个峰值,即谱线开裂。

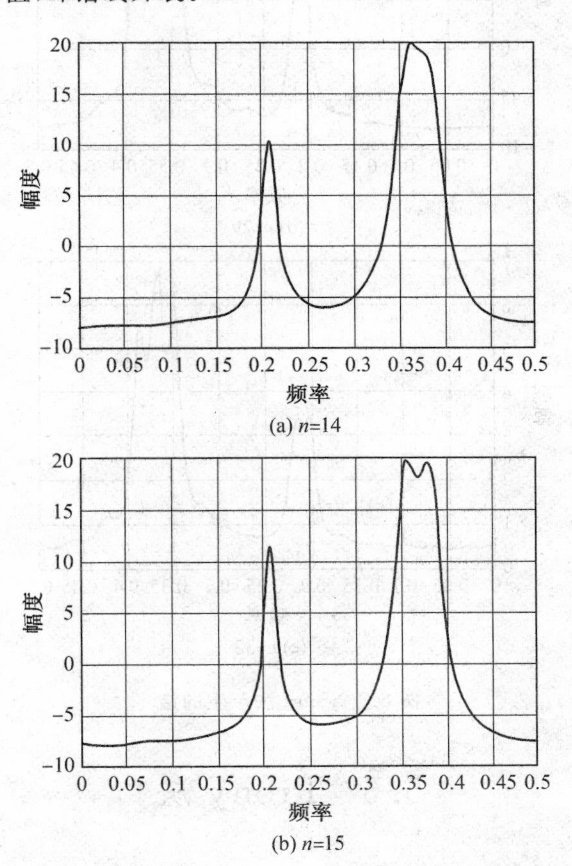

(a) n=14

(b) n=15

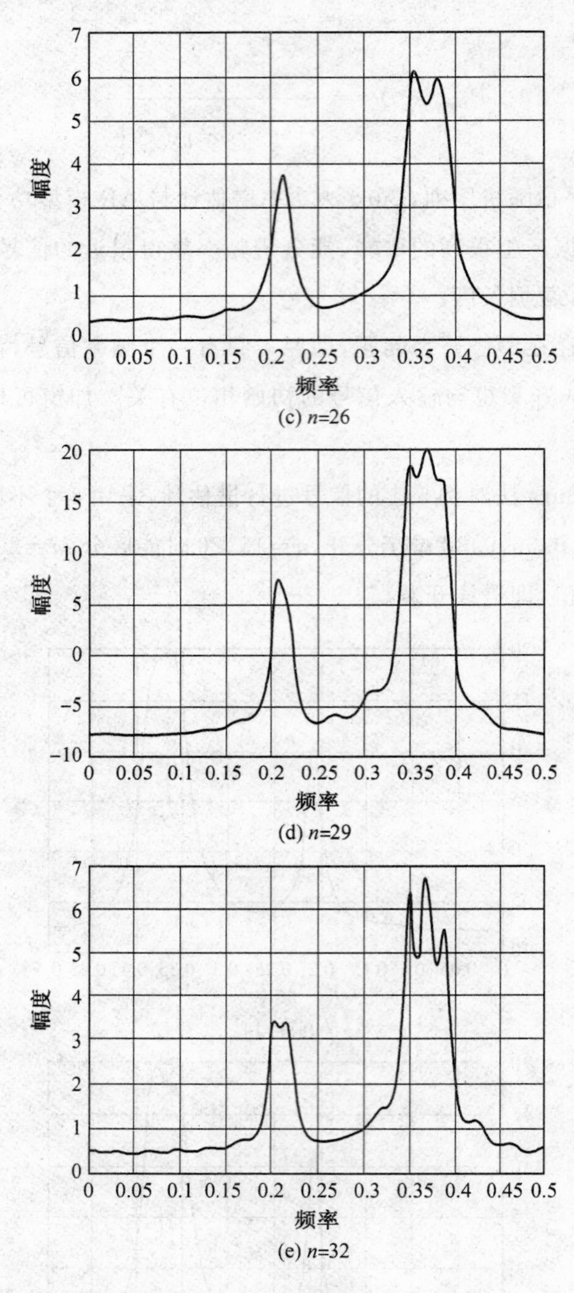

图 5.4 Burg 法产生的谱

5.5 Prony 法

Prony 方法解决了非线性方程组的一个特殊子集问题,这个子集必须具备特定形式。为简单起见,先用一简单例子说明基本思想,然后给出一般结果。

假定

$$x(t)=A_1 e^{j(2\pi f_1 t+\theta_1)}+A_2 e^{j(2\pi f_2 t+\theta_2)} \tag{5.5.1}$$

我们感兴趣的主要是幅度和频率。幅度和初相 $A_1,\theta_1,A_2,\theta_2$ 可合并成两个未知参数，需要 4 个方程来求解这些未知参数，该信号在 $t=0,1,2,3$ 处被数字化，即

$$\begin{cases} x(0)=A_1 e^{j\theta_1}+A_2 e^{j\theta_2}=c_1+c_2 \\ x(1)=c_1 e^{j2\pi f_1}+c_2 e^{j2\pi f_2}=c_1 z_1+c_2 z_2 \\ x(2)=c_1 e^{j2\pi f_1\cdot 2}+c_2 e^{j2\pi f_2\cdot 2}=c_1 z_1^2+c_2 z_2^2 \\ x(3)=c_1 e^{j2\pi f_1\cdot 3}+c_2 e^{j2\pi f_2\cdot 3}=c_1 z_1^3+c_2 z_2^3 \end{cases} \tag{5.5.2}$$

其中

$$c_1=A_1 e^{j\theta_1},c_2=A_2 e^{j\theta_2},z_1=e^{j2\pi f_1},z_2=e^{j2\pi f_2} \tag{5.5.3}$$

Prony 通过把实际的非线性问题转化成线性问题来解决上述方程。

首先，前三方程两边分别同乘 $a_2,a_1,-1$，其中 a_2,a_1 为未知常数。

$$\begin{cases} a_2 x(0)=a_2(c_1+c_2) \\ a_1 x(1)=a_1(c_1 z_1+c_2 z_2) \\ -x(2)=-(c_1 z_1^2+c_2 z_2^2) \end{cases} \tag{5.5.4}$$

其次，后三方程分别同乘 $a_2,a_1,-1$，则

$$\begin{cases} a_2 x(1)=a_2(c_1 z_1+c_2 z_2) \\ a_1 x(2)=a_1(c_1 z_1^2+c_2 z_2^2) \\ -x(3)=-(c_1 z_1^3+c_2 z_2^3) \end{cases} \tag{5.5.5}$$

将式(5.5.4) 左边和右边分别相加，并令其为 0，得

$$-x(2)+a_1 x(1)+a_2 x(0)=-c_1(z_1^2-a_1 z_1-a_2)-c_2(z_2^2-a_1 z_2-a_2)=0 \tag{5.5.6}$$

类似，由式(5.5.5) 得到

$$-x(3)+a_1 x(2)+a_2 x(1)=-c_1 z_1(z_1^2-a_1 z_1-a_2)-c_2 z_2(z_2^2-a_1 z_2-a_2)=0 \tag{5.5.7}$$

由此得线性方程组

$$\begin{cases} -x(2)+a_1 x(1)+a_2 x(0)=0 \\ -x(3)+a_1 x(2)+a_2 x(1)=0 \end{cases} \tag{5.5.8}$$

此方程组中 $x(i)(i=0,1,2,3)$ 是已知的数据，可解出 a_1,a_2。

要使式(5.5.6) 和式(5.5.7) 成立，下面关系必须成立

$$z_i^2-a_1 z_i-a_2=0\ (i=1,2) \tag{5.5.9}$$

由式(5.5.8) 得出 a_1,a_2 后，由上式解出 z_i，然后从式(5.5.3) 得出信号频率 f_i，并可从

式(5.5.2)得到 c_i。

此方法推广到多于两个信号情况,如果有 M 个信号,结果可写成

$$x(t)=\sum_{i=1}^{M}A_i\mathrm{e}^{\mathrm{j}(2\pi f_i t+\theta_i)} \tag{5.5.10}$$

或

$$x(t)=\sum_{i=1}^{M}c_i\mathrm{e}^{\mathrm{j}2\pi f_i t} \tag{5.5.11}$$

式中 c_i—— 复幅度,$c_i=A_i\mathrm{e}^{\mathrm{j}\theta_i}$。

此方程有 $2M$ 个未知数,需 $2M$ 个采样数据点,可以写成

$$\begin{cases}x(0)=c_1+c_2+\cdots+c_M\\ x(1)=c_1z_1+c_2z_2+\cdots+c_Mz_M\\ \vdots\\ x(2M-1)=c_1z_1^{2M-1}+c_2z_2^{2M-1}+\cdots+c_Mz_M^{2M-1}\end{cases} \tag{5.5.12}$$

为解该方程,引进 M 个未知数($a_1\sim a_M$),形成一组关于 a_i 的线性方程。

由以下过程可得到第一个方程:

取从 $x(0)$ 到 $x(M)$ 的前 $M+1$ 个方程,第一个方程乘以 a_M,第二个方程乘以 a_{M-1},…,第 $M+1$ 个方程乘以 -1,即

$$\begin{cases}a_Mx(0)=a_Mc_1+a_Mc_2+\cdots+a_Mc_M\\ a_{M-1}x(1)=a_{M-1}c_1z_1+a_{M-1}c_2z_2+\cdots+a_{M-1}c_Mz_M\\ \vdots\\ -x(M)=-c_1z_1^M-c_2z_2^M-\cdots-c_Mz_M^M\end{cases} \tag{5.5.13}$$

两边相加,并令其为0,左边为

$$a_Mx(0)+a_{M-1}x(1)+\cdots+a_1x(M-1)-x(M)=0 \tag{5.5.14}$$

此为一个求解常数 a_i 的方程。注意到这是一个线性预测方程,即 $x(M)$ 的值可以写成带有未知系数 a_i 的从 $x(0)$ 到 $x(M-1)$ 的线性组合。

剩余的 $M-1$ 个方程可同样获得。例如要得到第2个方程:从式(5.5.12)中选出从 $x(1)$ 到 $x(M+1)$ 的另 $M+1$ 个方程,第一个方程乘以 a_M,第二个方程乘以 a_{M-1},…,第 $M+1$ 个方程乘以 -1,这些方程左边相加并置为0时,得到

$$a_Mx(1)+a_{M-1}x(1)+\cdots+a_1x(M)-x(M+1)=0 \tag{5.5.15}$$

考虑所有方程,写成矩阵形式为

$$\begin{bmatrix}x(0) & x(1) & \cdots & x(M-1)\\ x(1) & x(2) & \cdots & x(M)\\ \vdots & \vdots & & \vdots\\ x(M-1) & x(M) & \cdots & x(2M-2)\end{bmatrix}\begin{bmatrix}a_M\\ a_{M-1}\\ \vdots\\ a_1\end{bmatrix}=\begin{bmatrix}x(M)\\ x(M+1)\\ \vdots\\ x(2M-1)\end{bmatrix} \tag{5.5.16}$$

用解线性方程组的方法可得到系数 a_i。

现在看式(5.5.13)右边,即

$$c_1(a_M + a_{M-1}z_1 + \cdots + a_1 z_1^{M-1} - z_1^M) + c_2(a_M + a_{M-1}z_2 + \cdots + a_1 z_2^{M-1} - z_2^M) + \cdots + c_M(a_M + a_{M-1}z_M + \cdots + a_1 z_M^{M-1} - z_M^M) = 0 \tag{5.5.17}$$

写成矩阵形式为

$$\begin{bmatrix} c_1 & c_2 & \cdots & c_M \\ c_1 z_1 & c_2 z_2 & \cdots & c_M z_M \\ \vdots & \vdots & & \vdots \\ c_1 z_1^{M-1} & c_2 z_2^{M-1} & \cdots & c_M z_M^{M-1} \end{bmatrix} \begin{bmatrix} a_M + a_{M-1}z_1 + \cdots + a_1 z_1^{M-1} - z_1^M \\ a_M + a_{M-1}z_2 + \cdots + a_1 z_2^{M-1} - z_2^M \\ \vdots \\ a_M + a_{M-1}z_M + \cdots + a_1 z_M^{M-1} - z_M^M \end{bmatrix} = 0 \tag{5.5.18}$$

要使以上等式成立,必须要求

$$a_M + a_{M-1}z_i + \cdots + a_1 z_i^{M-1} - z_i^M = 0 \quad (i = 1, 2, \cdots, M) \tag{5.5.19}$$

或

$$z_i^M - a_1 z_i^{M-1} - \cdots - a_{M-1}z_i - a_M = 0 \quad (i = 1, 2, \cdots, M) \tag{5.5.20}$$

z_i 为方程的根,$x(0), \cdots, x(2M-1)$ 为测量值。

Prony 法的步骤分为四步:

(1) 由式(5.5.16)可求得系数 $a_i(i = 1, 2, \cdots, M)$;

(2) 由式(5.5.20)求得 $z_i(i = 1, 2, \cdots, M)$;

(3) 由式(5.5.3)$z_i = \mathrm{e}^{\mathrm{j}2\pi f_i}$,可得到输入信号频率;

(4) 表示为 $c_i = A_i \mathrm{e}^{\mathrm{j}\theta_i}$ 的输入信号的幅度和初相可由式(5.5.12)在得到 z_i 后求出。

当信噪比高时,Prony 法可产生非常精确的结果,但当信噪比低时,由 Prony 法产生的误差可能很大。

5.6　使用最小二乘途径的 Prony 法

为改进 Prony 法性能,可使用更多的数据点。用于最小二乘法的数据将产生所需要的系数 a_i。先用一简单例子说明这种想法,然后给出一般结果。

假定只有两个信号,那么最小需 4 个复数点求解,为提高精度,要求得到 6 个数据点,即

$$\begin{cases} x(0) = c_1 + c_2 \\ x(1) = c_1 z_1 + c_2 z_2 \\ x(2) = c_1 z_1^2 + c_2 z_2^2 \\ x(3) = c_1 z_1^3 + c_2 z_2^3 \\ x(4) = c_1 z_1^4 + c_2 z_2^4 \\ x(5) = c_1 z_1^5 + c_2 z_2^5 \end{cases} \tag{5.6.1}$$

只有两个未知数 a_1, a_2，但有四个方程

$$\begin{cases} x(2)=a_1x(1)+a_2x(0) \\ x(3)=a_1x(2)+a_2x(1) \\ x(4)=a_1x(3)+a_2x(2) \\ x(5)=a_1x(4)+a_2x(3) \end{cases} \tag{5.6.2}$$

用最小二乘法解此方程：

$$\begin{bmatrix} x^*(1) & x^*(2) & x^*(3) & x^*(4) \\ x^*(0) & x^*(1) & x^*(2) & x^*(3) \end{bmatrix} \begin{bmatrix} x(1) & x(0) \\ x(2) & x(1) \\ x(3) & x(2) \\ x(4) & x(3) \end{bmatrix} \begin{bmatrix} a_1 \\ a_2 \end{bmatrix} =$$

$$\begin{bmatrix} x^*(1) & x^*(2) & x^*(3) & x^*(4) \\ x^*(0) & x^*(1) & x^*(2) & x^*(3) \end{bmatrix} \begin{bmatrix} x(2) \\ x(3) \\ x(4) \\ x(5) \end{bmatrix} \tag{5.6.3}$$

所有 6 个已知值用于求两个未知数 a_1、a_2，然后由式(5.5.19)得到相应的 z 值，进而求得频率。与 5.5 节相比，差别仅在于 a_i 的计算。

一般的，假定 N 个已知值 $x(0),\cdots,x(N-1)$，而信号频率有 M 个，为求信号频率，要求 $N \geqslant 2M$。若 $N > 2M$，可用最小二乘法求 a_i，即

$$\begin{bmatrix} x^*(M-1) & x^*(M) & \cdots & x^*(N-2) \\ x^*(M-2) & x^*(M-1) & \cdots & x^*(N-3) \\ \vdots & \vdots & & \vdots \\ x^*(0) & x^*(1) & \cdots & x^*(N-M-1) \end{bmatrix} \begin{bmatrix} x(M-1) & x(M-2) & \cdots & x(0) \\ x(M) & x(M-1) & \cdots & x(1) \\ \vdots & \vdots & & \vdots \\ x(N-2) & x(N-3) & \cdots & x(N-M-1) \end{bmatrix} \begin{bmatrix} a_1 \\ a_2 \\ \vdots \\ a_M \end{bmatrix} =$$

$$\begin{bmatrix} x^*(M-1) & x^*(M) & \cdots & x^*(N-2) \\ x^*(M-2) & x^*(M-1) & \cdots & x^*(N-3) \\ \vdots & \vdots & & \vdots \\ x^*(0) & x^*(1) & \cdots & x^*(N-M-1) \end{bmatrix} \begin{bmatrix} x(M) \\ x(M+1) \\ \vdots \\ x(N-1) \end{bmatrix} \tag{5.6.4}$$

求出 $a_i(i=1,2,\cdots,M)$ 后，由式(5.5.19)得到 z，进而求得频率。由于有更多的数据用于计算，采用最小二乘法途径的 Prony 法性能更好。

5.7 特征向量和特征值

若 A 为方阵，则存在常数 λ 和向量 X，使

$$AX=\lambda X \tag{5.7.1}$$

式中　λ—— 特征值；

X—— 相应的特征向量。

这个过程称为 A 的特征分解。

为找到 λ 和 X，将上述方程写为

$$(A-\lambda \boldsymbol{I})X=0 \tag{5.7.2}$$

式中　$\boldsymbol{I}$—— 单位矩阵。

为了得到非奇异解(即 $X\neq 0$)，$A-\lambda \boldsymbol{I}$ 的行列式应等于 0。

例如，已知 $A=\begin{bmatrix}1 & 2\\ 3 & 4\end{bmatrix}$，则

$$\det(A-\lambda I)=\begin{vmatrix}1-\lambda & 2\\ 3 & 4-\lambda\end{vmatrix}=(1-\lambda)(4-\lambda)-6=0 \tag{5.7.3}$$

解出的特征值：$\lambda_1=-0.372\,3$，$\lambda_2=5.372\,3$。对于每一个特征值有一个特征向量，相应的特征向量 $X_i=[x_{i1}\quad x_{i2}]^{\mathrm{T}}$ 可由式(5.7.1)解出：$X_1=[-0.824\,6\quad 0.565\,8]^{\mathrm{T}}$，$X_2=[-0.416\,0\quad -0.909\,4]^{\mathrm{T}}$，且满足约束条件 $x_{i1}^2+x_{i2}^2=1(i=1,2)$。

下面用一个简单的例子来说明特征向量和特征值的应用。如果输入信号为

$$x(i)=A\mathrm{e}^{\mathrm{j}(2\pi f\cdot i+\varphi)}+u(i) \tag{5.7.4}$$

式中　$u(i)$—— 高斯白噪声。

延迟量为 k 的自相关为

$$R(k)=E[x(i+k)x^*(i)]=$$
$$E[\{A\mathrm{e}^{\mathrm{j}[2\pi f(i+k)+\varphi]}+u(i+k)\}\{A\mathrm{e}^{-\mathrm{j}[2\pi fi+\varphi]}+u^*(i)\}] \tag{5.7.5}$$

由于噪声是不相关的，有

$$R(k)=A^2\mathrm{e}^{\mathrm{j}2\pi fk}+\sigma^2\delta_{0k} \tag{5.7.6}$$

式中　σ^2—— 噪声方差；

δ_{0k}——Kronecker delta 算子，且具有如下性质

$$\delta_{ij}=\begin{cases}1 & (i=j)\\ 0 & (i\neq j)\end{cases} \tag{5.7.7}$$

相关矩阵 $\boldsymbol{R}$ 为

$$\begin{bmatrix}R(0) & R(-1)\\ R(1) & R(0)\end{bmatrix}=\begin{bmatrix}A^2+\sigma^2 & A^2\mathrm{e}^{-\mathrm{j}2\pi f}\\ A^2\mathrm{e}^{\mathrm{j}2\pi f} & A^2+\sigma^2\end{bmatrix} \tag{5.7.8}$$

$\boldsymbol{R}$ 的特征值和特征向量可写为

$$\begin{bmatrix} R(0) & R(-1) \\ R(1) & R(0) \end{bmatrix} \begin{bmatrix} 1 \\ \alpha \end{bmatrix} = \lambda \begin{bmatrix} 1 \\ \alpha \end{bmatrix} \tag{5.7.9}$$

最小特征值相应于噪声功率，证明如下：

上面方程两边乘以$[1 \quad \alpha^*]$，得

$$[1 \quad \alpha^*] \begin{bmatrix} R(0) & R(-1) \\ R(1) & R(0) \end{bmatrix} \begin{bmatrix} 1 \\ \alpha \end{bmatrix} = \lambda [1 \quad \alpha^*] \begin{bmatrix} 1 \\ \alpha \end{bmatrix} = \lambda(1 + |\alpha|^2) \tag{5.7.10}$$

将$R(k)$值代入方程左边，得

$$\begin{aligned}
[1 \quad \alpha^*] \begin{bmatrix} R(0) & R(-1) \\ R(1) & R(0) \end{bmatrix} \begin{bmatrix} 1 \\ \alpha \end{bmatrix} &= [R(0) + \alpha^* R(1) \quad R(-1) + \alpha^* R(0)] \begin{bmatrix} 1 \\ \alpha \end{bmatrix} = \\
& R(0) + \alpha^* R(1) + \alpha R(-1) + \alpha\alpha^* R(0) = \\
& A^2 + \sigma^2 + A^2 \alpha^* e^{j2\pi f} + A^2 \alpha e^{-j2\pi f} + |\alpha|^2 A^2 + \sigma^2 |\alpha|^2 = \\
& \sigma^2 (1 + |\alpha|^2) + A^2 (1 + \alpha^* e^{j2\pi f} + \alpha e^{-j2\pi f} + |\alpha|^2) = \\
& \sigma^2 (1 + |\alpha|^2) + A^2 |1 + \alpha e^{-j2\pi f}|^2
\end{aligned} \tag{5.7.11}$$

比较式(5.7.10)和式(5.7.11)，可得

$$\lambda(1 + |\alpha|^2) = \sigma^2 (1 + |\alpha|^2) + A^2 |1 + \alpha e^{-j2\pi f}|^2 \tag{5.7.12}$$

等式右边包含两个非负项，当$A^2 |1 + \alpha e^{-j2\pi f}|^2 = 0$时达到最小值，因此最小特征值为

$$\lambda_{\min} = \sigma^2 \tag{5.7.13}$$

即最小特征值等于噪声功率。

5.8 MUSIC 方法

1981 年 Schmidt 提出多信号分类(Multiple Signal Classification)方法，其基本思想是通过特征分解把信号从噪声中分离出来。方法是找出矩阵 $\boldsymbol{R}$ 的所有特征值和特征向量，可表示为

$$\begin{bmatrix} R(0) & R(-1) & \cdots & R(-p) \\ R(1) & R(0) & \cdots & R(-p+1) \\ \vdots & \vdots & & \vdots \\ R(p) & R(p-1) & \cdots & R(0) \end{bmatrix} \begin{bmatrix} v_{00} & v_{01} & \cdots & v_{0p} \\ v_{10} & v_{11} & \cdots & v_{1p} \\ \vdots & \vdots & & \vdots \\ v_{p0} & v_{p1} & \cdots & v_{pp} \end{bmatrix} =$$

$$\begin{bmatrix} \lambda_0 v_{00} & \lambda_1 v_{01} & \cdots & \lambda_p v_{0p} \\ \lambda_0 v_{10} & \lambda_1 v_{11} & \cdots & \lambda_p v_{1p} \\ \vdots & \vdots & & \vdots \\ \lambda_0 v_{p0} & \lambda_1 v_{p1} & \cdots & \lambda_p v_{pp} \end{bmatrix} \tag{5.8.1}$$

第1个下标表示特征向量的元素序号，第2个下标表示特征向量的序号。例如，第一个特征向量就是 $\boldsymbol{V}$ 矩阵的第1列，第二个特征向量就是 $\boldsymbol{V}$ 矩阵的第2列，等等。

特征值用 λ_i 表示，若有 M 个信号，则相应于信号就有 M 个特征值 $\lambda_0,\lambda_1,\cdots,\lambda_{M-1}$，其余的特征值 $\lambda_M,\cdots,\lambda_p$ 相应于噪声。这些特征值可排成递减序列

$$\lambda_0 \geqslant \lambda_1 \geqslant \cdots \geqslant \lambda_{M-1} > \lambda_M = \cdots = \lambda_p = \sigma^2$$

V 中对应于特征值 $\lambda_0,\lambda_1,\cdots,\lambda_{M-1}$ 的特征向量称为信号子空间，用 V_s 表示；V 中对应特征值 $\lambda_M,\cdots,\lambda_p$ 的特征向量称为噪声子空间，用 V_n 表示。

$$\begin{cases} V_s = \begin{bmatrix} v_{00} & v_{01} & \cdots & v_{0M-1} \\ v_{10} & v_{11} & \cdots & v_{1M-1} \\ \vdots & \vdots & & \vdots \\ v_{p0} & v_{p1} & \cdots & v_{pM-1} \end{bmatrix} \\ V_n = \begin{bmatrix} v_{0M} & v_{0M+1} & \cdots & v_{0p} \\ v_{1M} & v_{1M+1} & \cdots & v_{1p} \\ \vdots & \vdots & & \vdots \\ v_{pM} & v_{pM+1} & \cdots & v_{pp} \end{bmatrix} \end{cases} \tag{5.8.2}$$

信号子空间正交于噪声子空间。

MUSIC 基本思想是用信号子空间与噪声子空间的正交性分离信号。假定输入向量 $\boldsymbol{s}$ 为：

$$\boldsymbol{s} = [1 \quad e^{-j2\pi f} \quad \cdots \quad e^{-j2\pi(N-1)f}] \tag{5.8.3}$$

这个向量与噪声子空间正交。因为 s 是 f 的函数，所以可变频率 f 的函数 O ：

$$P_{\text{MUS}}(f) = \frac{1}{sV_nV_n^Hs^H} \tag{5.8.4}$$

若 f 值等于输入信号频率，因 s 与 V_n 正交，则式(5.8.4)分母为0(实际上达到最小)，因此画出 $P_{\text{MUS}}(f)$ 关于 f 的图形，峰就表示输入频率。

MUSIC 法步骤如下：

(1) 由输入数据 $x(0),x(1),\cdots,x(N-1)$ 构造 $\boldsymbol{R}$ 矩阵。选择滤波器阶数 p，p 应大于最大信号数 $M_{\max}$。如有 N 个数据点，$p=2N/3$ 较好。

(2) 使用 $\boldsymbol{R}$ 矩阵的特征分解找到特征值 λ_i 和 $\boldsymbol{V}$ 矩阵。若知道输入信号数 M，则选择前面大的 M 个特征值，其余为噪声特征值。若不知道输入信号数，则需检查特征值来决定信号数。大特征值对应于信号，小特征值对应于噪声，然而这样做有点主观，并依赖于信噪比 S/N，如果两个输入信号的频率靠得很近，有时难于把信号特征值与噪声特征值分开。一旦选定了特征值，便可得到相应的噪声特征向量 V_n(式(5.8.2))。

(3) 绘出 $P_{MUS}(f)$ 作为 f 的函数的图形。峰表示输入频率。

【例 5.3】 采用MUSIC法对例5.1的信号进行谱估计,结果如图5.5所示。图5.5(a)、(b)中,$M=4$,$p=9$、27,结果显示了所需的三个峰,且比Burg法得到的峰尖锐。图5.5(c)中 $M=4$,$p=28$,结果不表示真实的输入信号。图5.5(d)中 $M=6$,$p=13$,结果显示出了四个峰,最低的峰是一个假峰。图5.5(e)中 $M=3$,$p=7$,结果完全不能用来表示输入信号的功率谱。

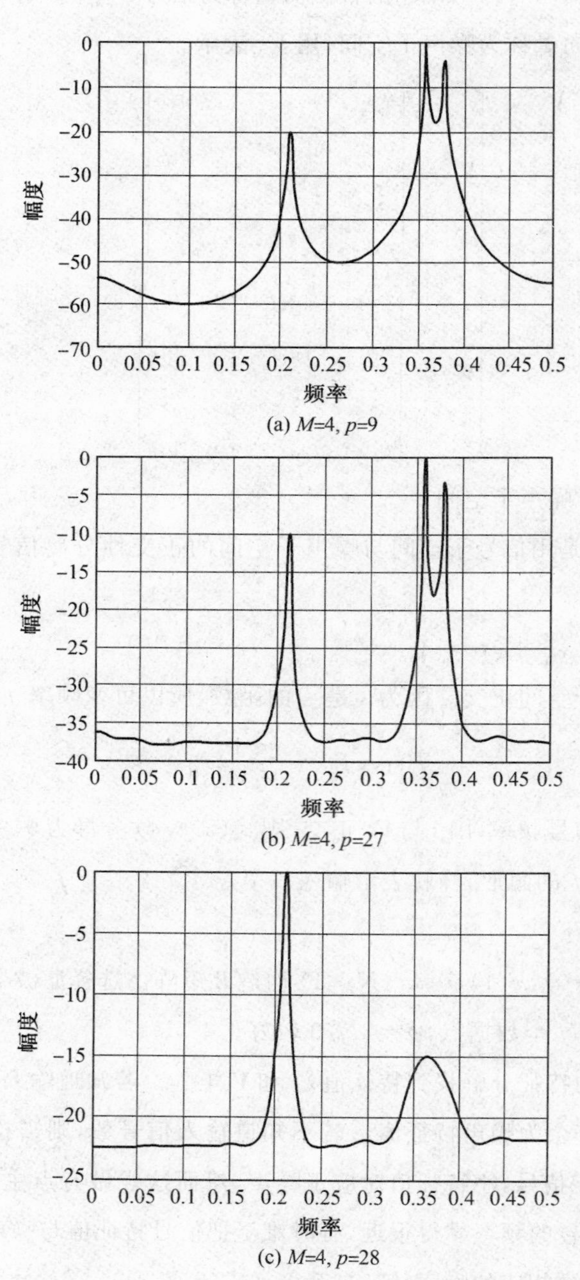

(a) M=4, p=9

(b) M=4, p=27

(c) M=4, p=28

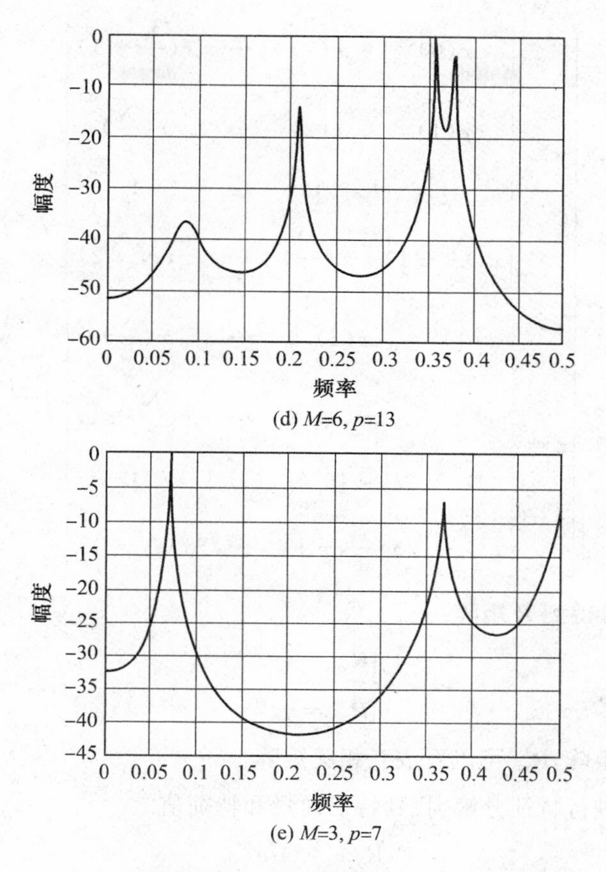

(d) M=6, p=13

(e) M=3, p=7

图 5.5　MUSIC 方法的结果

对以上结果分析显示，阶数 p 不是最关键的参数，因为在图 5.5(a)、(b) 中，p 从 9 变到 27，结果仍可以满意，所以 $p=2N/3\approx 21(N=32)$ 是比较合理的选择。但是信号个数的选择非常重要，如果选的信号数太大，将出现虚假信号，如果选的信号数太少，将不出现需要的峰。

5.9　ESPRIT 法

通过旋转不变技术的信号参数估计，步骤如下：

(1) 假定有 N 个数据，$x(n)(n=0,1,\cdots,N-1)$ 分两组，每组 $N-1$ 个点

$$\begin{cases}G_1=x(0),x(1),\cdots,x(N-2)\\ G_2=x(1),x(2),\cdots,x(N-1)\end{cases}\tag{5.9.1}$$

用协方差法，形成两个矩阵 $\boldsymbol{R}_{yy}$ 和 $\boldsymbol{R}_{yz}$，$\boldsymbol{R}_{yy}$ 由 G_1 数据得到，$\boldsymbol{R}_{yz}$ 由 G_1 和 G_2 数据得到。在求 R_{yz} 的过程中，式(5.3.2) 中的第一个矩阵用 G_1 中的数据，第二个矩阵用 G_2 中的数据。

例如，若 N 为偶数，阶数 $p=N/2-1$，数据可分成以下两矩阵：

$$\begin{cases} \boldsymbol{y}=\begin{bmatrix} x(0) & x(1) & \cdots & x(\frac{N}{2}-1) \\ x(1) & x(2) & \cdots & x(\frac{N}{2}) \\ \vdots & \vdots & & \vdots \\ x(\frac{N}{2}-1) & x(\frac{N}{2}) & \cdots & x(N-2) \end{bmatrix} \\ \boldsymbol{z}=\begin{bmatrix} x(1) & x(2) & \cdots & x(\frac{N}{2}) \\ x(2) & x(3) & \cdots & x(\frac{N}{2}+1) \\ \vdots & \vdots & & \vdots \\ x(\frac{N}{2}) & x(\frac{N}{2}+1) & \cdots & x(N-1) \end{bmatrix} \end{cases} \tag{5.9.2}$$

由这两个矩阵,可得到 $\boldsymbol{R}$ 矩阵:

$$\begin{cases} \boldsymbol{R}_{yy}=yy^{H} \\ \boldsymbol{R}_{yz}=yz^{H} \end{cases} \tag{5.9.3}$$

$\boldsymbol{R}_{yy}$ 可以看成自相关矩阵,$\boldsymbol{R}_{yz}$ 可以看成互相关矩阵。

(2) 对矩阵 $\boldsymbol{R}_{yy}$ 进行特征分解,找到特征向量和特征值

$$R_{yy}\boldsymbol{e}'=\lambda'\boldsymbol{e}' \tag{5.9.4}$$

式中 $\boldsymbol{e}'$ 和 λ'—— 特征向量和特征值。

根据特征值的分布可以确定信号个数,具体方法同 MUSIC 法。

(3) 定义两矩阵 $\boldsymbol{I}$、$\boldsymbol{D}$,维数均为$\frac{N}{2}\times\frac{N}{2}$

$$\begin{cases} \boldsymbol{I}=\begin{bmatrix} 1 & 0 & 0 & \cdots & 0 \\ 0 & 1 & 0 & \cdots & 0 \\ 0 & 0 & 1 & \cdots & 0 \\ \vdots & \vdots & \vdots & & \vdots \\ 0 & 0 & 0 & \cdots & 1 \end{bmatrix} \\ \boldsymbol{D}=\begin{bmatrix} 0 & 0 & 0 & \cdots & 0 & 0 \\ 1 & 0 & 0 & \cdots & 0 & 0 \\ 0 & 1 & 0 & \cdots & 0 & 0 \\ \vdots & \vdots & \vdots & & \vdots & \vdots \\ 0 & 0 & 0 & \cdots & 1 & 0 \end{bmatrix} \end{cases} \tag{5.9.5}$$

(4) 形成两矩阵 $\boldsymbol{R}_s$、$\boldsymbol{R}_t$

$$\begin{cases}\boldsymbol{R}_s = R_{yy} - \lambda'_{\min}\boldsymbol{I} \\ \boldsymbol{R}_t = R_{yz} - \lambda'_{\min}\boldsymbol{D}\end{cases} \tag{5.9.6}$$

$\lambda'_{\min}$ 是由第 2 步得到的最小特征值。

(5) 找到 $\boldsymbol{R}_s$ 和 $\boldsymbol{R}_t$ 的广义特征分解

$$\boldsymbol{R}_s\boldsymbol{e} = \lambda\boldsymbol{R}_t\boldsymbol{e} \tag{5.9.7}$$

式中　$\boldsymbol{e}$ 和 λ—— 特征向量和特征值。

(6) 最后为找到输入频率,先找到靠近单位圆的 λ 值,一旦找到了这些 λ_i,输入频率便可由下式求出

$$f_i = \frac{1}{2\pi}\tan^{-1}\left(\frac{\text{Im}\lambda_i}{\text{Re}\lambda_i}\right) \tag{5.9.8}$$

该方法的缺点是需要进行两次大计算量的分解。其优点是:一旦得到式(5.9.7)的特征值,只有靠近单位圆的特征值才被选出,由它们得出相应的信号频率,不必像 AR 法和 MUSIC 法那样在整个频率范围内搜索。

ESPRIT 的统计精确性类似于前面介绍的 MUSIC 方法。实际上,在多数情况下,虽然计算量相似,但 ESPRIT 不存在分离"信号根"和"噪声根"的问题。诸多优势使得 ESPRIT 方法成为功率谱估计中的常用方法。

5.10　最小范数法

向量的范数的定义如下:

如果向量 $\boldsymbol{X} \in \mathbf{R}^n$(或$\mathbf{C}^n$)的某个实值函数 $N(x) = \|\boldsymbol{X}\|$,满足条件:

(1) $\|\boldsymbol{X}\| \geqslant 0$($\|\boldsymbol{X}\| = 0$ 当且仅当 $\boldsymbol{X} = \boldsymbol{0}$)—— 正定条件;

(2) $\|\alpha\boldsymbol{X}\| = |\alpha| \cdot \|\boldsymbol{X}\|$,任意 $\alpha \in \mathbf{R}$(或 $\alpha \in \mathbf{C}$)—— 齐次性;

(3) $\|\boldsymbol{X}+\boldsymbol{Y}\| \leqslant \|\boldsymbol{X}\| + \|\boldsymbol{Y}\|$ —— 三角不等式。

则称 $N(x)$ 是$\mathbf{R}^n$(或$\mathbf{C}^n$)上 $\boldsymbol{X}$ 的一个向量范数(或模)。

常用范数如下:

(1) 向量的 ∞ − 范数(最大范数)

$$\|\boldsymbol{X}\|_\infty = \max_{1\leqslant i\leqslant n}|\boldsymbol{X}_i|$$

(2) 向量的 1 − 范数

$$\|\boldsymbol{X}\|_1 = \sum_{i=1}^{n}|\boldsymbol{X}_i|$$

(3) 向量的 2－范数

$$\| \boldsymbol{X} \|_2 = (\boldsymbol{X}, \boldsymbol{X})^{1/2} = \left(\sum_{i=1}^{n} | \boldsymbol{X}_i |^2 \right)^{1/2}$$

(4) 向量的 P－范数

$$\| \boldsymbol{X} \|_p = \left(\sum_{i=1}^{n} | \boldsymbol{X}_i |^P \right)^{1/P} \quad (P \in [1, \infty))$$

最小范数法由 Kumaresan 和 Tufts 引入，与 MUSIC 法相似。

其基本思想是：找到向量 $\boldsymbol{d}$，$\boldsymbol{d}$ 是噪声子空间中特征向量的线性组合

$$\boldsymbol{d} = [d_0, d_1, \cdots, d_p]^{\mathrm{T}} = [1, d_1, \cdots, d_p]^{\mathrm{T}} \tag{5.10.1}$$

d_0 设为 1，此向量的二范数为

$$\| d \|_2 = \sqrt{\sum_{i=0}^{p} d_i^2} \tag{5.10.2}$$

此方法可以最小化该范数。

最小范数法的步骤如下：(前两步同 MUSIC 法)

(1) 找到 $\boldsymbol{R}$ 矩阵的特征向量 $\boldsymbol{V}$。$\boldsymbol{R}$ 矩阵常用式(5.3.3)中的改进协方差法来构造。

(2) 对 $\boldsymbol{R}$ 矩阵进行特征分解，找到特征值 λ_i 和 $\boldsymbol{V}$ 矩阵，若知道输入信号数 M，则选择前面大的 M 个特征值，其余为噪声特征值。若不知道输入信号数，则需检查特征值来决定信号数。大特征值对应于信号，小特征值对应于噪声。向量 $\boldsymbol{d}$ 可从噪声子空间$\boldsymbol{V}_{\mathrm{n}}$ 或信号子空间$\boldsymbol{V}_{\mathrm{s}}$ 中得到。

(3) 从噪声子空间$\boldsymbol{V}_{\mathrm{n}}$ 中得到向量 $\boldsymbol{d}$，噪声子空间$\boldsymbol{V}_{\mathrm{n}}$ 可写成

$$\boldsymbol{V}_{\mathrm{n}} = \begin{bmatrix} v_{0M} & v_{0M+1} & \cdots & v_{0p} \\ v_{1M} & v_{1M+1} & \cdots & v_{1p} \\ \vdots & \vdots & & \vdots \\ v_{pM} & v_{pM+1} & \cdots & v_{pp} \end{bmatrix} = \begin{bmatrix} \boldsymbol{c}^H \\ \boldsymbol{V}'_{\mathrm{n}} \end{bmatrix} \tag{5.10.3}$$

式中　$\boldsymbol{c}^H$——$\boldsymbol{V}_{\mathrm{n}}$ 的第一行；

$\boldsymbol{V}'_{\mathrm{n}}$——$\boldsymbol{V}_{\mathrm{n}}$ 的其余部分，即

$$\begin{cases} \boldsymbol{c}^H = [v_{0M} v_{0M+1} \cdots v_{0p}] \\ \boldsymbol{V}'_{\mathrm{n}} = \begin{bmatrix} v_{1M} & v_{1M+1} & \cdots & v_{1p} \\ \vdots & \vdots & & \vdots \\ v_{pM} & v_{pM+1} & \cdots & v_{pp} \end{bmatrix} \end{cases} \tag{5.10.4}$$

由 $\boldsymbol{c}^H$ 和 $\boldsymbol{V}'_{\mathrm{n}}$ 可得到向量 $\boldsymbol{d}$

$$\boldsymbol{d} = \begin{bmatrix} 1 \\ \boldsymbol{V}'_{\mathrm{n}} c / (\boldsymbol{c}^H c) \end{bmatrix} \tag{5.10.5}$$

(4)$\boldsymbol{d}$ 也可由信号子空间中得到,信号子空间$\mathbf{V}_s$ 可写成

$$\mathbf{V}_s=\begin{bmatrix} v_{00} & v_{01} & \cdots & v_{0M-1} \\ v_{10} & v_{11} & \cdots & v_{1M-1} \\ \vdots & \vdots & & \vdots \\ v_{p0} & v_{p1} & \cdots & v_{pM-1} \end{bmatrix} \equiv \begin{bmatrix} \boldsymbol{g}^H \\ \mathbf{V}'_s \end{bmatrix} \tag{5.10.6}$$

式中,$\boldsymbol{g}^H$ 表示$\mathbf{V}_s$ 的第一行,$\mathbf{V}'_s$ 表示$\mathbf{V}_s$ 的其余部分,即

$$\begin{cases} \boldsymbol{g}^H=[v_{00} \quad v_{01} \quad \cdots \quad v_{0M-1}] \\ \mathbf{V}'_s=\begin{bmatrix} v_{10} & v_{11} & \cdots & v_{1M-1} \\ \vdots & \vdots & & \vdots \\ v_{p0} & v_{p1} & \cdots & v_{pM-1} \end{bmatrix} \end{cases} \tag{5.10.7}$$

向量 $\boldsymbol{d}$ 为

$$\boldsymbol{d}=\begin{bmatrix} 1 \\ -\mathbf{V}'_s\boldsymbol{g}/(1-\boldsymbol{g}^H\boldsymbol{g}) \end{bmatrix} \tag{5.10.8}$$

(5) 一旦得到向量 $\boldsymbol{d}$,定义函数 $P_{\mathrm{MN}}(f)$ 为

$$P_{\mathrm{MN}}(f)=\frac{1}{s\boldsymbol{d}\,\boldsymbol{d}^H s^H} \tag{5.10.9}$$

因 s 是输入频率 f 的函数(参见式(5.8.3)),因此 $P_{\mathrm{MN}}(f)$ 也是 f 的函数,描绘出 $P_{\mathrm{MN}}(f)$,峰值对应输入频率,类似于 MUSIC 法。

【例 5.4】　采用最小范数法对例 5.1 的信号进行谱估计,结果如图 5.6 所示。

此方法的缺点是功率谱中会出现一些低电平的峰。

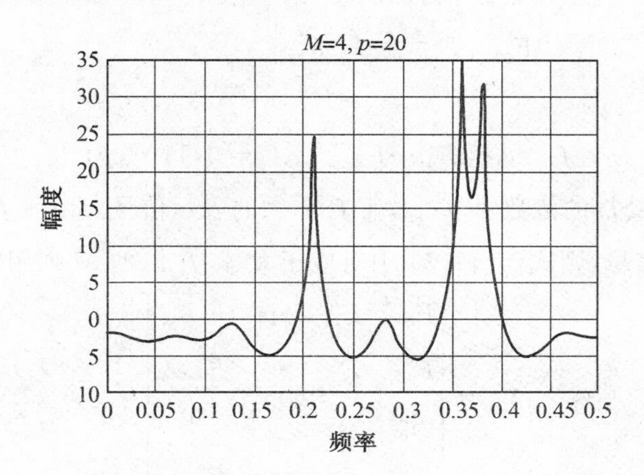

图 5.6　最小范数法的谱估计结果

5.11 用离散傅里叶变换的最小范数法

用离散傅里叶变换的最小范数法由Shaw和Xia引进，为最小范数法的改进方法。主要不同是用DFT代替了特征分解。重复部分不再讨论，下面仅讨论变化部分。

相关矩阵 $\boldsymbol{R}$ 具有维数 $(1+p)\times(1+p)$，以下步骤用于得到最小范数。

(1) 定义维数为 $(1+p)\times(1+p)$ 的傅里叶矩阵 $\boldsymbol{E}$ 为

$$\boldsymbol{E}=\begin{bmatrix}1 & 1 & 1 & \cdots & 1\\ 1 & \mathrm{e}^{\mathrm{j}\frac{2\pi}{p+1}} & \mathrm{e}^{\mathrm{j}\frac{4\pi}{p+1}} & \cdots & \mathrm{e}^{\mathrm{j}\frac{2\pi p}{p+1}}\\ 1 & \mathrm{e}^{\mathrm{j}\frac{4\pi}{p+1}} & \mathrm{e}^{\mathrm{j}\frac{8\pi}{p+1}} & \cdots & \mathrm{e}^{\mathrm{j}\frac{4\pi p}{p+1}}\\ \vdots & \vdots & \vdots & & \vdots\\ 1 & \mathrm{e}^{\mathrm{j}\frac{2\pi p}{p+1}} & \mathrm{e}^{\mathrm{j}\frac{4\pi p}{p+1}} & \cdots & \mathrm{e}^{\mathrm{j}\frac{2\pi pp}{p+1}}\end{bmatrix} \tag{5.11.1}$$

构造矩阵 $\boldsymbol{F}$ 为

$$\boldsymbol{F}=\boldsymbol{RE} \tag{5.11.2}$$

式中 $\boldsymbol{R}$—— 自相关矩阵。

$\boldsymbol{F}$ 也具有维数 $(1+p)\times(1+p)$。

(2) 把 $\boldsymbol{F}$ 矩阵的每一列看成一向量，即

$$\boldsymbol{F}=\begin{bmatrix}F_{00} & F_{01} & \cdots & F_{0p}\\ F_{10} & F_{11} & \cdots & F_{1p}\\ \vdots & \vdots & & \vdots\\ F_{p0} & F_{p1} & \cdots & F_{pp}\end{bmatrix}\equiv[\boldsymbol{f}_0\ \boldsymbol{f}_1\cdots\ \boldsymbol{f}_p] \tag{5.11.3}$$

其中

$$\boldsymbol{f}_i=[F_{0i}F_{1i}\cdots F_{pi}]^{\mathrm{T}}\quad(i=0,1,\cdots,p) \tag{5.11.4}$$

(3) 找到所有向量 $\boldsymbol{f}_i$ 的范数 $\|\boldsymbol{f}_i\|$，$\|\boldsymbol{f}_i\|$ 大的表示信号。由 $\|\boldsymbol{f}_i\|$ 的大小决定信号数。若选择了 M 个信号，则式(5.11.3) 中对应于大 $\|\boldsymbol{f}_i\|$ 的 M 列用于信号矩阵，即

$$\boldsymbol{V}_{\mathrm{s}}=\begin{bmatrix}F'_{00} & F'_{01} & \cdots & F'_{0M-1}\\ F'_{10} & F'_{11} & \cdots & F'_{1M-1}\\ \vdots & \vdots & & \vdots\\ F'_{p0} & F'_{p1} & \cdots & F'_{pM-1}\end{bmatrix} \tag{5.11.5}$$

其中，$M<p$。

注意：$\boldsymbol{V}_{\mathrm{s}}$ 的列是由矩阵 $\boldsymbol{F}$ 的 M 个对应最大 $\|\boldsymbol{f}_i\|$ 的列构成。

例如，有两个大范数，它们是式(5.11.3) 和(5.11.4) 中的向量元素 2 和 4，那么信号子

空间矩阵为

$$
\boldsymbol{V}_s = \begin{bmatrix} F_{01} & F_{03} \\ F_{11} & F_{13} \\ \vdots & \vdots \\ F_{p1} & F_{p3} \end{bmatrix} \tag{5.11.6}
$$

一旦得到$\boldsymbol{V}_s$便可利用式(5.10.6)～(5.10.8)找到向量$\boldsymbol{d}$,而有了$\boldsymbol{d}$又可由式(5.10.9)得到频率响应,如图 5.7 所示,虽没做特征分解,但结果同图 5.6 基本相同。

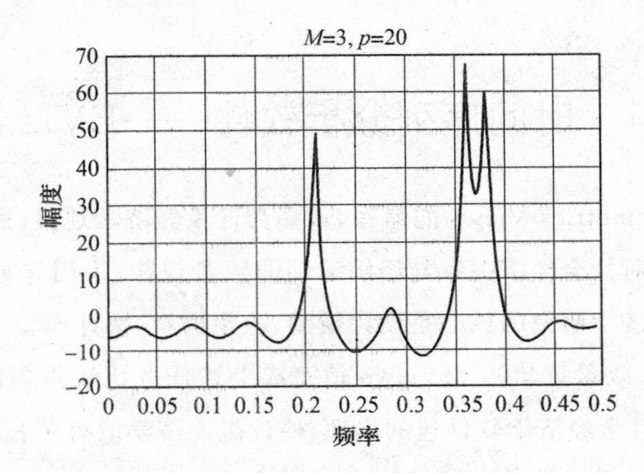

图 5.7　用 DFT 的最小范数法的谱估计结果

习　　题

5.1　产生一信号:

$$y(t)=10\sin(0.24\pi t+\varphi_1)+5\sin(0.26\pi t+\varphi_2)+e(t)\quad (t=1,\cdots,N)$$

其中,$N=64$;$e(t)$是方差为σ^2的高斯白噪声;φ_1和φ_2是独立的随机变量,它们都服从$[-\pi,\pi]$上的均匀分布。产生 50 次$y(t)$的 Monte Carlo 实现,并给出这些实验结果。分别利用 AR 法、MUSIC 法、ESPRIT 法对此信号进行谱分析,并进行对比。

第 6 章

时间序列分析与谱估计软件及实验指导

6.1 时间序列分析软件——EViews

EViews 是 Econometrics Views 的缩写，直译为计量经济学观察，通常称为计量经济学软件包。它的本意是对社会经济关系与经济活动的数量规律，采用计量经济学方法与技术进行“观察”。计量经济学研究的核心是设计模型、收集资料、估计模型、检验模型、应用模型(结构分析、经济预测、政策评价)。EViews 是完成上述任务比较得力的必不可少的工具。正是由于 EViews 等计量经济学软件包的出现，使计量经济学取得了长足的进步，发展成为一门较为实用与严谨的经济学科。

6.1.1 EViews 简介

EViews 是美国 QMS 公司研制的在 Windows 下专门从事数据分析、回归分析和预测的工具。使用 EViews 可以迅速地从数据中寻找出统计关系，并用得到的关系去预测数据的未来值。EViews 的应用范围包括:科学实验数据分析与评估、金融分析、宏观经济预测、仿真、销售预测和成本分析等。

EViews 是专门为大型机开发的、用以处理时间序列数据的时间序列软件包的新版本。EViews 的前身是 1981 年第 1 版的 Micro TSP。虽然 EViews 是经济学家开发的，而且主要用于经济学领域，但是从软件包的设计来看，EViews 的运用领域并不局限于处理经济时间序列。即使是跨部门的大型项目，也可以采用 EViews 进行处理。

EViews 处理的基本数据对象是时间序列，每个序列有一个名称，只要提及序列的名称就可以对序列中所有的观察值进行操作，EViews 允许用户以简便的可视化的方式从键盘或磁盘文件中输入数据，根据已有的序列生成新的序列，在屏幕上显示序列或打印机上打印输出序列，对序列之间存在的关系进行统计分析。EViews 具有操作简便且可视化的操作风格，体现在从键盘或从键盘输入数据序列、依据已有序列生成新序列、显示和打印序列以及对序列之间存在的关系进行统计分析等方面。

EViews 具有现代 Windows 软件可视化操作的优良性,可以使用鼠标对标准的 Windows 菜单和对话框进行操作。操作结果出现在窗口中并能采用标准的 Windows 技术对操作结果进行处理。此外,EViews 还拥有强大的命令功能和批处理语言功能,在 EViews 的命令行中输入、编辑和执行命令。在程序文件中建立和存储命令,以便在后续的研究项目中使用这些程序。

6.1.2　EViews 系统介绍

EViews 是在 Windows 操作系统中计量经济学软件里的世界性领导软件;借助革新的使用界面和精密的分析引擎工具,使得 EViews 具有功能强大、使用方便的特点。EViews 预测分析计量软件在科学数据分析与评价、金融分析、经济预测、销售预测和成本分析等领域应用非常广泛。EViews 软件在 Windows 环境下运行,操作接口容易上手,使得本来复杂的数据分析过程变得易学易用。

6.1.3　EViews 应用领域

EViews 软件的应用领域包括:

①应用经济计量学;

②总体经济的研究和预测;

③销售预测;

④财务分析;

⑤成本分析和预测;

⑥蒙地卡罗模拟;

⑦经济模型的估计和仿真;

⑧利率与外汇预测。

6.1.4　EViews 主要功能

EViews 引入了流行的对象概念,操作灵活简便,可采用多种操作方式进行各种计量分析和统计分析,数据管理简单方便。其主要功能如下:

(1)采用统一的方式管理数据,通过对象、视图和过程实现对数据的各种操作。

(2)输入、扩展和修改时间序列数据或截面数据,依据已有序列按任意复杂的公式生成新的序列。

(3)计算描述统计量:相关系数、协方差、自相关系数、互相关系数和直方图。

(4)进行 T 检验、方差分析、协整检验、Granger 因果检验。

(5)执行普通最小二乘法、带有自回归校正的最小二乘法、两阶段最小二乘法和三阶段最小二乘法、非线性最小二乘法、广义矩估计法、ARCH 模型估计法等。

(6)对二择一决策模型进行 Probit、logit 和 Gompit 估计。

(7)对联立方程进行线性和非线性的估计。

(8)估计和分析向量自回归系统。

(9)多项式分布滞后模型的估计。

(10)回归方程的预测。

(11)模型的求解和模拟。

(12)数据库管理。

(13)与外部软件进行数据交换。

6.1.5 EViews 使用说明

1. EViews 的启动、退出和主界面

(1)启动 EViews

在 Windows 下,有下列几种启动 EViews 的方法:单击任务栏中的开始按钮,然后选择程序中的 EViews 进入 EViews 程序组,再选择 EViews 程序符号;双击桌面上的 EViews 图标;双击 EViews 的 workfile 或 database 文件名称。

(2)EViews 窗口

EViews 窗口由如下五个部分组成:标题栏、主菜单、命令窗口、状态线、工作区。

①标题栏:它位于主窗口的最上方。可以单击 EViews 窗口的任何位置使 EViews 窗口处于活动状态。

②主菜单:点击主菜单会出现一个下拉菜单,在下拉菜单中可以单击选择显现项。

③命令窗口:菜单栏下面是命令窗口。把 EViews 命令输入该窗口,按回车键即执行该命令。

④状态线:窗口的最底端是状态线,它被分成几个部分。左边部分显示 EViews 发送的状态信息;往右接下来的部分是 EViews 寻找数据和程序的预设目录;最后两部分显示预设数据库和工作文件的名称。

⑤工作区:位于窗口中间部分的是工作区。EViews 在这里显示各个目标窗口。

(3)关闭 EViews

在主菜单上选择 File/Close 或按 ALT—F4 键来关闭 EViews ;可单击 EViews 窗口右上角的关闭方块。

2. EViews 使用基础

EViews 的核心是对象，对象是指有一定关系的信息或算子捆绑在一起供使用的单元，用 EViews 工作就是使用不同的对象。对象都放置在对象集合中，其中工作文件（workfile）是最重要的对象集合。

（1）建立新的工作文件

选择菜单 File/New/workfile，则出现数据的频率对话框。可在“Workfilefrequency”中选择数据的频率，可选的频率包括年度、半年、季度、月度、星期、天（每周 5 天、每周 7 天）以及非时间序列或不规则数据。可在“Start date”文本框中输入起始日期，“End date”文本框中输入终止日期，年度与后面的数字用“:”分隔。

日期的表示法如下：

①年度：20 世纪可用两位数，其余全用四位数字；

②半年：年后加 1 或 2；

③季度：年后加 1～4；

④月度：年后加 1～12；

⑤星期：月/日/年；

⑥日：月/日/年；

⑦非时间序列或不规则数据：样本个数。

（2）打开已有的工作文件

利用菜单 File/open/workfile 可打开已有的工作文件。

（3）工作文件窗口

建立工作文件或打开已有的工作文件后可看到工作文件窗口。

（4）保存工作文件

保存工作文件可选菜单 File/Save 或 File/Save as，在出现的 WIndows 标准对话框内选择文件要保存的目录及文件名。

（5）设置默认路径

打开 EViews 文件对话框开始都显示默认路径下的内容。可以通过两种方法改变默认路径，一是选择对话框下端的 Update default directory 即可使当前目录成为默认路径；二是在命令窗口键入 CD 后面跟着目录名也可使该目录成为默认路径。

（6）引用 TSP 文件

EViews 能以与 MicroTsp 相容的方式读入和储存工作文件。

（7）重置工作文件范围

为了改变工作文件的范围区间，可选择 Procs/Change workfile Range，然后输入新的起

始日期和终止日期;也可通过双击工作文件目录中的 Range 来改变工作文件范围。

(8)工作文件排序

工作文件中的基础数据是保存在序列对象(Series)中的。通过单击菜单 Procs/Sort-series,可以把工作文件中的所有序列以序列中的数据值大小排序。

(9)显示限制

当工作文件中包含很多对象时,工作文件窗口就会显得很乱,可以用显示限制(Filter)来限制窗口中所显示的对象。对象类型和对象名称可作为限制条件。该窗口分为两部分:在编辑区域(空白部分)可以设置限制条件,其中可以使用通配符“*”和“?”,比如 X*,??Y*;在 Include 中可以选择工作文件窗口中显示的对象的类型。

(10)大小写转换

菜单 View/Name Display 可以实现大小写转换。

(11)显示方式

通过 View/Display Comments(Label + 一)可以在标准显示方式和详细显示方式之间切换。

(12)抽出新的工作文件

可以从一个工作文件窗口直接抽出另一个新的工作文件窗口,选择 Procs/Extract to new workfile 或双击工作文件窗口上的 Filter 实现。

6.2 MATLAB 介绍

6.2.1 MATLAB 2012b (8.0)简介

20 世纪 80 年代,美国 MathWorks 公司推出了一套高性能的集数值计算、矩阵运算和信号处理与显示于一体的可视化软件 MATLAB,它是由英文 Matrix Laboratory(矩阵实验室)两词的前三个字母组成。MATLAB 集成度高,使用方便,输入简捷,运算高效,内容丰富,并且很容易由用户自行扩展,与其他计算机语言相比,MATLAB 有以下显著特点。

(1)MATLAB 是一种解释性语言

MATLAB 是以解释方式工作的,键入算式立即得结果,无需编译,即它对每条语句解释后立即执行。若有错误也立即作出反应,便于编程者马上改正。这些都大大减轻了编程和调试的工作量。

(2)变量的“多功能性”

①每个变量代表一个矩阵,它可以有 $n \times m$ 元素;

②每个元素都看作复数,这个特点在其他语言中也是不多见的;

③矩阵行数、列数无需定义:若要输入一个矩阵,在用其他语言编程时必须定义矩阵的阶数;而用MATLAB语言则不必有阶数定义语句,输入数据的列数就决定了它的阶数。

(3)运算符号的"多功能性"

所有的运算,包括加、减、乘、除、函数运算都对矩阵和复数有效。

(4)人机界面适合科技人员

语言规则与笔算式相似;MATLAB的程序与科技人员的书写习惯相近,因此易写易读,易于在科技人员之间交流。

(5)强大而简易的作图功能

①能根据输入数据自动确定坐标绘图;

②能规定多种坐标(极坐标、对数坐标等)绘图;

③能绘制三维坐标中的曲线和曲面;

④可设置不同颜色、线型、视角等。

(6)功能丰富,可扩展性强

MATLAB软件包括基本部分和专业扩展部分。基本部分包括:矩阵的运算和各种变换,代数和超越方程的求解,数据处理和傅里叶变换,数值积分等。扩展部分称为工具箱(toolbox),用于解决某一个方面的专门问题,或实现某一类算法。

MATLAB2012b(8.0)是Mathworks在2012年推出的MATLAB新版本,该版本修订了新的界面、仿真编辑器和文本中心。作为基本的研发工具,MATLAB和Simulink广泛应用于自动化、航空、通信、电子和工业自动化等领域,并应用于金融服务、计算生物学等新兴技术领域。MATLAB支持包括自动化系统、航空飞行控制、航空电子技术、通信和其他电子装备、工业机械和医疗器械等领域的设计和开发。全世界超过5 000所大学在教学和科研工作中使用MATLAB。MATLAB 2012b(8.0)中包括如下工具箱(含版本号):

Simulink Version 8.0 (R2012b)	动态系统建模和仿真软件包
Aerospace Blockset Version 3.10 (R2012b)	航空航天模块
Aerospace Toolbox Version 2.10 (R2012b)	航空航天工具箱
Bioinformatics Toolbox Version 4.2 (R2012b)	生物信息学工具箱
Communications System Toolbox Version 5.3 (R2012b)	通信系统工具箱
Computer Vision System Toolbox Version 5.1 (R2012b)	计算机视觉系统工具箱
Control System Toolbox Version 9.4 (R2012b)	控制系统工具箱
Curve Fitting Toolbox Version 3.3 (R2012b)	曲线拟合工具箱
DO Qualification Kit Version 2.0 (R2012b)	DO品质套装组

DSP System Toolbox Version8. 4 (R2012b)	信号处理系统工具箱
Data Acquisition Toolbox Version 3. 2 (R2012b)	数据获取工具箱
Database Toolbox Version 4. 0 (R2012b)	数据库工具箱
Datafeed Toolbox Version 4. 4 (R2012b)	金融数据获取工具箱
Econometrics Toolbox Version 2. 2 (R2012b)	计量经济学工具箱
Embedded Coder Version 6. 3 (R2012b)	嵌入式代码生成工具
Filter Design HDL Coder Version 2. 9. 2 (R2012b)	滤波器设计 HDL 代码生成工具
Financial Instruments Toolbox Version 1. 0 (R2012b)	金融商品工具箱
Financial Toolbox Version 5. 0 (R2012b)	金融工具箱
Fixed－Point Toolbox Version 3. 6 (R2012b)	定点计算工具箱
Fuzzy Logic Toolbox Version 2. 2. 16 (R2012b)	模糊逻辑工具箱
Global Optimization Toolbox Version 3. 2. 2 (R2012b)	全局最优工具箱
HDL Coder Version 3. 1 (R2012b)	HDL 代码生成器
HDL Verifier Version 4. 1 (R2012b)	HDL 验证器
IEC Certification Kit Version 3. 0 (R2012b)	IEC 安全验证套装组
Image Acquisition Toolbox Version 4. 4 (R2012b)	图像获取工具箱
Image Processing Toolbox Version 8. 1 (R2012b)	图像处理工具箱
Instrument Control Toolbox Version 3. 2 (R2012b)	仪器控制工具箱
MATLAB Builder EX Version 2. 3 (R2012b)	MATLAB Excel 创建工具
MATLAB Builder JA Version2. 2. 5 (R2012b)	MATLAB Java 创建工具
MATLAB Builder NE Version4. 1. 2 (R2012b)	MATLAB . Net 创建工具
MATLAB Coder Version 2. 3 (R2012b)	MATLAB 代码生成工具
MATLAB Compiler Version 4. 18 (R2012b)	MATLAB 编译工具
MATLAB Distributed Computing Server Version 6. 1 (R2012b)	MATLAB 分布计算服务器
MATLAB Report Generator Version 3. 13 (R2012b)	MATLAB 报告生成工具
Mapping Toolbox Version 3. 6 (R2012b)	地图工具箱
Model Predictive Control Toolbox Version4. 1. 1 (R2012b)	模型预测控制工具箱
Model－Based Calibration Toolbox Version 4. 5 (R2012b)	基于模型的矫正工具箱
Neural Network Toolbox Version 8. 0 (R2012b)	神经网络工具箱
OPC Toolbox Version3. 1. 2 (R2012b)	OPC 工具箱
Optimization Toolbox Version6. 2. 1 (R2012b)	优化工具箱
Parallel Computing Toolbox Version 6. 1 (R2012b)	并行计算工具箱
Partial Differential Equation Toolbox Version 1. 1 (R2012b)	偏微分方程工具箱
Phased Array System Toolbox Version 1. 3 (R2012b)	相控阵系统工具箱

RF Toolbox Version 2.11 (R2012b)	射频工具箱
Real－Time Windows Target Version 4.1 (R2012b)	实时窗口目标库
Robust Control Toolbox Version 4.2 (R2012b)	鲁棒控制工具箱
Signal Processing Toolbox Version 6.18 (R2012b)	信号处理工具箱
SimBiology Version 4.2 (R2012b)	生物学仿真模块
SimDriveline Version 2.3 (R2012b)	传动系统仿真模块
SimElectronics Version 2.2 (R2012b)	电子仿真模块
SimEvents Version 4.2 (R2012b)	基于事件的建模模块
SimHydraulics Version 1.11 (R2012b)	液压仿真模块
SimMechanics Version 4.1 (R2012b)	机构动态仿真模块
SimPowerSystems Version 5.7 (R2012b)	动力系统仿真模块
SimRF Version 3.3 (R2012b)	射频仿真模块
Simscape Version 3.8 (R2012b)	物理模型仿真模块
Simulink 3D Animation Version 6.2 (R2012b)	3D 动画仿真工具
Simulink Code Inspector Version 1.2 (R2012b)	Simulink 代码检查工具
Simulink Coder Version8.4 (R2012b)	Simulink 编码工具
Simulink Control Design Version 3.6 (R2012b)	Simulink 控制设计工具
Simulink Design Optimization Version 2.2 (R2012b)	Simulink 设计优化工具
Simulink Design Verifier Version 2.3 (R2012b)	Simulink 设计验证工具
Simulink Fixed Point Version 7.2 (R2012b)	Simulink 定点运算工具
Simulink PLC Coder Version 1.4 (R2012b)	Simulink PLC 编码工具
Simulink Report Generator Version 3.13 (R2012b)	Simulink 报告生成工具
Simulink Verification and Validation Version 3.4 (R2012b)	Simulink 验证和确认工具
Spreadsheet Link EX Version3.1.6 (R2012b)	电子数据表 Excel 链接工具
Stateflow Version 8.0 (R2012b)	逻辑系统工具
Statistics Toolbox Version 8.1 (R2012b)	统计工具箱
Symbolic Math Toolbox Version 5.9 (R2012b)	符号数学工具箱
System Identification Toolbox Version 8.1 (R2012b)	系统识别工具箱
SystemTest Version2.6.4 (R2012b)	系统测试工具
Vehicle Network Toolbox Version 1.7 (R2012b)	车载网络工具箱
Wavelet Toolbox Version 4.10 (R2012b)	小波工具箱
xPC Target Version 5.3 (R2012b)	xPC Target 实时仿真工具
xPC Target Embedded Option Version 5.3 (R2012b)	xPC Target 嵌入式实时仿真工具

1. MATLAB 8.0 **的基本操作**

为方便使用与操作，下面以 MATLAB 2012b 为例介绍它的操作界面。

从 MATLAB 8.0 开始，MATLAB 的界面采用 Ribbon（功能区）风格界面，整个界面操作与 7.0 版本相比变化很大。图 6.1 是 MATLAB 2012b 的启动界面。

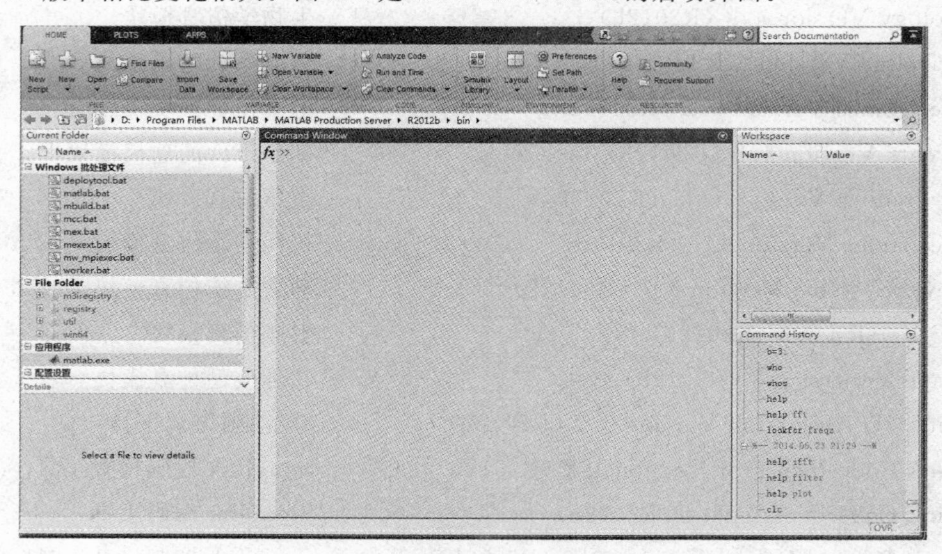

图 6.1 MATLAB 2012b 启动界面

MATLAB 中的一些重要的操作命令如下所示。

(1)help

在命令窗口（Command Window，也称指令窗）直接输入 help 命令，不带任何参数，将显示下面的信息。在每一行中左边显示出目录名，右边显示对应有关解释信息，使用者可以从这个清单中对 MATLAB 有一个总体的了解，而且方便查询。

```
>> help
HELP topics:
matlabxl\matlabxl          — MATLAB Builder EX
matlab\demos               — Examples.
matlab\graph2d             — Two dimensional graphs.
matlab\graph3d             — Three dimensional graphs.
matlab\graphics            — Handle Graphics.
matlab\plottools           — Graphical plot editing tools
……
```

另外，也可以对某个具体的命令或者函数使用 help 帮助，其命令格式是：

help 目录名/命令名/函数名/符号

通过此命令可以显示出具体目录所包含的命令和函数，或者具体的命令、函数和符号的详细信息。例如：

```
>> help fft
 FFT Discrete Fourier transform.
    FFT(X) is the discrete Fourier transform (DFT) of vector X.  For
    matrices, the FFT operation is applied to each column. For N-D
    arrays, the FFT operation operates on the first non-singleton
    dimension.
     FFT(X,N) is the N-point FFT, padded with zeros if X has less
    than N points and truncated if it has more.
     FFT(X,[],DIM) or FFT(X,N,DIM) applies the FFT operation across the
    dimension DIM.
     For length N input vector x, the DFT is a length N vector X,
    with elements N
       X(k) =sumx(n) * exp(-j * 2 * pi * (k-1) * (n-1)/N), 1 <= k <= N.
                      n=1
    The inverse DFT (computed by IFFT) is given by N
       x(n) = (1/N) sumX(k) * exp( j * 2 * pi * (k-1) * (n-1)/N), 1 <= n <= N.
                      k=1
    See also fft2, fftn, fftshift, fftw, ifft, ifft2, ifftn.
    Overloaded methods:
       uint8/fft
       uint16/fft
       gf/fft
       codistributed/fft
       gpuArray/fft
       qfft/fft
       iddata/fft


    Reference page in Help browser
       doc fft
```

(2)demo

在命令窗口输入 demo 命令,将弹出如图 6.2 所示的窗口,可以通过此帮助打开有关 MATLAB 窗口操作演示程序,以及各种工具箱示例程序,还可以直接登录到网站上查看示例程序。

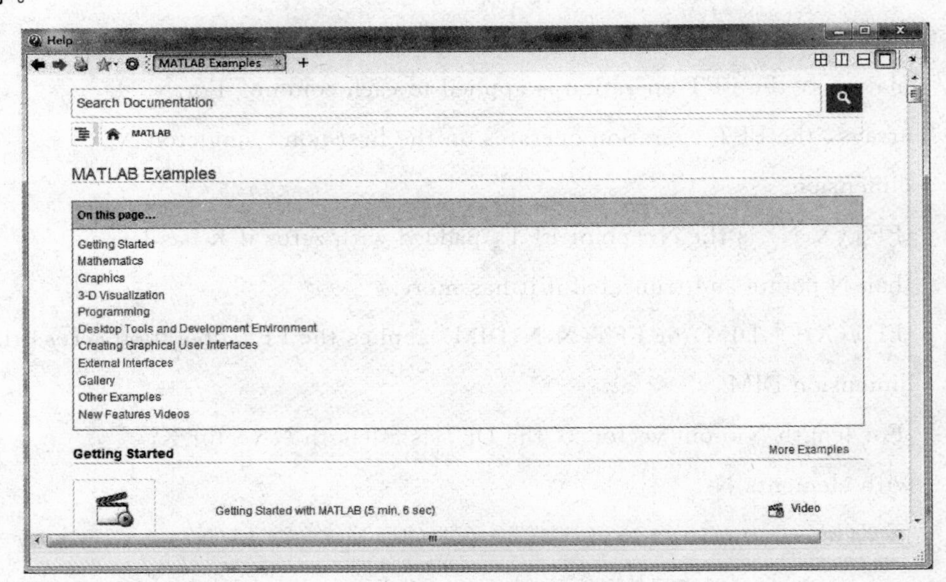

图 6.2　MATLAB 8.0 demo 界面

(3)lookfor

在命令窗口输入 lookfor 命令,可以列举显示包含所查关键字的命令、函数、文件以及示例程序等。其调用格式为:look for 关键字。

例:在指令窗中输入如下命令:

```
>>lookfor freqz
freqz2                    — 2—D frequency response.
freqz                     — Digital filter frequency response.
freqz_freqvec             — Frequency vector for calculating filter responses.
freqzparse                — parse the inputs to freqz
freqzplot                 — Plot frequency response data.
invfreqz                  — Discrete filter least squares fit to frequency response data.
```

(4)who 和 whos

who 命令列出当前变量,而 whos 命令则列出变量的详细信息。例如以下命令:

```
>> a=2;
>> b=3;
>> who
Your variables are:
a   b
>> whos
  Name    Size          Bytes  Class
  a       1×1           8      double
  b       1×1           8      double
```

(5)what 和 which

what 命令列出 M、MAT、MEX 文件所保存的目录，而 which 命令则定位函数和文件。

(6)clc

此命令清除命令窗口的所有显示，光标返回到命令窗口左上角。

(7)计算器

用键盘在 MATLAB 指令窗中输入以下内容：

```
>> (12+2*(7-4))/3^2
```

在上述表达式输入完成后，按 [Enter] 键，该指令被执行，并显示如下结果：

```
ans = 2
```

(8)数值的记述

MATLAB 的数值采用习惯的十进制表示，可以带小数点或负号。以下记述都正确：

3　　　-99　　　0.001　　　9.456　　　1.3e-3　　　4.5e33

在采用 IEEE 浮点算法的计算机上，数值通常采用“占用 64 位内存的双精度”表示。

其相对精度是 eps (MATLAB 的一个预定义变量)，大约保持有效数字 16 位，数值范围从 10^{-308} 到 10^{308}。

(9)变量的命名规则

①变量名、函数名对字母大小写敏感。

②变量名第一个字符必须是英文字母，最多包含 63 个字符(英文、数字和下划线)。

(10)预定义变量

Matalb 中有一些预定义的变量，见表 6.1。每当 MATLAB 启动，这些变量就被产生。这些变量都有特殊含义和用途。(建议：用户在编写指令和程序时，应尽可能不对表 6.1 所列预定义变量名重新赋值，以免产生混淆)

表 6.1　MATLAB 中的预定义变量

预定义变量	含义	预定义变量	含义
ans	计算结果的默认变量名	NaN 或 nan	不是一个数,如 0/0,∞/∞
eps	机器零阈值	nargin	函数输入数目
Inf 或 inf	无穷大	nargout	函数输出数目
i 或 j	虚单元－1 的二次方根	realmax	最大正实数
pi	圆周率	realmin	最小正实数

在命令窗中输入如下命令,则可观察预定义变量在 MATLAB 中的值:

```
format long                    %对双精度型定义 15 位数字显示
realmax
ans =
    1.797693134862316e+308
realmin
ans =
    2.225073858507201e-308
eps
ans =
    2.220446049250313e-016
pi
ans =
    3.14159265358979
```

(11)运算符和表达式

MATLAB 算术运算符见表 6.2。

表 6.2　MATLAB 算术运算符

	数学表达式	矩阵运算符	数组运算符
加	a＋b	a＋b	a＋b
减	a－b	a－b	a－b
乘	a×b	a * b	a. * b
除	a÷b	a/b	a./b
幂	a^b	a^b	a.^b

数组运算的“乘、除、幂”规则与相应矩阵运算不同，前者的算符比后者多一个“小黑点”。MATLAB 用左斜杠或右斜杠分别表示“左除”或“右除”运算。对标量而言，“左除”和“右除”的作用结果相同，但对矩阵来说，“左除”和“右除”将产生不同的结果。

MATLAB 书写表达式的规则与“手写算式”几乎完全相同：

①表达式由变量名、运算符和函数名组成。

②表达式将按与常规相同的优先级自左至右执行运算。

③优先级的规定是：指数运算级别最高，乘除运算次之，加减运算级别最低。

④括号可以改变运算的次序。

⑤书写表达式时，赋值符“＝”和运算符两侧允许有空格，以增加可读性。

(12)复数运算

MATLAB 的所有运算都是定义在复数域上的。这样设计的优点是：在进行运算时，不必像其他程序语言那样把实部、虚部分开处理。为描述复数，虚数单位用预定义变量 i 或 j 表示。

复数 $z=a+b\mathrm{i}=re^{i\theta}$，直角坐标表示和极坐标表示之间转换的 MATLAB 指令如下。：

real(z)　　给出复数 z 的实部 $a=r\cos\theta$。

imag(z)　　给出复数 z 的虚部 $b=r\sin\theta$。

abs(z)　　给出复数 z 的模 $\sqrt{a^2+b^2}$。

angle(z)　　以弧度为单位给出复数 z 的幅角 $\arctan\dfrac{b}{a}$。

【例 6.1】　用图示方法求复数 $z_1=4+3\mathrm{i}$，$z_1=1+2\mathrm{i}$ 的和。(其中绘图操作将在后面介绍，感兴趣的读者也可以使用 help 查找例中的函数，了解其功能和使用方法)

```
z1=4+3*i;z2=1+2*i;                  %在一个物理行中，允许输入多条指令
                                    %但各指令间要用“分号”或“逗号”分开
                                    %指令后采用“分号”，使运算结果不显示
z12=z1+z2
%以下用于绘图
clf,hold on                         %clf 清空图形窗。逗号用来分隔两个指令
plot([0,z1,z12],'-b','LineWidth',3)
plot([0,z12],'-r','LineWidth',3)
plot([z1,z12],'ob','MarkerSize',8)
hold off,grid on,
axis equal
```

```
axis([0,6,0,6])
text(3.5,2.3,'z1')
text(5,4.5,'z2')
text(2.5,3.5,'z12')
xlabel('real')
ylabel('image')
z12 =
    5.0000 + 5.0000i
```

如图 6.3 所示。

采用运算符构成的直角坐标表示法和极坐标表示法：

```
z2 = 1 + 2 * i                    %运算符构成的直角坐标表示法
z3=2*exp(i*pi/6)                  %运算符构成的极坐标表示法
z=z1*z2/z3
z2 =
    1.0000 + 2.0000i
z3 =
    1.7321 + 1.0000i
z =
    1.8840 + 5.2631i
```

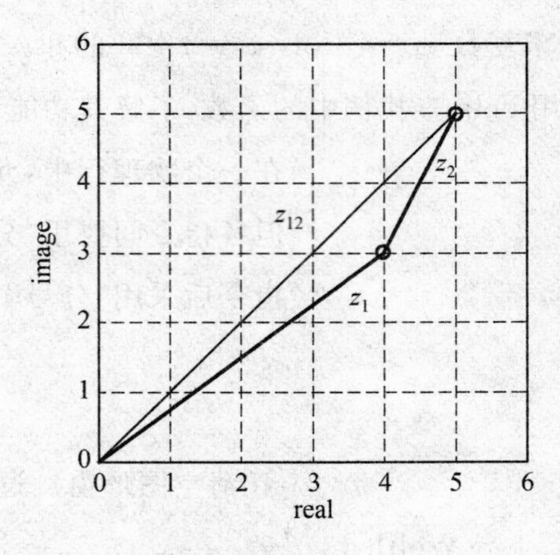

图 6.3　例 6.1 的结果

2. MATLAB **中面向数组的基本运算**

在 MATLAB 中，变量和常量的标识符最长允许 19 个字符，标识符中第一个字符必须是英文字母。MATLAB 区分大小写，默认状态下，A 和 a 被认为是两个不同的字符。

(1)数组和矩阵的赋值

MATLAB 最基本的运算是通过矩阵来完成的，矩阵或向量作为 MATLAB 所有运算的基础。

【例 6.2】 数组和矩阵的乘运算。

解　输入：

```
A=[1,2,3;4,5,6;7,8,9];
B=A;
M1=A.*B          %数组乘运算，即为点乘运算，注意"*"前有个"."运算符
M2=A*B           %矩阵乘运算，注意"*"前没有"."运算符
```

运算结果为：

```
M1 =
     1     4     9
    16    25    36
    49    64    81
M2 =
    30    36    42
    66    81    96
   102   126   150
```

注意：在数组运算中，"乘、除、乘方、转置"运算符前的小黑点不能遗漏。

(2)执行数组运算的常用函数

表 6.3 列出了执行数组运算的常用函数。

表 6.3　执行数组运算的常用函数(三角函数和复数函数)

名称	含义	名称	含义	名称	含义
abs	模或绝对值	conj	复数共轭	real	复数实部
angle	相角	imag	复数虚部	cos	余弦
sin	正弦	tan	正切	cot	余切

(3)基本赋值数组

表 6.4 列出了常用基本数组和数组运算。

表 6.4　常用基本数组和数组运算

基本数组			
zeros	全零数组($m\times n$ 阶)	logspace	对数均分向量($1\times n$ 阶数组)
ones	全一数组($m\times n$ 阶)	freqspace	频率特性的频率区间
rand	随机数数组($m\times n$ 阶)	meshgrid	画三阶曲面时的 X,Y 网络
randn	正态分布数数组($m\times n$ 阶)	linspace	均分向量($1\times n$ 阶数组)
eye(n)	单位数组(方阵)	:	将元素按列取出排成一列
特殊变量和函数			
ans	最近的答案	length	一维数组的长度
π	3.141 596 535 897 93	inputname	输入变量名
i,j	虚数单位	size	多维数组的各维长度

为了便于大量赋值,MATLAB 提供了一些基本数组,例如:

```
A=ones(3,2)          B =zeros(2,4)        C =eye(3)
A =                  B =                  C =

   1    1              0   0   0   0        1    0    0
   1    1              0   0   0   0        0    1    0
   1    1                                   0    0    1
```

线性分割函数 linespace(a,b,n) 在 a 和 b 之间均匀地产生 n 个点值,形成 $1\times n$ 元向量。

如:>> y=linspace(1,5,6),运算结果为:

```
y =

   1.0000    1.8000    2.6000    3.4000    4.2000    5.0000
```

【例 6.3】　有一函数 $X(t)=t\cos 3t$,在 MATLAB 程序中如何表示?

解　X=t. * cos(3 * t)

【例 6.4】　有一函数 $X(t)=\cos 3t/3t$,在 MATLAB 程序中如何表示?

解　X= cos(3 * t). /(3t)

3. MATLAB 的基本绘图方法

MATLAB 语言支持二维和三维图形,这里主要介绍常用的二维图形函数,见表 6.5。

表 6.5　常用二维图形函数库

基本 X－Y 图形			
plot	线性 X－Y 坐标绘图	polar	极坐标绘图
loglog	双对数 X－Y 坐标绘图	poltyy	用左、右两种 Y 坐标绘图
semilogx	半对数 X－Y 坐标绘图	semilogy	半对数 Y 坐标绘图
stem	绘制脉冲图	stairs	绘制阶梯图
bar	绘制条形图		
坐标控制			
axis	控制坐标轴比例和外观	subplot	按平铺位置建立子图轴系
hold	保持当前图形		
图形标释			
title	标出图名	text	在图上标注文字
xlabel	X 轴标注	legend	标注图例
ylabel	Y 轴标注	grid	图上加坐标网格

常用的绘图命令如下：

①plot(t,y)：表示用线性 X－Y 坐标绘图，X 轴的变量为 t，Y 轴变量为 y。

②subplot(2,2,1)：建立 2×2 子图轴系，并标定图 1。

③axis([0 2 －0.1 1.3])：表示建立一个坐标，横坐标的范围为 0～2，纵坐标的范围为 －0.1～1.3。

④title('stem(t,y)')：在子图上端标注图名。

⑤stem(y)、stem(x,y)：绘制离散序列图，序列线端为圆圈。与 plot(x)、plot(x,y)绘图规则相同。

⑥figure(1)：创建 1 号图形窗口。

作图时，线形、点形和颜色的选择可参考表 6.6。

表 6.6　线形、点形和颜色

标志符	b	c	g	k	m	r	w	y	
颜色	蓝	青	绿	黑	品红	红	白	黄	
标志符	.	。	×	+	—	*	:	·—	——
线、点	点	圆圈	×号	+号	实线	星号	点线	点划线	虚线

【例 6.5】 设 $x(n)$ 为长度 $N=4$ 的矩形序列，用 MATLAB 程序分析 FFT 取不同长度时 $x(n)$ 的频谱变化。

解 $N=8,16,32$ 时 $x(n)$ 的 FFT MATLAB 实现程序如下：

```
clear all;
x =[1, 1, 1 ,1,1,1];
N = 8;y1=fft(x,N);    %调用 fft 为快速傅里叶变换函数
n=0:N-1;subplot(3,1,1);stem(n,abs(y1));axis([0,7,0,6]);
title('N=8');
N = 32;y2=fft(x,N);    %调用 fft 为快速傅里叶变换函数
n=0:N-1;subplot(3,1,2);stem(n,abs(y2));axis([0,30,0,6]);
title('N=32');
N = 64;y3=fft(x,N);    %调用 fft 为快速傅里叶变换函数
n=0:N-1;subplot(3,1,3);stem(n,abs(y3));axis([0,63,0,6]);
title('N=64');
```

$x(n)$ 的频率变化如图 6.4 所示。

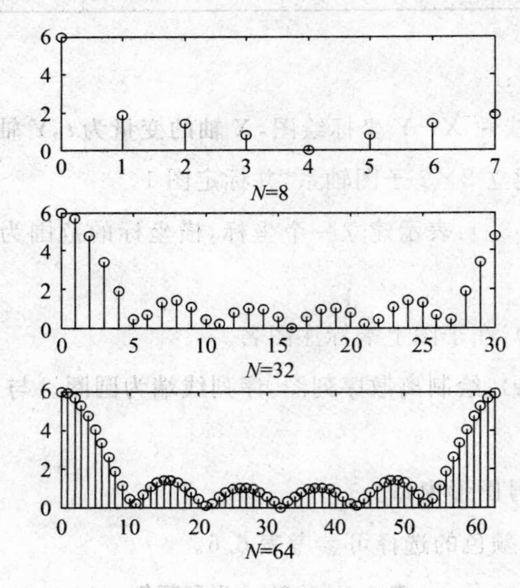

图 6.4 $x(n)$ 的频谱变化

4. MATLAB 中 M 文件的调试

编写 M 文件时，错误在所难免。错误有两种：语法错误和运行错误。语法错误是指变量名、函数名的误写，标点符号的缺、漏等。对于这类错误，通常能在运行时发现，终止执行，并给出相应的错误原因以及所在行号。运行错误是算法本身引起的，发生在运行过程中。相对语法错误而言，运行错误较难处理，尤其是 M 函数文件，它一旦运行停止，其中间变量

被删除一空，错误很难查找。

MATLAB 调试器如图 6.5 所示。

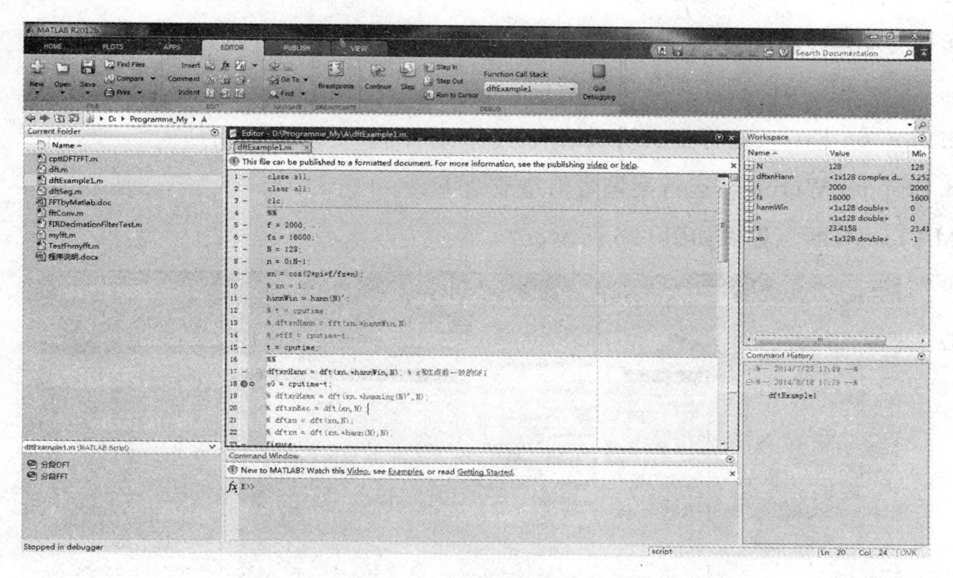

图 6.5　MATLAB 调试器

(1)直接调试法

①在 M 文件中，将某些语句后面的分号去掉，迫使 M 文件输出一些中间计算结果，以便发现可能的错误。

②在适当的位置，添加显示某些关键变量值的语句。

③利用 echo 指令，使运行时在屏幕上逐行显示文件内容。echo on 能显示 M 脚本文件；echo funcname on 能显示函数文件名为 funcname 的 M 函数文件。例：echo gsn on，gsn。

④通过将原 M 函数文件的函数申明行注释掉，可使一个中间变量难于观察的 M 函数文件变为一个所有变量都保留在基本工作空间中的 M 脚本文件。

(2)工具调试法

①Debug 菜单的使用。

a. Step：单步执行。如果是一条语句，单步执行；如果是函数调用，将函数一次执行完毕，运行到下一条可执行语句。

b. Step In：单步执行每一程序行，遇到函数时，进入函数体内单步执行。

c. Step Out：从函数体内运行到体外，即从当前位置运行到调用该函数语句的下一条语句。

d. Run：从头开始执行程序，直到遇到一个断点或程序结束。

e. Continue：从当前语句开始执行程序，直到遇到一个断点或程序结束。

f. Go Until Cursor：从当前语句运行到光标所在语句。

g. Quit Debugging：退出调试状态，结束运行过程。

②Breakpoints 菜单的使用。

a. Set/Clear：设置/清除光标处的断点。

b. Clear All：清除程序中的所有断点。

c. Stop on Error：运行至出错或结束。

d. Stop on Warning：运行至警告消息或结束。

MATLAB 断点界面如图 6.6 所示。

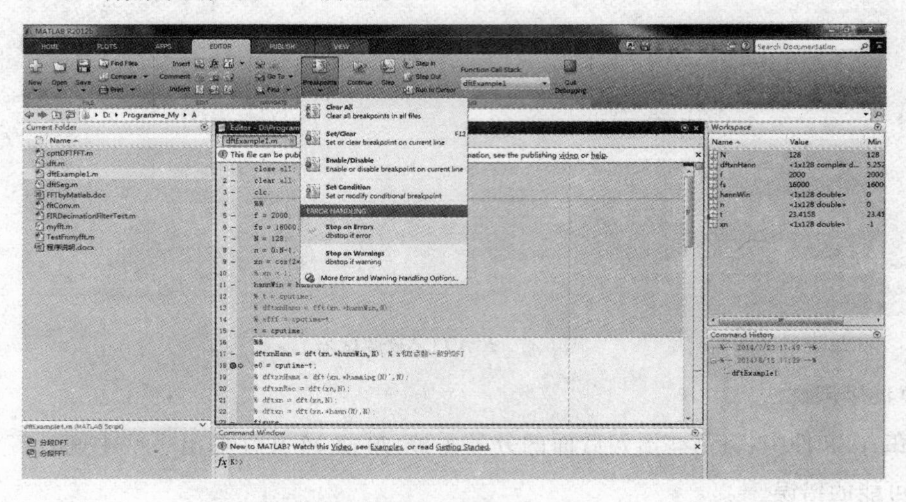

图 6.6　MATLAB 断点界面

点击 More Erro and Warning Handling Options…可弹出更多关于断点错误和警告操作的界面，包括以下 4 种。

对错误的操作(见图 6.7)：

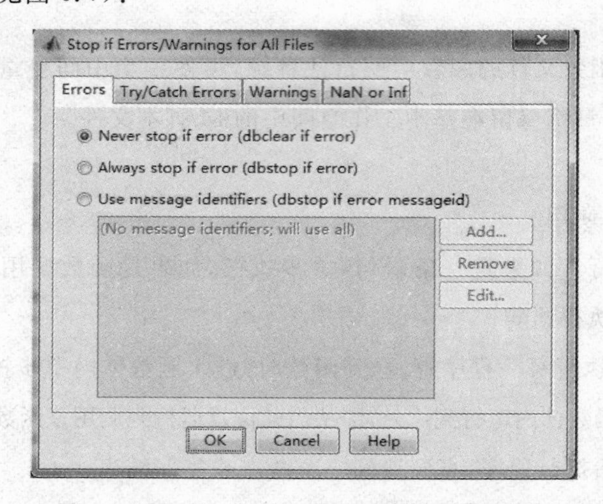

图 6.7　MATLAB 断点界面——对错误的操作

①Never stop if error：错误也不停止。

②Always stop if error：错误即停止。

③Use message identifiers：使用消息标识符。

对 Try/Catch 错误的操作(见图 6.8)：

①Never stop when an error is caught：捕获错误也不停止。

②Always stop when an error is caught：捕获错误即停止。

③Use message identifiers：使用消息标识符。

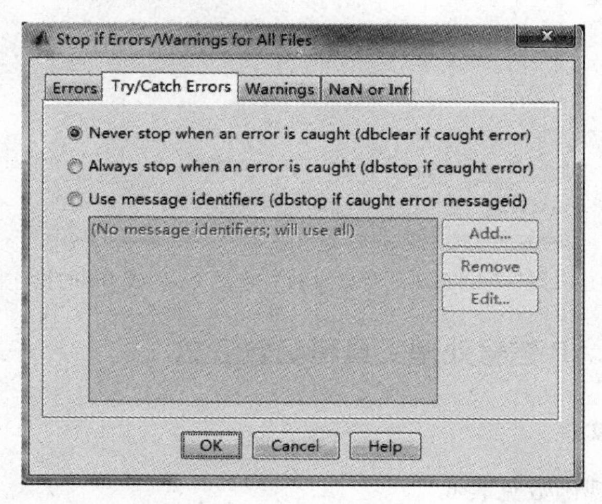

图 6.8　MATLAB 断点界面——对 Try/Catch 错误的操作

对警告的操作(见图 6.9)：

①Never stop if warning：警告也不停止。

②Always stop if warning：警告即停止。

③Use message identifiers：使用消息标识符。

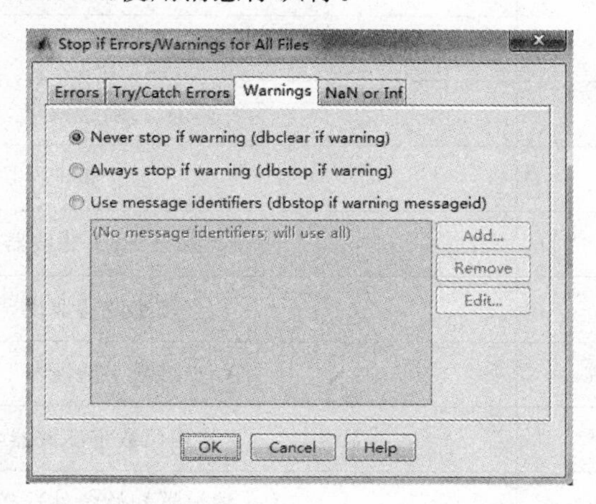

图 6.9　MATLAB 断点界面——对警告的操作

对 Nan 或 Inf 的操作(见图 6.10):

①Never stop if NaN or Inf:发现非数字或无穷大也不停止。

②Always stop if NaN or Inf:发现非数字或无穷大即停止。

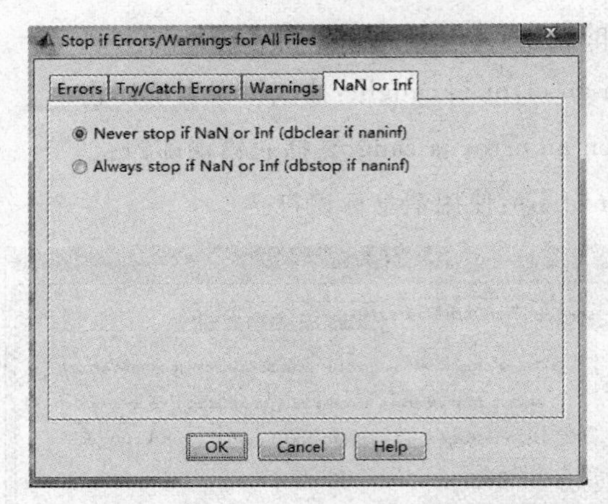

图 6.10　MATLAB 断点界面——对 NaN 或 Inf 的操作

6.2.2　MATLAB 信号处理工具箱函数汇总

1. 滤波器分析与实现

滤波器分析与实现函数见表 6.7。

表 6.7　滤波器场所与实现函数

函数名	描　述
abs	绝对值(幅值)
angle	取相角
conv	求卷积
conv2	求二维卷积
deconv	去卷积
fftfilt	重叠相加法 FFT 滤波器实现
filter	直接滤波器实现
filter2	二维数字滤波器
filtfilt	零相位数字滤波器
filtic	滤波器初始条件选择

续表 6.7

函数名	描　　述
freqs	模拟滤波器频率响应
freqspace	频率响应中的频率间隔
freqz	数字滤波器频率响应
freqzplot	画出频率响应曲线
grpdelay	平均滤波延迟
impz	数字滤波器的单位抽样响应
latcfilt	格型滤波器
medfilt1	一维中值滤波
sgolayfilt	Savitzky－Golay 滤波器
sosfilt	二次分式滤波器
zplane	离散系统零极点图
upfirdn	上采样
unwrap	去除相位

2. FIR 数字滤波器设计

FIR 数字滤波器设计函数见表 6.8。

表 6.8　FIR 数字滤波器设计函数

函数名	描　　述
convmtx	矩阵卷积
cremez	复、非线性相位等波纹滤波器设计
fir1	基于窗函数的 FIR 滤波器设计
fir2	基于频率采样的 FIR 滤波器设计
fircls	约束的最小二乘 FIR 多频滤波器设计
fircls1	约束的最小二乘、低通和高能、线性相位 FIR 滤波设计
firls	最优最小二乘 FIR 滤波器设计

续表 6.8

函数名	描　述
firrcos	升余弦滤波器设计
intfilt	内插 FIR 滤波器设计
kaiserord	基于阶数估计的凯瑟滤波器设计
remez	切比雪夫最优 FIR 滤波器设计
remezord	基于阶数估计的 remez 设计
sgolay	Savizky－Golay FIR 滤波器设计

3. IIR 数字滤波器设计

IIR 数字滤波器设计函数见表 6.9。

表 6.9　IIR 数字波器设计函数

函数名	描　述
butter	巴特沃思滤波器设计
cheby1	切比雪夫 I 型滤波器设计
cheby2	切比雪夫 II 型滤波器设计
ellip	椭圆滤波器设计
maxflat	广义巴特沃思低通滤波器设计
yulewalk	递归滤波器设计
buttord	巴特沃思滤波器阶估计
cheb1ord	切比雪夫 I 型滤波器阶估计
cheb2ord	切比雪夫 II 型滤波器阶估计
ellipord	椭圆滤波器阶估计

4. 模拟滤波器设计

模拟滤波器设计函数见表 6.10。

表 6.10　模拟滤波器设计函数

函数名	描　　述
besself	贝塞尔滤波器设计
butter	巴特沃思滤波器设计
cheby1	切比雪夫 I 型滤波器设计
cheby2	切比雪夫 II 型滤波器设计
elip	椭圆滤波器设计

5. 模拟滤波器变换

模拟滤波器变换函数见表 6.11。

表 6.11　模拟滤波器变换函数

函数名	描　　述
lp2bp	低通到带通模拟滤波器变换
lp2bs	低通到带阻模拟滤波器变换
lp2hp	低通到高通模拟滤波器变换
lp2lp	低通到低通模拟滤波器变换

6. 模拟滤波器离散化

模拟滤波器离散化函数见表 6.12。

表 6.12　模拟滤波器离散化函数

函数名	描　　述
bilinear	双线性变换
impinvar	冲激响应不变法的模拟到数字变换

7. 线性系统变换

线性系统变换函数见表 6.13。

表 6.13　线性系统变换函数

函数名	描　述
late2tf	变格型结构为传递函数形式
plystab	多项式的稳定性
polyscale	多项式的根
residuez	Z 变换部分分式展开
sos2so	变二次分式形式为状态空间形式
sos2tf	变二次分式形式为传递函数形式
sos2zp	变二次分式形式为零极点增益形式
ss2sos	变状态空间形式为二次分式形式
ss2tf	变状态空间形式为传递函数形式
ss2zp	变状态空间形式为零极点增益形式
tf2ss	变传递函数形式为状态空间形式
tf2zp	变传递函数形式为零极点增益形式
tf2sos	变传递函数形式为二次分式形式
tf2late	变传递函数形式为格形结构
zp2sos	变零、极点增益形式为二次分式形式
zp2ss	变零、极点形式为状态空间形式
zp2tf	变零、极点形式为传递函数形式

8. 窗函数

窗函数见表 6.14。

表 6.14　窗函数

函数名	描　述
Bartlett	巴特莱特窗
Blackman	布莱克曼窗
boxcar	矩形窗

表 6.14　窗函数

函数名	描　　述
chebwin	切比雪夫窗
hamming	汉明窗
hann	汉宁窗
Kaiser	凯泽窗
triang	三角窗

9. 变换

变换算法函数见表 6.15。

表 6.15　变换算法函数

函数名	描　　述
czt	Chirp Z 变换
dct	离散余弦变换
dftmtx	离散傅里叶变换矩阵
fft	一维快速傅里叶变换
fft2	二维快速傅里叶变换
fftshift	重要排列的 FFT 输出
hilbert	Hilbert 变换
idct	逆离散余弦变换
ifft	逆一维快速傅里叶变换
ifft2	逆二维快速傅里叶变换

10. 统计信号处理与谱分析

统计信号处理与谱分析函数见表 6.16。

表 6.16　统计信号处理与谱分析函数

函数名	描　述
cohere	相关函数平方幅值估计
corrcoef	相关系数估计
corrmtx	相关系数矩阵
cov	协方差估计
csd	互谱密度估计
pburg	Burg 法功率谱密度估计
pcov	协方差法功率谱密度估计
peig	特征值法功率谱密度估计
periodogram	周期图法功率谱密度估计
pmcor	修正协方差法功率谱密度估计
pmtm	Thomson 多维度法功率谱密度估计
pmusic	Music 法功率变宽度估计
psdplot	绘制功率谱密度曲线
pyulear	Yule－Walker 法功率谱密度估计
rooteig	特征值法功率估计
rootmusic	Music 法功率估计
tfe	传递函数估计
xcorr	一维互相关函数估计
xcorr2	二维互相关函数估计
xcov	互协方差函数估计
cceps	复倒谱
icceps	逆复倒谱
rceps	实倒谱与线性相位重构

11. 参数模型

参数模型函数见表 6.17。

表 6.17　参数模型函数

函数名	描　　述
arburg	Burg 法 AR 模型
arcov	协方差法 AR 模型
armcov	修正协方差法 AR 模型
aryule	Yule—Walker 法 AR 模型
invfreqs	模拟滤波器拟合频率响应
invfreqz	离散滤波器拟合频率响应
prony	Prony 法的离散滤波器拟合时间响应
stmcb	Steiglitz—McBride 法求线性模型

12. 线性预测

线性预测函数见表 6.18。

表 6.18　线性预测函数

函数名	描　　述
ac2rc	自相关序列变换为反射系数
ac2ploy	自相关序列变换为预测多项式
is2rc	逆正弦参数变换为反射系数
lar2rc	圆周率变换为反射系数
levinson	Levinson—Durbin 递归算法
lpc	线性预测系数
lsf2poly	线性谱频率变换为预测多项式
poly2ac	预测多项式变换为自相关序列
poly2lsf	预测多项式变换线性谱频率
poly2rc	预测多项式变换为反射系数
rc2ac	反射系数变换为自相关序列
rc2ls	反射系数变换为逆正弦参数
rc2lar	反射系数变换为圆周率
rc2poly	反射系数变换为预测多项式
rlevinsion	逆 Levinson—Durbin 递归算法
schurrc	Schur 算法

13. 多采样率信号处理

多采样率信号处理函数见表 6.19。

表 6.19　多采样率信号处理函数

函数名	描　　述
decimate	以更低的采样频率重新采样数据
interp	以更高的采样频率重新采样数据
interp1	一般的一维内插
resample	以新的采样频率重新采样数据
spline	三次样条内插
upfirdn	FIR 的上下采样

14. 波形产生

波形产生函数见表 6.20。

表 6.20　波形产生函数

函数名	描　　述
chirp	产生调频波
diric	产生 Dirichlet 函数波形
gauspuls	产生高斯射频脉冲
gmonopuls	产生高斯单脉冲
pulstran	产生脉冲串
rectpuls	产生非周期的采样矩形脉冲
sawlooth	产生锯齿或三角波
sinc	产生 sinc 函数波形
square	产生方波
tripuis	产生非周期的采样三角形脉冲
vco	压控振荡器

15. 特殊操作

特殊操作函数见表 6.21。

表 6.21　特殊操作函数

函数名	描　述
buffer	将信号矢量缓冲成数据矩阵
cell2sos	将单元数组转换成二次矩阵
cplxpair	将复数归成复共轭对
demod	通讯仿真中的解调
dpss	离散的扁球序列
dpssclear	删除离散的扁球序列
dpssdir	离散的扁球序列目录
dpssload	装入离散的扁球序列
dpsssave	保存离散的扁球序列
eqtflength	补偿离散传递函数的长度
modulate	通讯仿真中的调制
scqperiod	寻找向量中重复序列的最小长度
sos2cell	将二次矩阵转换成单元数组
specgram	频谱分析
stem	轴离散序列
strips	带形图
udecode	输入统一解码
uencode	输入统一编码

6.3　时间序列分析及谱估计实验

6.3.1　实验教学的目的和要求

1. 目的

“时间序列分析与现代谱估计”是一门实用性较强的课程。近年来，时间序列分析与现代谱估计技术已普遍应用于工农业生产、科学技术和社会经济生活的许多领域。本课程着

重介绍时间序列的时域分析方法，通过该课程的学习，使学生掌握时间序列的基本概念以及时间序列的分类，学会对具体时间序列的分析步骤与建模方法，进而掌握如何判断已建立模型与原来数据的适应性及对未来值的预报。为了使学生能够将所学的基础理论知识用于解决本专业领域的具体问题，充分发挥该课的作用，锻炼学生解决实践问题的能力，同时加深学生对课程理论知识的掌握和理解，在本门课程的教学计划中安排了上机实验内容。

2. 要求

(1)要求学生系统地掌握时间序列分析与现代谱估计的基本思想、基本原理、基本方法，具备应用时间序列分析与现代谱估计的理论和方法来解决实际问题的能力。

(2)通过上机实验，要求学生能够运用 EViews 软件对时间序列进行建模分析。

(3)要求学生熟悉 MATLAB 软件中用于时间序列分析的工具箱。

(4)在实验项目中选择一项作为主要实验内容。

3. 主要仪器设备及环境

计算机，可运行 EViews、MATLAB 及 C 语言等软件。

6.3.2 实验项目安排及具体要求

1. AR 模型的应用

掌握利用 EViews 或 MATLAB 软件求出样本序列的自相关与偏相关数值及分析图的方法；利用 AR 模型进行时间序列的建模分析。

2. ARMA 模型的应用

利用自相关与偏相关数值及分析图进行 ARMA 模型的识别与定阶，再进行模型参数的估计和模型的适应性检验及预测，实现对具体问题的分析。利用 EViews 或 MATLAB 软件具体实现。

3. 序列平稳性检验

选取一批符合要求的数据，学习利用 EViews 或 MATLAB 软件进行序列平稳性检验的方法。

4. 指数平滑预测

掌握利用指数平滑方法进行建模的基本思想、基本方法和过程，利用 EViews 或 MATLAB 软件具体实现。

5. 模型参数估计

首先选取适合 AR 模型的一批数据，在对数据建模的基础上掌握利用 EViews 或

MATLAB软件进行 AR 模型参数估计的具体方法。

6. 现代谱估计

对含有多个频率的信号采取现代谱估计中的一种方法对其进行分析，并与经典谱分析的处理结果进行对比。

参考文献

[1] 王振龙.时间序列分析[M].北京:中国统计出版社,2000.

[2] 张树京,齐立心.时间序列分析简明教程[M].北京:清华大学出版社,2003.

[3] 何书元.应用时间序列分析[M].北京:北京大学出版社,2003.

[4] BROCKWELL P J, DAVIS R A.时间序列的理论与方法[M]. 2版.田铮,译.北京:高等教育出版社,2001.

[5] 胡广书. 数字信号处理:理论、算法与实现[M]. 2版.北京:清华大学出版社, 2003.

[6] 沈凤麟.信号统计分析与处理[M].北京:中国科学技术大学出版社,2001.

[7] TSUI J.宽带数字接收机[M]. 杨小牛,等译.北京:电子工业出版社,2002.

[8] 张贤达.现代信号处理[M]. 2版.北京:清华大学出版社, 2002.

[9] 杨叔子,吴雅,轩建平.时间序列分析的工程应用[M].武汉:华中科技大学出版社,2007.

[10] 王黎明,王连,杨楠.应用时间序列分析[M].上海:复旦大学出版社,2010.

[11] 张贤达.矩阵分析与应用[M].北京:清华大学出版社, 2004.

[12] KLEMM R.空时自适应处理原理[M]. 南京电子技术研究所,译.北京:高等教育出版社,2009.

[13] STIMSON G.机载雷达导论[M]. 吴汉平,译.北京:电子工业出版社,2005.

[14] RICHARDS M.雷达信号处理基础[M]. 邢孟道,王彤,李真芳,译.北京:电子工业出版社,2012.

[15] OPPENHEIM A V, SHAFER R W. Discrete time signal processing[M]. 3rd ed. NJ. USA:Prentice Hall,2009.

[16] STOICA P, MOSES R.现代信号谱分析[M].吴仁彪,韩萍,冯青,译.北京:电子工业出版社, 2007.

[17] 罗军辉.MATLAB7.0在数字信号处理中的应用[M].北京:机械工业出版社,2005.

[18] TSUI J.宽带数字接收机[M]. 杨小牛,陆安南,金飚,译.北京:电子工业出版社,2002.

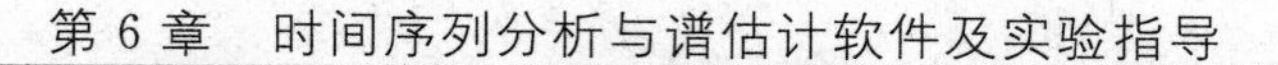

[19] TSUI J. Digital techniques for wideband receivers[M]. Norwood, MA: ARTECH HOUSE INC. ,1995.

[20] INGLE V K, PROAKIS J G. 数字信号处理及其 MATLAB 实现[M]. 陈怀琛,王朝英,高西全,等,译. 北京:电子工业出版社,1998.

[21] INGLE V K, PROAKI J G. 数字信号处理(MATLAB 版)[M]. 2 版. 刘树棠,译. 西安:西安交通大学出版社, 2008.

[22] INGLE V K, PROAKIS J G. Digital signal processing using MATLAB[M]. 3rd ed. Singapore :Cengage Learning, 2012.

[23] 陈怀琛. 数字信号处理教程——Matlab 释义与实现[M]. 3 版. 北京:电子工业出版社. 2013.

[24] 张志涌. 精通 Matlab 6.5 版[M]. 北京:北京航空航天大学出版社,2004.